RED BULL RACING F1 CAR

2010 (RB6)

Owners' Workshop Manual

An insight into the technology, engineering, maintenance and operation of the World Championship-winning Red Bull Racing RB6

Steve Rendle

目次
CONTENTS

序文 ··· 5

前書きと謝辞 ··· 7

レッドブル・レーシングの歴史 ·· 9

レッドブル・レーシングRB6：細部解説 ·· 20

デザイナーの見解 ··· 118

レース・エンジニアの見解 ·· 140

レース・ドライバーの見解 ·· 164

エピローグ ··· 172

 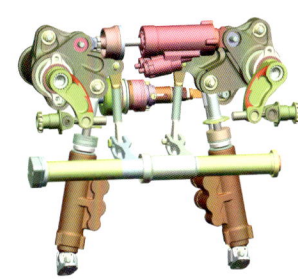 

序文
FOREWORD

レッドブル・レーシングにとって2010年は信じ難い夢のようなシーズンとなりました。チームとして、ワン・ツー・フィニッシュ4回、優勝9回、ポールポジション15回、そして2つのワールド・チャンピオン・タイトルを獲得しました。そのカギを握ったのは、ミルトン・キーンズのファクトリーにいる献身的な開発チームによって考えられ、設計され、さらには素晴らしい才能を持ちかつ意志の強い二人のドライバーの手によってその性能をひきだされた、RB6です。ヘインズ出版がこの本のプロジェクトを持ち掛けてきた時、我々はとても嬉しく思いました。思い起こせば、私が初めて所有したフォルクスワーゲン・ビートルのときも、ヘインズ・マニュアルによくお世話になったものです。我々のこれまでの歴史で最も成功を収めたRB6のヘインズ・マニュアルができることは素晴らしいことです。

読者の皆様に多くの楽しい時間を提供する事ができれば嬉しく思います。

クリスチャン・ホーナー
レッドブル・レーシング
チーム代表

RB6は、2つのワールド・チャンピオン・タイトルをもたらしてくれた、出来の良い車でした。2010年中の開発スピードは凄まじく、ほとんどすべてのレースで新しいパーツを持ち込んだほどでした。シーズン前のテストでもマシンにポテンシャルがあることはすでに明らかでしたが、F1の競争の激しさを考えれば、1分たりとも休む余裕はありませんでした。チームとして、まず信頼性の確保に集中しました。その上で全体のパッケージをどう改良し、より速くすることができるかを常に考えていきました。RB6には多くの思い出が詰まっており、その軌跡を辿るヘインズ・マニュアルの存在をとても嬉しく思います。

エイドリアン・ニューウィー
レッドブル・レーシング
チーフ・テクニカル・オフィサー

5

前書きと謝辞
INTRODUCTION

　世界で最も先進的な車のひとつであるレッドブル・レーシングRB6が、どのように設計され、製作され、使われたかを、できるだけ詳しく伝えるのがこのヘインズ・マニュアルの目的です。プロジェクト当初、F1のトップ・チームがどのようにして速いマシンを設計し、それを進化させながらレースに挑むかを解説できればと思っていました。しかしシーズンが進むにつれ、このプロジェクトは、ここ数年のF1でも稀に見るほどの激しいトップ争いを演じるスターとなるマシンの成長を裏舞台から見届けるプロジェクトに変貌していきました。そのスターとなる車はとは、もちろんレッドブル・レーシングにF1のコンストラクターズ・ワールド・チャンピオンシップ、そしてセバスチャン・ベッテルにF1のドライバーズ・ワールド・チャンピオンシップのダブルタイトルをもたらした、他でもないレッドブル・レーシングRB6です。

　このヘインズ・マニュアルを進める決定は、2010年の初夏にさかのぼります。その時点でレッドブル・レーシングはコンストラクターズ・ランキングで2位につけ、チーム・ドライバーもドライバーズ・ランキングの3位と4位につけていました。チームの技術部門、マーケティング部門と広報部門のそれぞれの承諾を経て、プロジェクトは動き出しました。シーズンが進むにつれ、チームが最後の最後までタイトル争いに加わることが明らかになっていくにもかかわらず、この本に対する全員の協力姿勢は変わらなかった。RB6で両タイトルを手中に収めた後、すぐさまチームは2011年シーズンでタイトル防衛の役割を担うべきRB7の開発の焦点を移しました。この最も多忙な時期にもかかわらず、チームのキーメンバーに時間を割いていただき、更にはこのプロジェクトのマシンとミルトン・キーンズ本部へのアクセスを制限されることは一切ありませんでした。一方、テストの段階からRB7は速さと信頼性を示し、シーズン開幕の2戦でセバスチャン・ベッテルに2勝をもたらしました。

　勝てるF1マシンの開発と製作、そしてレース参戦は、チーム一人一人からとてつもない努力とコミットメントを要求します。2010年シーズン中、レッドブル・レーシングは550人からなる組織の一人一人がシーズンの成功に欠かせない存在となりました。シーズン中の開発ペースは目を見張るものでありました。レッドブル・レーシングを優位に立たせたのはイノベーション、強い意志と絶え間ない努力の結果の他の何物でもありません。

　読者の皆さんも充分ご理解のことと思いますが、RB6の秘密を全て明かすことはできません。他を凌駕し続けるには、ワールド・チャンピオンになったチームといえども機密を保持する必要があり、「はい、どうぞ」と言って図面を見せびらかすわけにはいかないのです！　RB6より以前の車の写真やイラストを使いながらある特徴を説明せざるを得ない箇所もありますが、可能な限りRB6のものを使わせていただきました。

　最後に、この本に携わることができてとても光栄に思います。胸の躍る、やりがいに満ちた経験となりました。2010年に、そしてその翌年も世界一となった車とチームの歩みを語るにふさわしい本ができあがったかの判断は読者の皆様に委ねさせていただきます。

Acknowledgements

　レッドブル・レーシングで働く人々の協力なくしては、この本の著者として、このプロジェクトを最後まで遂行することはできませんでした。期待以上に質問や要望に答えてくれた人も少なくありませんでした。この場を借りて、関わって下さった皆さん一人一人に、いつも助けてくれただけでなく、ミルトン・キーンズの本部にお邪魔する度に相変わらぬ暖かい歓迎で迎えてくれたことに、深く、深くお礼を申し上げます。パドックで最もフレンドリーなチームというレッドブル・レーシングの評判は、けして伊達ではありませんでした。皆様とご一緒させていただいた時間を誇りに思っています。

　何人もの特別な協力なくしては、このプロジェクトの遂行は不可能でした。この場を借りて格段の感謝の意をお伝えいたします。レッドブル・レーシングでは、ロブ・マーシャル、ドミニク・ミッチ、ウェイン・グリーディー、バーバラ・プロスク、ポール・モナハン、ケイティ・ツウィードル、アンドリュー・マックファーラン、ジョシュ・バージェス、ヘンリー・ベッギン、デーヴ・ボイズ、アメリア・フーパー、マーク・ウェバー、セバスチャン・ベッテル、そしてもちろん、このプロジェクトに賛同してくれたクリスチャン・ホーナーとエイドリアン・ニューウィー。ルノー・スポールF1では、ファブリス・ロムとルーシー・ゲノン。ヘインズ出版では、イエイン・ウェークフィールド、マーク・ヒューズ、リー・パーソンズ、リチャード・パーソンズとドミニク・スティックランド。ジョン・コーリー・フォトグラフィーのジョン・コーリー、そしてダンカン・ミルズにもお礼申し上げます。

　その他にも、私の気付かないまま、大いなる貢献をしてくださった方は大勢いるに違ありません。陰からのお支え、感謝しております。

　そして最後に、揺るぎない応援者であり、最大の理解者である家族に、いつも待ってくれていて、ありがとう！

2011年11月某日　スティーブ・レンドル

レッドブル・レーシングの歴史

THE RED BULL RACING STORY

「レッドブル・レーシングは、強力で、ダイナミックで、かつ、常に好成績を残すチームだ。自分の役割の重要性だけでなく、互いを理解し合い、全員が一丸となって、共通の目標となる夢に向かって、進んでいくチームである」。
セバスチャン・ベッテル
2010年・2011年F1ドライバーズ・ワールド・チャンピオン

▲レッドブル・レーシングのミルトン・キーンズ本部、第1ビルの外観

▶オーストリア国籍の実業家であり、レッドブル・レーシングの親会社であるエネルギー飲料「レッドブル」の創業者兼オーナーのディートリッヒ・マテシッツ

コンストラクターとしてのレッドブル・レーシングにとって、2010年シーズンは6年目となった。この短い間にチームの成長は凄まじく、安定的にポイント圏内に入る存在から、F1の頂点の証であるドライバーズとコンストラクターズのダブル・チャンピオンシップ獲得を2010年、そして再度2011年に成し遂げている。2010年の成功は、2009年のコンストラクターズ・チャンピオンシップで2位、とセバスチャン・ベッテルのドライバーズ・チャンピオンシップ2位の好成績に続く形となった。そして、RB6の後継車であるRB7でチームは2011年に両タイトルの防衛に成功した。セバスチャン・ベッテルのポールポジション14回と優勝11回に加えて、マーク・ウェバーのポールポジション3回で、チームは11月半ばまでに、両チャンピオンシップ・タイトルを手中に収めていた。

この大躍進は魔法によるものではない。チームの功績の裏には、高い志、コミットメント、努力、そして最も重要であろう強いリーダーシップを元にした、効率的なチームワークが存在した。表向きには「若い」、「格好良い」イメージがあり、F1の中で最もフレンドリーなチームの一つであるに違いはないが、その一方で、成功に飢えている強い気持ちは未だに変わらないのである。

雄牛の突撃は、今もなお続いている。

チームの歴史
トップへの道のり

後にレッドブル・レーシングとなるチームの成り立ちは1997年にまでさかのぼる。その年、元F1ワールド・チャンピオンのサー・ジャッキー・スチュワートと息子のポールは、フォードのサポートを得て自らのチームをゼロから創りあげた。スチュワート親子は、ミルトン・キーンズに拠点を置き、フォーミュラ・ヴォクソール・ロータス、F3、F3000のチームを既に運営し

10

ていた。さらにそれを拡大してF1活動を加えた。3年間の活動のハイライトとして、1997年のモナコGPでルーベンス・バリチェロの2位入賞と、1999年の3回の表彰台を記録している。2000年シーズンに向けてフォードは、スチュワート・グランプリ・チームを買収。ジャガー・レーシングに改名して再出発させた。

買収当時、フォードは混乱期にあった。チーム・マネジメントとドライバーが次々と変わる中、5年が過ぎた段階で、2002年から2004年まで3年連続コンストラクターズ・チャンピオンシップ7位に留まり、成績は低迷し続けた。そして2004年末、本業の市販車製造に集中すべく、フォードはチームを売りに出した。

オーストリア生まれの実業家である、ディートリッヒ・マテシッツ氏は、自社エネルギー飲料の「レッドブル」を、注目の浴びているスポーツの多くですでに大々的にプロモートしていた。レッドブルのスポンサーシップ活動は、F1とF1への入門ルートとしてのF3000を含む、モータースポーツのいくつものカテゴリーに及んでいた。そして、このスポンサーシップ計画の中に、若いドライバーの発掘・育成・プロモーションを担う「ヤング・ドライバー育成プログラム」も含まれている。レッドブルは2004年、ヴィタントニオ・リウッツィにタイトルをもたらした、クリスチャン・ホーナー代表率いるアーデン・インターナショナルF3000チームをスポンサーしていた。2004年11月に、レッドブルはジャガー・レーシングを買収し、チームを「レッドブル・レーシング」に改名した。

ジャガー・レーシングの買収でレッドブルは、ミルトン・キーンズの工場と共に、チームの中核となるスタッフと2005年仕様ジャガーとなるべく引きはじめられていた初期段階の図面も手に入れた。そこから生まれたのが、コスワース製V型10気筒エンジン搭載のレッドブル・レーシングRB1である。

アーデン・インターナショナルF3000チームからクリスチャン・ホーナーを引き抜きチーム代表の座に座らせると同時に、ドライバー側には、F1で何度も優勝経験のある経験豊かなデビッド・クルサードを迎え入れた。チームにとってデビュー・シーズンとなる2005年、2台目のマシンはF3000を卒業したリウッツィとレッドブルのジュニア・ドライバーであるオーストリア生まれのクリスチャン・クリエンがシェアする形となった。チームはメルボルンでの2005年オーストラリアGPでレースデビューを迎え、4位と7位で完走して2台ともポイントを獲得した。そして、デビュー・シーズンは、コンストラクターズ・チャンピオンシップ7位に終わった。

レッドブル・レーシングの登場は、F1パドックに新鮮な若々しい雰囲気をもたらした。ヨーロッパラウンドでサーキット内のチームの拠点となる「レッドブル・エネルギー・ステーション」は、大きな話題を呼んだ。このエネルギー・ステーションは、F1チーム・ホスピタリティーの新たな基準となった。ミシュランの星付きシェフによるケータリング、ゲストDJの選ぶノリの良い音楽、最上級のテーブル・フットボールゲーム機、そして夢のようなルーフガーデンがその特徴となった。競争の激しいF1の世界。他チームもすぐにこれに反応し、パドック内でとてつもないホスピタリティー・スイートとプレスセンターが次々と現れ始めたのだった。

▲レッドブル・レーシングの「レッドブル・エネルギー・ステーション」。2005年、初めてパドックで建てられた時には、大騒ぎとなった

▼エイドリアン・ニューウィー：2006年シーズンに向けて、チーフ・テクニカル・オフィサー（技術開発総責任者）として迎え入れられた

▲2006年カナダGP：会話するクリスチャン・ホーナー チーム代表とデビッド・クルサード

▶2006年のRB2を操縦するデビッド・クルサード

▲2008年：RB4で「シャーク・フィン」型エンジンカウルを初採用

▼レッドブル・レーシングにとってRB3は、エイドリアン・ニューウィー設計の第1号車となる

　一見リラックスした雰囲気とは対照的に、チームの勝利への執念はすさまじかった。2006年シーズンに向けて、F1界で最も若いチーム代表のクリスチャン・ホーナーは、チームの技術開発能力強化に乗り出し、タイトル獲得経験豊かなエンジニアとデザイナーを次々と採用していった。その中でも、中心的存在となったのは、エイドリアン・ニューウィー、ピーター・プロドロモウ、とロブ・マーシャルの3人である。ニューウィーは、F1ですでに最も革新的なデザイナーと同時に、トップクラスの空気力学者として知られていた。プロドロモウも高く評価される空気力学者であり、マーシャルも2005年ワールド・チャンピオンシップ・タイトルを獲得したルノー車のシャシー設計担当であった。チームのチーフ・テクニカル・オフィサーの座に就任したニューウィーは、過去6回コンストラクターズ・チャンピオンシップ・タイトルを獲得したマシンを設計した偉大な経歴の持ち主であった。ニューウィーはチームに魅かれた理由をこう説明する。「チームが若かったため、車の設計だけでなく、技術チームの基礎作りにまで携われるチャンスがあったからだ」。

　エンジンが3.0リッターV型10気筒から2.4リッターV型8気筒に世代交代するのに合わせて、2006年用マシンRB2はエンジンをフェラーリに変更した。だが、新たにチームに加わったどの大物も、そのRB2の設計には大きな影響を及ぼす時間は無かった。苦労の重なる一年となった中、モナコではデビッド・クルサードがミスひとつないレースをして嬉しい3位を獲得。チームに最初の表彰台をもたらした。

　エイドリアン・ニューウィー率いる設計チームの最初の貢献は、2007年にRB3として実現された。ドライバーは、デビッド・クルサードのチームメートとしてマーク・ウェバーが加わった。エンジンも、1990年代のF1をほぼ席巻したニューウィーとのパートナーシップを復活させる形でルノーに変わった。このシーズンは信頼性に悩まされながらも、土砂降りのニュルブルクリンクでマーク・ウェバーが3位に入り、コンストラクターズ・チャンピオンシップではランキング5位に浮上。チームの進歩を裏付けた。

　2008年マシンRB4はRB3の強い部分を受け継ぎ、ドライバーもデビッド・クルサードとマーク・ウェバーのコンビの続投となった。シーズン前の最初のテストでRB4の革新的な「シャーク・フィン」型エンジンカバーが話題をさらい、その後、多くのチームに真似されることとなった。車は安定した性能と高い信頼性を見せ、着実にポイントを重ねていった。カナダGPでは積極果敢なレースが実を結び、デビッド・クルサードは表彰台の3位に上った。人気の高いスコットラン

2009年：白紙からの開発、
大成功を収めるRB5を生む

ド出身のクルサードは、地元イギリスGPで今年を最後に引退すると発表した。これで、「ヤング・ドライバー育成プログラム」でレッドブルが長年育ててきた、そしてF1最年少優勝者にもなっていたセバスチャン・ベッテルを、レッドブル傘下のトロロッソ・チームから2009年にクルサードに代わるドライバーとしてレッドブル・レーシングに昇格させる段取りがついた。そして、これがレッドブル・レーシングで最もダイナミックなドライバーコンビの誕生となった。

大きな転換期となる2009年

エイドリアン・ニューウィーの2009年用最新作となるRB5は、レッドブル・レーシングを、着実にポイントを獲得するチームからワールド・チャンピオンシップを狙えるチームへと変貌させた。この飛躍を可能にしたのは、コース上でもっと見せ場を作るために行われたレギュレーションの変更である。そのおかげで、チームは初めてトップ・チームと同じラインに立つことができたのだ。エイドリアン・ニューウィーの設計チームは、水を経た魚のように、創造的才能を思う存分に働かせることができた。2010年ニューウィーは前年の状況を次のように振り返っていた。「昨年のようなレギュレーション変更はいつも大きな楽しみなんだ。白紙に戻って、基礎原理から新レギュレーショ

ンに最も見合った案を創造し、試していけるからだ。大きなレギュレーション変更から11年、最後の変更から4年も経ち、F1もマンネリ化し始めていた。誰からも新しいアイデアが出ず、既存のテーマの小さな手直しばかりであったので面白味に欠けてきていたところだった」。

RB5はシーズン開幕当初からそのポテンシャルを見せた。オーストラリアとマレージアでセバスチャン・ベッテルがそれぞれの予選で3位になるも、共にリタイアする結果となった。一方、ウェバーは大雨のため33周に短縮されたマレージアGPで6位に入賞した。

第3戦の中国GPでセバスチャン・ベッテルはRB5でポールポジションを獲得し、レースでもポール・トゥ・ウィンを果たした。

▼2009年中国GP：大雨の中、セバスチャン・ベッテルがレッドブル・レーシングに初勝利をもたらす

▲2009年のブラジルGP：優勝へと走るマーク・ウェバー

ぶりにファクトリーに戻ったメカニックとエンジニアは、連続していたドライブシャフトのトラブルを解決し、かつ次の予選までに車の準備を間に合わすべく、とてつもない仕事量をこなしていたのだ。

スペインGPに向け、F1が5月にヨーロッパに戻った頃には、立て続けに良い結果を残していたレッドブル・レーシングは、チャンピオンシップを獲得する候補者に名乗り出ていたのだ。

好成績はその後も続いた。イギリスGPではベッテルが優勝。一方、ドイツGPでマーク・ウェバーが自身初のF1優勝を獲得した。

その後、ハンガリーGPではウェバー、ベルギーGPではベッテルがそれぞれ表彰台に上り、最後の3レースでチームは3連勝した。日本でベッテル、ブラジルでウェバーが勝利した。最終戦のアブダビで若きドイツ人ベッテルが優勝してシーズンを締めくくり、ドライバーズ・チャンピオンシップ2位を獲得すると同時に、レッドブル・レーシングのコンストラクターズ・チャンピオンシップ2位も確定させた。

グリッド3位からスタートしたマーク・ウェバーは、セバスチャン・ベッテルの後に続き、レッドブル・レーシングの最初の優勝をワン・ツー・フィニッシュとして花を添えた。これがこの後繰り返されるパターンの始まりに……。

この結果は、設計チームとドライバーだけの功績ではない。シーズン開幕の3連戦の遠征を経て、1ヵ月

かくしてレッドブル・レーシングはトップ・チームの仲間入りを果たした。2010年に向けてレギュレーション変更は最小限に留まり、新シーズンへの期待は高まる一方であった。

◀2010年にレッドブル・レーシングをダブル・ワールド・チャンピオンシップ・タイトル獲得に導いたマシン、RB6

2010年ワールド・チャンピオンシップ：
優勝を飾るシーズン

　2009年用マシンのRB5は、基本設計が終わった段階で、他チームがダブルディフューザーを採用。RB5もそれを採用したが、そのポテンシャルを思うように出し切れないままとなった。2010年シーズンに向けて、レッドブル・レーシングの設計チームは、成功を収めたRB5の長所に一段と磨きをかける一方、RB6として更なるポテンシャルを求めて、ダブルディフューザーを中心に開発を進めていった。

　RB6のデビューは、他チームに遅れて、スペインのヘレス・サーキットで行われたシーズン前の2回目の合同テストで実現した。同じヘレスで行われた3回目のシーズン前合同テストで早くもペースをリードするに至っていた。

　シーズン初戦のバーレーンGPでセバスチャン・ベッテルは、2009年の最終戦同様、ポールポジションを獲り、レースもリードしていた。しかし途中電気系統のトラブルでペースを落とさざるを得なく、結果は4位に留まった。

　オーストラリアでもチームの野心が露わとなり、チームメートのマーク・ウェバーを辛うじて抑える形でここでもベッテルがポールポジションを獲得し、チームのフロントロー独占となった。が、またしても不運が働き、緩んだホイール・ナットが原因でベッテルはスピン、セーフティー・カー導入の関係でピット戦略が裏目に出たウェバーも9位に終わってしまった。

　ようやく全てが噛み合いはじめたマレージアGPでは、ポールポジションにウェバーがつき、ベッテルも3位からのスタートとなった。オープニングラップ、激しいチームメート同士の争いを制したのはベッテル。レッドブル・レーシングの両ドライバーは他を圧倒するペースでそのままシーズン初となるワン・ツー・フィニッシュを飾った。

　チームは波に乗り始めた。中国GPでまたフロントローを独占するも、変わりやすいレース状況の中ピット戦略が裏目に出てしまい、ベッテル6位、ウェバー8位に終わった。中国GPで期待を裏切った形となったウェバーだったが、スペインで優勝し、次の週のモナコGPでも狭いストリートコースで全く隙のない完璧なレースを見せ、連勝した。セバスチャン・ベッテルもスペインで3位、モナコで2位。モナコではチームに嬉しい新たなワン・ツー・フィニッシュをもたらした。レース後の祝勝会で両ドライバー、エイドリアン・ニューウィーとクリスチャン・ホーナーの4人はチームのエネルギー・ステーションのプールに一緒に飛び込み、派手な祝い方で楽しんだ。

　トルコGPは、トップを争っているなか同士討ちの接触があり、なんとかリカバーしたマーク・ウェバーが3位に入賞に終わった。次のカナダGPでは、トリッキーなタイヤ戦略が災いして、4位と5位に終わり、辛うじてポイントを獲得した。

　チームは、バレンシアで行われたヨーロッパGPとシルバーストーンで開催されたイギリスGPでさらに2勝を挙げた。バレンシアではベッテルが優勝。一方、同じヨーロッパGPでヘイキ・コバライネンのロータスを追突する形で宙に舞い、激しいクラッシュでリタイアとなったウェバーは、シルバーストーンで優勝を飾った。

▲4回のワン・ツー・フィニッシュで2010年シーズンのけん引役となったRB6。スペインGPの序盤、セバスチャン・ベッテルをリードするマーク・ウェバー

◀RB6の細いボディーワーク：リアの部分は他車より明らかにコンパクトにまとめられている

▲2010年マレーシアGP：レッドブルとの初勝利を獲得したセバスチャン・ベッテルを祝って持ち上げるチームメンバー

▶モナコGPの素晴らしいレース結果を受けて、エネルギー・ステーションのプールでクールダウンするチームメンバー

▶ブラジルGP：コンストラクターズ・チャンピオンシップのタイトル獲得を祝うチーム、エイドリアン・ニューウィーとクリスチャン・ホーナーをシャンパンがけで迎える

▶アブダビGP：トップでフィニッシュラインを通過してワールド・チャンピオンとなったセバスチャン・ベッテルをピットウォールから祝福するチームメンバー

この時点のチーム・レベルからしてドイツGPの3位と7位は期待外れという思いを残した。しかしその思いは長続きしなかった。マーク・ウェバーはハンガリーGPで優勝、ドライバーズ・ランキングで1位に立つと同時に、チーム史上初のコンストラクターズ・ランキング1位へとチームを押し上げる。

スパで開催されたベルギーGPでマーク・ウェバーは2位に入賞した。それに続く、モンツァ・サーキットで開催されたイタリアGPでは、トラブル続きの週末となるが、4位と6位でチームのコンストラクターズ・ランキング1位を守る。

シンガポールではアロンソの運転するフェラーリが優勝するも、ベッテルの2位とウェバーの3位でコンストラクターズ・ランキングでのリードを広げると同時に、ドライバーズ・ランキングでもマーク・ウェバーのリードを11ポイントに拡大することに成功した。日本GPの鈴鹿サーキットはRB6に向いていた。ポールポジションを獲得したベッテルは終始レースをコントロールし、ウェバーを従えてチームに今シーズン3度目のワン・ツー・フィニッシュをもたらした。

韓国GPを前に、ウェバーを先頭にアロンソ、ベッテル、ハミルトン、バトンの5人が数字上ワールド・チャンピオンになるチャンスを残していた。予選では、ベッテルのポールポジションと合わせて、チームはフロントローをここでも独占。しかし、日本GPでの喜びとは裏腹に、韓国GPでは、今シーズンのチーム初となる両車のリタイアを喫し、大きな落胆となった。ウェバーは厳しいコンディションで滑りやすい縁石に足を取られた一方、ベッテルはエンジン・ブローでリタイアとなった。その間、アロンソは優勝を飾り、ドライバーズ・ランキングの1位に躍り出た。

最終段階に入った両タイトル争い。レッドブル・レーシングの開発ペースは留まる事を知らず、ブラジルで新たな空力パーツがRB6に導入された。トリッキーな予選状況で、ウィリアムズのニコ・ヒュルケンベルグがタイミング良く走った結果ポールポジションを獲得。ベッテルとウェバーはその後ろに続いた。レースでは、ベッテルに従うウェバーという形で、またしてもチームのワン・ツー・フィニッシュとなり、大喜びの中、コンストラクターズ・チャンピオンシップのタイトルを手中に収めた。シーズン中のチームメンバー一人一人の絶大なコミットメントと数えきれない労働時間が報われた瞬間である。

ブラジルGP後、クリスチャン・ホーナーはその気持ちをこう表現した。「信じられない。とてつもない時間をチームに捧げた彼らのこれほど嬉しい顔を見ているなんて信じられない。サーキットだけでなく、ミルトン・キーンズ本部での徹夜につぐ徹夜、仕事につ

◀◀アブダビGPの表彰台で優勝と共に最年少のワールド・チャンピオンとなったセバスチャン・ベッテル、その瞬間を満喫する

◀六年間の努力が報われた証。ミルトン・キーンズ本部の飾り棚に収まるコンストラクターズのワールド・チャンピオンシップ・トロフィー

ぐ仕事。今年を振り返ると、ピットレーンでこれ以上、情熱を注ぎ、献身的に働いたチームはいないと思う。今年、我々は夢を実現したと言っても過言ではない」。

レース後、サンパウロとミルトン・キーンズでは大々的なパーティーが開かれたものの、ほんの7日後に最終戦が控えており、アブダビで決まるドライバーズ・ワールド・チャンピオンシップに向けて、早々に仕事に戻り一段と勤勉に働くチームメンバーの姿があった。

ブラジルで2台のRB6の後ろについて3位でレースを終えたアロンソは、8ポイントの差をつけてドライバーズ・ランキングをリードしていた。2位にはウェバー、更に7ポイント後ろの3位にはベッテルがつけていた。この時点で、チャンピオンシップ争いで優位に立っていたのはアロンであった。4位以上で最終レースを終えれば、他のドライバーの順位とは関係なくタイトルを獲得できる計算だったからだ。

決戦を迎える中、冷静沈着なベッテルはポールポジションを獲得し、ハミルトン、アロンソ、バトン、ウェバーと続いた。スタートからレースをリードするベッテルは、タイヤ交換のタイミング違いで一時バトンに先行されるものの、その15周後のバトンのピットインを機にリードを取り戻す。後ろでは、ウェバーのピットストップを意識し過ぎたあまりアロンソのピットタイミングを誤ってしまったフェラーリ・チームがいた。

その結果、アロンソは7位まで後退し、前の車をなかなか追い越せないでいた。太陽が沈んでいく中、ベッテルは、続くハミルトンとバトンを抑えて優勝を飾った。アロンソとウェバーがそれぞれ7位と8位に終わったため、ベッテルはアロンソに4ポイントの差を付けて最年少のワールド・チャンピオンとなった。

ベッテルは、レース直後の気持ちをこう語ってくれた。「フィニッシュラインを通過した瞬間不思議な気持ちだった。チームラジオでエンジニアからのメッセージを待っていたら、"OK"とだけ言ってきたので、"失敗に終わったか"と思った。そのあと"後続車がフィニッシュラインを超えるのを待たなくてはならない"と言われた瞬間、事情がつかめたんだ。"各ドライバーの順位を確認しているのだ"とね。そうしたらいきなり大声で"ワールド・チャンピオン"と叫んできたので、時が止まったかのようになったよ。別世界に飛んだかのように、喜びの瞬間を噛みしめていたんだ。後になってチームラジオを通した自分の声の録音を聞き、恥ずかしくなった。まるで子供か、女の赤ちゃんの叫び声のようだった。多くの気持ちを共有しているピット内のメンバーがいる。彼らに自分の気持ちを伝えようとしていたんだ。自分の声の録音を初めて聞いた時は不思議だった。それを聞いてその瞬間の気持ちが一瞬にして蘇った。なんとも言えない気持ちだね」。

17

▲F1の世界ではチームワークが全て。チーム全員の集合写真。2010年アブダビGPにて

メディアからの注目が増しても、ワールド・チャンピオンに伴う責任が増しても、ベッテルの人生観に変わりはない。「全然（変わらない）。確かに（ワールド・チャンピオンに）なってから多くの催し物やイベントに顔を出さざるを得なくなったけど、クリスマスを過ぎてからペースが落ち着き、これは大事なことなんだけど、自分の時間や友達や家族との時間を取ることができた。自分の名前が刻まれたきれいなトロフィーをいただいたこと以外、人生は変わっていないさ」。

6年にわたる山あり、谷ありの中、チーム一人一人の揺るぎない執念、そしてもちろん効率の高いチームワークの結果、レッドブル・レーシングは2010年のダブルタイトルを手中に収めたのである。

2010年シーズンのデータ	
レース回数	19
レースの累計周回数	2109
レースをリードした周回数	699
優勝回数	9
ワン・ツー・フィニッシュ回数	4
表彰台回数	20
ファステスト・ラップ回数	6
ポールポジション回数	15
フロントロー独占回数	8
フロントロー・スタート回数	26
獲得ポイント合計	498

レース	セバスチャン・ベッテル		マーク・ウェバー	
	予選	レース	予選	レース
バーレーン	1位	4位	6位	8位
オーストリア	1位	リタイア	2位	9位（FL）
マレーシア	3位	優勝	1位	2位（FL）
中国	1位	6位	2位	8位
スペイン	2位	3位	1位	優勝
モナコ	3位	2位（FL）	1位	優勝
トルコ	3位	リタイア	1位	3位
カナダ	2位	4位	7位※	5位
ヨーロッパ	1位	優勝	2位	リタイア
イギリス	1位	7位	2位	優勝
ドイツ	1位	3位（FL）	4位	6位
ハンガリー	1位	3位（FL）	2位	優勝
ベルギー	4位	15位	1位	2位
イタリア	6位	4位	¥4位	6位
シンガポール	2位	2位	5位	3位
日本	1位	優勝	2位	2位（FL）
韓国	1位	リタイア	2位	リタイア
ブラジル	2位	優勝	3位	2位
アブダビ	1位	優勝	5位	8位

(FL)：ファステスト・ラップ　　※ギアボックス交換で5グリッド降格

2011年：新たな一章

　2010年の夏に入り、RB6の更なる開発に加え、レッドブル・レーシングの開発陣はその後継車となるべき2011年用RB7の開発にも力を注いでいた。

　RB7は、2011年2月に、バレンシアで開催されたシーズン前の第一合同テストでデビューした。テストが進む中、新型車は速さと信頼性を伴っているかのように見えたが、他チームの燃料搭載量が分からないため、直接的な比較はできないでいた。だが、シーズン前の最後の合同テストでもペースが良く、チームはそのまま、タイトル防衛に臨むこととなった。

　結果、チームは素晴らしい形で両タイトルを防衛する事となり、シーズン終了を待たず11月半ばに、早くもセバスチャン・ベッテルのドライバズ・ワールド・チャンピオンシップ・タイトル、そしてチームのコンストラクターズ・チャンピオンシップ・タイトルをそれぞれ2年連続で獲得することとなった。終わってみれば、18戦でセバスチャン・ベッテルの優勝11回、ポールポジション14回に加え、マーク・ウェバーのポールポジション3回という記録を残す結果となった。

レッドブル・レーシングRB6：細部にわたる解説

THE
ANATOMY
OF THE
RED BULL
RACING
RB6

  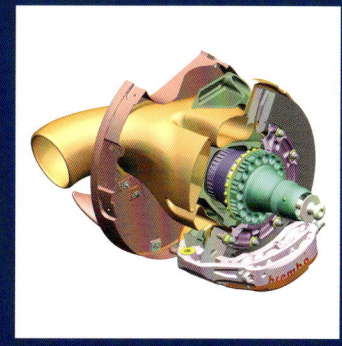

見た目が美しいマシン。そして何よりも、とてつもなく速い。グリッド上でベストの部類に入り、しかも運転して楽しい。
セバスチャン・ベッテル
2010年・2011年F1ドライバーズ・ワールド・チャンピオン

前書き
Introduction

▲内部構造が見えるRB6の透視図

▶F1マシンを構成する部品の一つ一つは、最先端のテクノロジーを使い、細部にわたってきめ細かく設計・製造されている。この図はB5の主要部品を示している

現代のF1は、選び抜かれたその道のマイスターとも言えるエンジニアと職人の手によって作られ、自動車技術の粋を結集した芸術品と言っても過言ではない。F1の神髄は、コース上で人と車の限界を試す究極の場を提供することにある。

今のF1は、どれほど熾烈な競争の場なのだろうか？2010年に開催された19のレースの予選1位と6位のタイム差は平均してちょうど1.0秒であった。異なるコースレイアウト、天候の違い、そして参戦するチーム・車両・ドライバー等の差を考えればこのトップ6のタイム差がどれだけ小さいか想像はできるだろう。しかし、優勝できるF1マシンを作る難しさ、そしてそれに要求される技術ノウハウの高さを本当に理解するには、2010年に両タイトルをとったレッドブル・レーシングRB6を例にとるより良い選択は無い。

マーク・ウェバーの言葉を借りると、「RB5の後継車となったRB6の凄さは、その万能さにあった。車の性格、そして性能において、最も万能なレーシング・

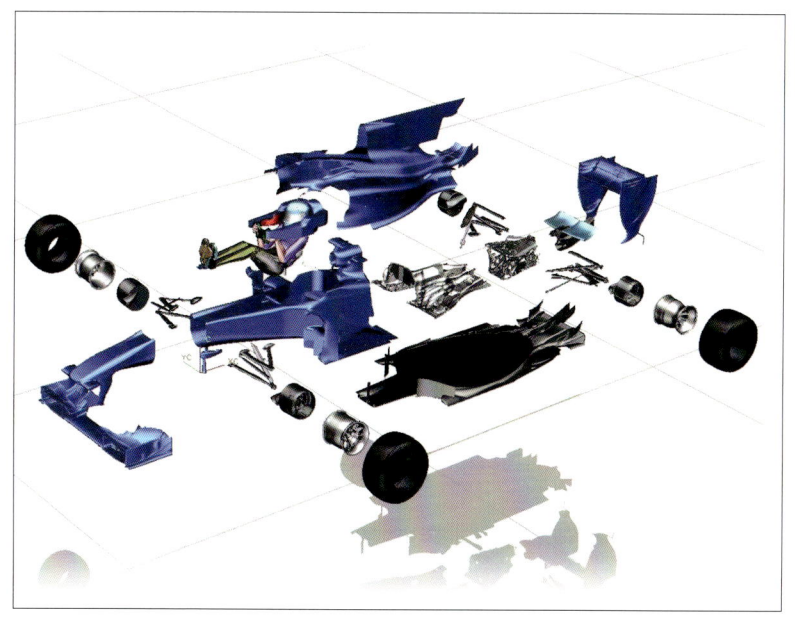

カーの一つとなった。どのコースでも速かった。弱点という弱点も無かった。バンピーなコースでも、低速コーナーでも、高速コーナーでも良く走った。どのサーキットでも、そのレイアウトがどうであろうが、車は速かった。車を設計した技術チームの凄さを物語っている」。

では、これ以上待たず2010年シーズン中、パドックの羨望の的となった車の中身を見ることとしよう。

シャシー（「タブ」）
CHASSIS('TUB')

▲シャシー部分は車の基本的なコアとなる。ドライバーを衝撃から守ると同時に、車にかかる巨大な機械的・空力的な負荷に耐えなくてはならない

「タブ」（バスタブのタブから由来）とも呼ばれるシャシーは、車の背骨の役割を担う。他の全ての部品やコンポーネンツは、このシャシーに取り付けられていくのだ。サスペンション、ステアリング、エンジン、トランスミッションとそれぞれの空力パーツからの入力に耐えるべく、極めて強い・剛性の高い構造体でなくてはならない。シャシーはまた、最も激しい衝突時でもサバイバル・セルの役割を果たし、ドライバーを怪我から守らなくてはならない。更に、シャシーは燃料タンクも納めている。シャシーのデザインは空力性能を最優先する。新しい車をデザインする上でまず、デザインコンセプトを実現させるために必要な「理想な空力形状」が求められる。そしてそれを受けて、シャシーの設計チームは、その「理想形状」をできるかぎり守りながら、必要とされるすべての部品やコンポーネンツを与えられたスペースの中に収めるようにする。この先で明らかになるように、車のデザインを決める第一のパラメーターは空力性能なのだ。

シャシーは、他の全ての部品とドライバーを一つにつなげているため、車の性能といわゆる「感触」の決め手となる。F1ドライバーは、自分の体形にモールドされたシートを通じて、お尻と背中に伝わる路面凹凸とそれに対する車の反応・挙動を感じながら、文字通り、感覚でF1マシンを操縦している。

シャシーはモノコック構造を採用しており、FIA規定に定められている、最低寸法やロール構造体とドライバーの位置関係を含む、基本パラメーターに沿ってデザイン・設計されている。2010年シーズンに向けて、FIAによる大きなルール変更の一つは、レース中の燃料補給の禁止であった。レースの最後まで走れるだけの燃料を搭載しなくてはならなくなり、燃料タンクの大型化、すなわち、より長くて重いシャシーが必要になったのだ。その他にも、FIAにより定められた様々な衝突テスト、ロール構造体用テスト、圧力・圧縮テストを経て、サバイバル・セルとなるシャシーの強さを証明しなくてはならない。テストには、基準となるシャシーが使われ、全てのテストを経てメイン構造に傷一つあってはならない。すべてのテスト項目に合格して初めて、シャシーの型式認定が得られ、そのシャシーを使った完成車がレースに出ることができる。

2010年のレギュレーションは、型式認定を有する部品や構造体の変更は一切認めておらず、FIA型式認定後、シャシー（その他、ギアボックス・ケーシングのように型式認定を有する構造体を含めて）の構造変更を禁じている。規定の詳細は本文174〜175ページの「FIA衝突テスト」の部を参照。

開発と製造

シャシーは、車の背骨の役割を果たすことから、車全体を開発する上で出発点となる。そのため、開発チームは、多くの時間をシャシー開発に費やす。新型車のシャシー開発は前年の7月ごろにスタートし、完成した第1号のシャシーは翌2月にはFIAのテストを受ける。だが、テストがシーズン開幕の6週間から4週間前になることもある。

シャシーは、それまで使われていたアルミをはじめとする材料に比べて格段に強くて軽い、炭素繊維複合材で作られている。CAD（コンピューター支援設計）とCNC（コンピューター数値制御）工作機械の導入により、シャシーの開発と製造の各工程の精度は飛躍的に向上している。その結果、作られるシャシー間の寸法や剛性の精度は極めて高い。同じ図面から作られたシャシーであれば、シャシー番号の違いがあっても、機械的・空力的セットアップの再現性は高い。セバスチャン・ベッテルは、それをこのように証明している。「お気に入りのシャシーは無い。車の間で違いは無いからだ。シーズン中、シャシーを頻繁に変えていない。年に1、2度程で、たいてい修理し難いダメージを得たのが原因だ。スペアのシャシーは元々それほど多くは持っていないしね」。

サバイバル・セル

ドライバーを守るサバイバル・セルは、シャシーと一体になっている。サバイバル・セルはドライバーを取り囲むようにして保護する強固な構造体で、さらにそこには衝突衝撃構造やロール構造体も装着されている。サバイバル・セルの側面も耐衝撃構造となっており、側面衝突時、他車あるいは他車の部品やコース脇の構造体によるシャシー側面のダメージ、あるいは中のドライバーの怪我の度合いを軽減する。サバイバル・セルの寸法と側面の耐衝撃構造は、FIAによる厳しい規定に合わせて設計されなくてはならない。そして、完成したプロトタイプ・シャシーは、サバイバル・セルの強さと保護性能を証明する厳しい衝突テスト・プログラムに合格する必要がある。

▼完成したシャシーのプロトタイプ。その強さを証明すべく、FIAが定める衝突実験に合格しなくてはならない。この写真は、正面衝突実験に備えて準備されているフロント・ノーズを付けたシャシーのもの。合格するには、シャシーにダメージ一つ受けてはならない

▶エポキシ樹脂材が5軸フライス盤でカットされている。工程中にできる細塵を処理するため、フィルター付き空気清浄装置が備わっている

シャシーの製造工程

ステップ1
　シャシーは、CAD（コンピューター支援設計）とFEA（有限要素応力解析）ソフトウェアを活用して設計・解析・改良されていく

ステップ2
　シャシー成型用パターンに合わせて、エポキシ樹脂の塊を5軸フライス盤でカットする。成型用パターンの形状と寸法を精密に再現するため、CAD用デザイン・ファイルからデータを直接読み取る。成型用パターンの一つにでも問題個所が存在すると、そのパターンを元に作られた全てのシャシーに同じ問題が現れる。成型用パターンが図面通りの形状と寸法を守るカギは、精密な加工工程にある。できあがったパターンの形状と寸法は、プラス・マイナス0.05mmの精度を厳守している。成型用パターンに、メタル製素材ではなく、エポキシ樹脂材が使われている理由は、130℃を超える熱硬化工程（次のステップ3を参照）で、型と成型用パターンの熱膨張率をできるだけ近づけて、その悪影響を最小限に抑えるためである。

▼RB2用シャシーの有限要素応力解析イメージ。グリーン色は、高い力が加わるため高い強度を必要とするエリアを示す

26

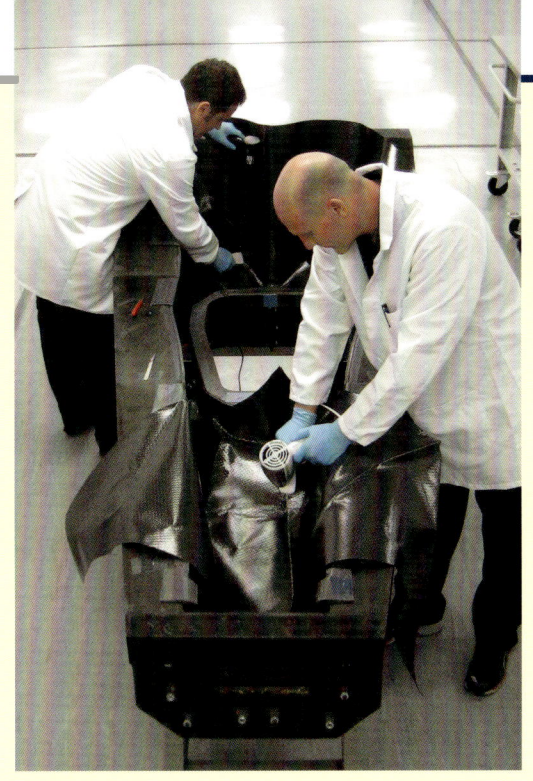
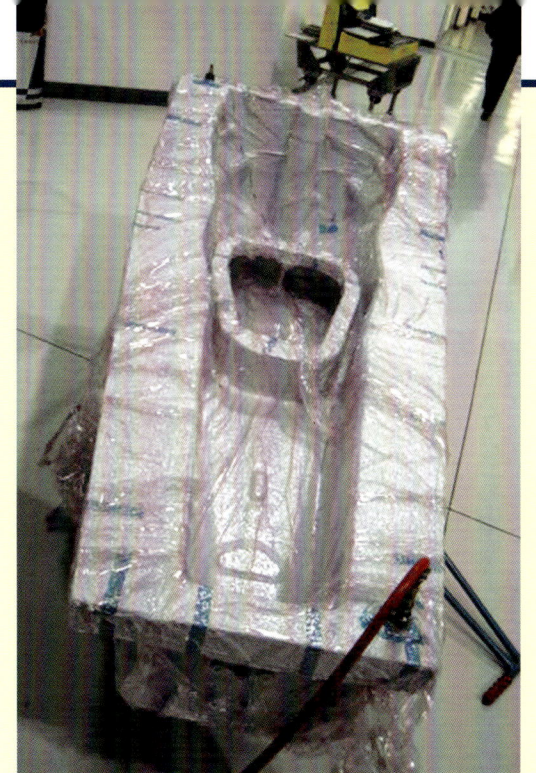

◀◀型の中に積層される炭素繊維シート

◀炭素繊維シートが積層され、熱硬化工程前のシャシー上部側の型

◀シャシー1基を受け入れられる大きさのオートクレーブ。平たく言えば、大型の超精密制御圧力釜である

ステップ3

成型用パターンを用いてメス型を作る。作業は、二重扉に守られている気密区画の、いわゆる「クリーンルーム」で行われる。クリーンルーム内では気圧、湿度と温度が厳しく管理され、作業員も常に特殊な作業服とフットウエアを着用している。型は炭素繊維で出来ており、その製造工程は、何度も繰り返される真空処理、積層工程、熱硬化工程からなるいくつものステップに分かれる。

型は上部と下部に分かれて作られ、後工程で一体に接着される。成型用パターンから型を取り出す時、傷がつかないように細心の注意がはらわれる。

ステップ4

できあがった型の外面のバリを落とし、完成した型はシーズン中に必要な全てのシャシー作りに使われる。

ステップ5

シャシー自体は、積層された炭素繊維シートから作られる。いくつもの異なる種類の炭素繊維シートが使われ、その場所その場所の、繊維層ごとの方向性は、決定的な重要性を持つ。その繊維の層ごとの方向性は、シャシーのその場所その場所に求められる剛性と加わる入力の方向性によって決まる。一つのシャシーには、隅から隅まで求められるその性能を実現させるために様々な形状をとった、何百もの炭素繊維の層が使われている。その形状は高精度な機械によって加工され、どのシャシーでも同じようになるよう細心の注意がはらわれている。

ステップ6

炭素繊維の層の数と層ごとの繊維の方向性は、シャシーの場所によって異なる。例えば、強度が特に求められるサスペンションやエンジンの取り付けポイントにはとりわけそうだ。炭素繊維の層を重ねることを英語で「レイアップ」という。層ごとの位置と繊維の方向性は決定的な重要性を持つ。層ごとの位置に誤りが無いよう、作業員は層ごとの製造工程を、写真やコメントを含めてこと細かく記載しているマニュアルに従って作業を進める。一つの層が完成すると、その層に該当するマニュアルを元に作業がチェックされ、検査官のサインを経て初めて次の層の「レイアップ」に進める。

27

▲完成したシャシーの上部。次は下部との接着作業。そして機械加工と仕上げ作業が待っている

▼複合材からなる部品の最終仕上げと検査は、全てクリーンルームで行われる

ステップ7
　型の中に全ての炭素繊維の層がレイアップされると、アッセンブリーごと真空バッグに入れられ、オートクレーブ（熱硬化工程の温度と湿度を精密に管理する大型オーブン）に入れられる。バッグを真空状態にすることによって、各層をより密着させている。オートクレーブ内の高い温度で層と層の間に塗られているレジンが繊維の隅々にまでまんべんなくいきわたる。そしてレジンが固まり、全ての層を一体に結合させ、強固なシャシーの上部（と下部）を形成する。

ステップ8
　レイアップの段階で構造体に他のメタル製部材や固定用スタッドを挟み込むことができる。それが後に、シャシーに取り付けていく色々な部品の取り付けポイントとなる。

ステップ9
　完成したシャシー上部と下部は型から出され、一体のモノコック構造になるよう結合される。シャシーの前後端にバルクヘッドが接着され、フロントにはサスペンションのロッカー、リアにはドライバー・シート後部の取り付けポイントが設けられる。完成したシャシーには、結合をより強固にするための機械的ファスナーは使われない。そのため、接着工程で得る結合力を最大にする目的で、接着する各面をできる限りきれいにする必要がある。シャシーの上下部を結合する時の精度を上げるために専用治具が用意されている。

ステップ10
　完成したシャシー一体構造は、最終の機械加工でサスペンション・その他部品の取り付けポイントが設けられた後、仕上げ工程で必要なディテーリングを受けることとなる。作業の精度を上げる治具はここでも用意される。

ステップ11
　これまで説明してきたステップ毎に、厳密な検査手順が敷かれている。レッドブル・レーシングには、複合材検査部があり、オートクレーブから出てきた部品・その他ボンドで結合されたアセンブリを全点検査する。検査を受けて初めて次の工程、或は完成車に組み込まれることが許される。部品は、テストやレースという「走行イベント」毎に、必ずここで再検査される。多くの部品は、決まったスケジュールや内容に則って検査を受けることになっている。その中には、ボンドで結合されている結合箇所や炭素繊維の層の状態を確認する非破壊検査、剛性テスト、目視検査、洗浄等の工程が含まれる。

注：上述のステップは、炭素繊維を用いたシャシーの製造工程を簡素化したものであるが、その基本は車に使われている全てのカーボンファイバー製部品の製造にも当てはまる。

サバイバル・セルの側面衝撃保護構造は二重になっている。
- シャシーの側面には、衝突安全テスト合格が義務とされる側方衝撃吸収構造（詳細は174〜175ページを参照）が装着される。
- また、「ザイロン」と呼ばれる特殊な炭素繊維を用いたFIA指定パネルが、型式認定を取得したシャシーの側面に接着される。このザイロン製パネルのサイズ、厚みと装着位置はFIA規定により定められている。

FIA規定により、サバイバル・セルはFIAが提供するトランスポンダーを3個搭載しなくてはならない。その位置は、コックピット開口部の左右とシャシー前方のフロント・アクスルのセンターライン上、と定められている。トランスポンダーは、いつでもFIA車検員がアクセスできるようになっており、各シャシーのID確認と様々なデータ収集に使われる。

ロール構造体

車が事故で転覆した際にドライバーの安全を確保するため、シャシーは、ドライバーの前後にFIA規定で定められている2つのロール構造体を備えていなければならない。ドライバーのヘルメットとステアリングホイールは、この2つのロール構造体の頂点を結ぶ仮想ラインの下の決まった位置以下になければならない。シャシーのFIA型式認定要件には、両ロール構造体の強度テストが含まれる。

リア側ロール構造体は、ドライバーの頭の後ろに来るシャシーの頂点の上に位置するロール・フープからなる。RB6の場合、リア側ロール構造体はカーボンファイバー製で、シャシーに接着される別体構造となっている。チームによってはシャシーと一体構造になることもある。ロール・フープは、エンジンのエアボックスにつながるエアインテークと一体になっている。ロール・フープをデザインする上で最も大きな課題は、定められた強度と軽量化の両立にある。

一方、フロント側ロール構造体はドライバーの膝の上に位置する内部バルクヘッドの形をとる。

▲ロール構造体：FIAの指定する強度テスト風景。パッドを通じて、指定されている条件下で構造体に入力が加えられる

▼ドライバーのヘルメットとステアリングホイール：前後のロール構造体の上部を結ぶ線の下に収まらなくてはならない

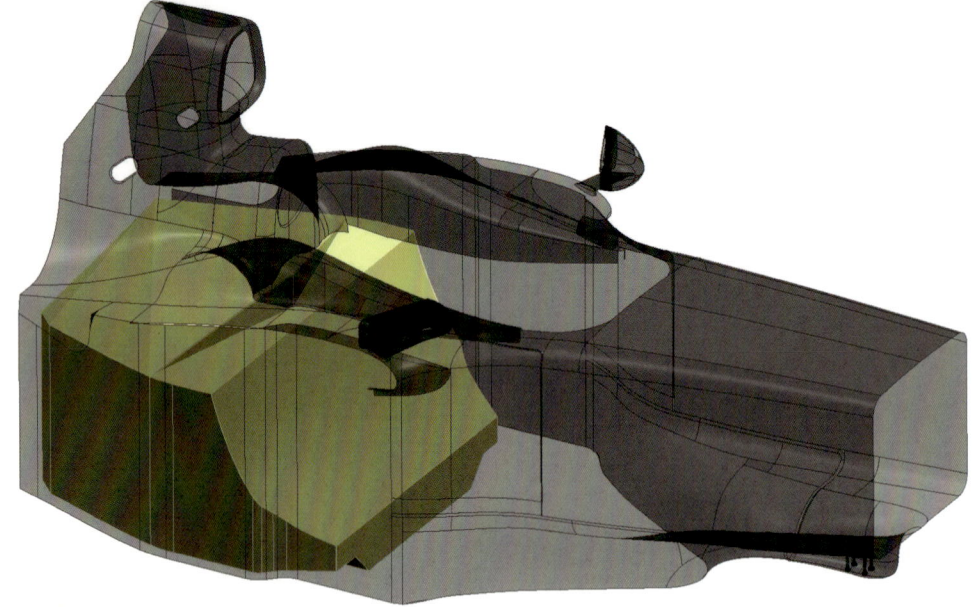

▶シャシーの形状に合わせた、専用設計の燃料タンクが使われる

燃料タンク

　燃料タンクは、シャシー内のコックピット後ろ側、ドライバー・シートのすぐ後ろに位置する。燃料タンクとドライバーの間には、FIA規定に合わせたバルクヘッドが設けられている。

　燃料タンクは、専門メーカーのATL社製で、専用設計の袋状のものである。それはエラストマーという柔軟材が混入されたケブラー繊維からできており、軽量でありながらたわみ易い性質を持つ。事故の時に発生する高い衝突エネルギーを、たわんで変形しながらそのエネルギーを吸収し、燃料漏れを防いでいる。引き裂き・貫通・えぐり等にもとても強い。たわみ易い性質はまた、燃料タンク自体より狭いシャシー内開口部を通して、比較的簡単に、その取り付けと取り外しを可能にしている。

　燃料タンク内には、軽い専用素材でできたバッフルが設けられている。激しい加減速やコーナリングでタンク内の燃料偏りを抑制し、エンジンへの安定した燃料供給を確保するためである。高性能燃料ポンプは最後の一滴近くまで燃料を吸い上げるように設計されており、無駄な燃料を最小限に抑える。

バラスト

　FIAの規定により、ドライバーとオンボードカメラを含めた2010年の車両最低重量は620kgに定められている。KERSの追加で2011年に車両最低重量は20kg増しの640kgに引き上げられた。

　設計チームは最低重量を下回る車両重量を目指し、新型車を設計する。そしてバラストを利用して車両重量を規定以内にまで引き上げている。これは、自由に置けるバラストを利用して車の前後バランスを最適化し、車のセットアップを助けるためである（2010年には、固定方法がしっかりしていればバラストの位置づけを制限するFIA規定は無かった）。重心をなるべく低く抑えたいため、バラストは車の底に限りなく近い場所に取り付けるのが一般的である。

　最適な重量バランスを定めるには、車を走らせる必要がある。そのため、バラストを自由に移動できるようにすることは重要である。なぜなら、車のハンドリングを調節する最も基本的な方法は、重量バランスにあるからだ。

　バラストに採用できる素材は制限されていないため、レッドブル・レーシングは、RB6用バラストにタングステンを選んだ。その理由は高い比重にある。タングステンの比重は鉛より71％も高く、同じ重量でもバラストを小さくでき、取り付け位置の自由度を拡大しているのだ。F1マシンは、重量バランスの変化にとても敏感に反応する。そのため、500g刻みの調節も珍しくない。

シャシーの衝突テスト

　詳細は、174〜175ページの「FIA衝突テスト」の部を参照。

▶取り付け位置の形状に合わせた型に成形されたタングステン製のバラスト

30

▲リアウィングは、車の最も目立つ空力部品であると同時に、車全体のダウンフォースの三分の一を発生させる

空力
AERODYNAMICS

　現代のF1マシンが発生するダウンフォースは、マシンを天井に逆さまで走らせられるほどであると言われている。事実か？　それともフィクションか？　実は、F1マシンが発生するダウンフォースは車速に比例する。最高速度でのダウンフォースは、車の重量を超えているのだ。だから先ほどの質問への答えは、理論上、「イエス」である。モンツァ・サーキットの直線で車が最高速度に達した瞬間、走行路面ごと逆さまにできれば、車は落ちてこない計算になる。

　空力パーツが発生する力を紹介しよう。最高速度領域でフロントウィングは500kg以上のダウンフォースを発する。このようなダウンフォースのおかげで、現代のF1マシンは5G（重量の5倍の力）にもなるコーナリング性能を実現する。

　今日のF1マシンにとって、空力性能は速さに直結する。空力は車の性能に最も大きく貢献する要素であり、車を開発する上で最も重要視される性能である。シーズンに入っても状況は変わらず、開発の大部分は空力性能の更なるステップアップを目指すものである。空力の専門家の仕事は、ダウンフォースの最大化とドラッグ（空気抵抗）の最小化をいかに実現できるかに尽きる。ダウンフォースは、車のタイヤを地面に押し付ける力である。ダウンフォースが増せば車のコーナリング性能が増し、同じコーナーをより速く駆け抜けられるのである。一方、ドラッグ（空気抵抗）は車の動きに抵抗する空気の力である。ダウンフォースとドラッグは車速と大きな関わりを持っている。車速が増せば、ダウンフォースもドラッグもその2乗で増して行く。すなわち、車速が倍になれば、車にかかる空気の力は4倍になるのだ。ハイ・ダウンフォースのセットアップの場合、最高速度の領域でドライバーがアクセルから足を外しただけで、ブレーキする前に空気抵抗の力のみで1G以上の減速力が得られるのだ。

　空力の開発は主に、風洞と数値流体力学解析（CFD）ソフトウェアで行われる。両ツールは相互補完関係にあり、それぞれ違う役割を担う。CFDと風洞に関する詳細は129～133ページの「デザイナーの見解」の部を参照されたい。

車体の全ての面は空力性能を念頭に置いてデザインされている。美的要素は偶然に過ぎない

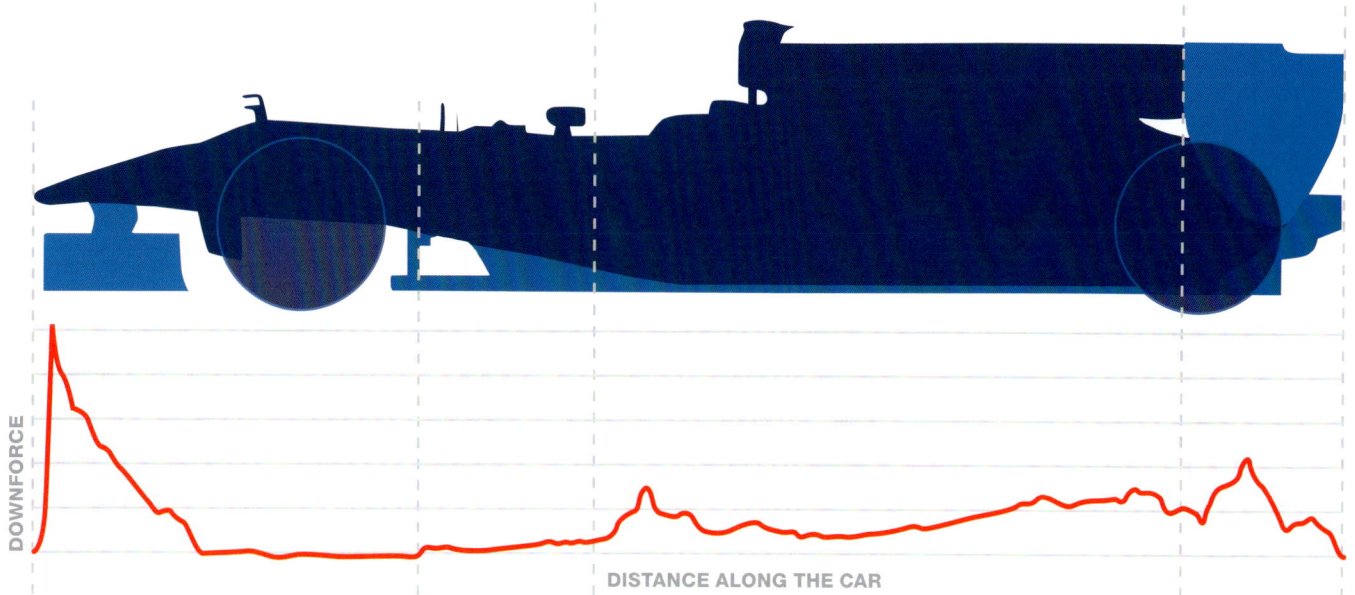

▲代表的なダウンフォース分布

▶RB6の空力パッケージ：モンツァで見るロー・ダウンフォース仕様（上）、モナコで見るハイ・ダウンフォース仕様（下）。リアウィング仕様の違いに注意

　フロント・リアの各ウィング、ターニング・ベーンとリア・ディフューザー等、純粋な空力パーツもあるものの、車体の全ての面は空力性能を念頭に置いてデザインされている。また、各部が互いに影響し合っている点も大きな特徴である。例えば、フロントウィングを無くしては、アンダーフロアは機能しない。アンダーフロアを無くしては、リアウィングの性能は上がらない。リアウィングを無くしては、アンダーフロアの性能は上がらない。すなわち、フロントウィングから流れてくる空気流を受けてアンダーフロアの形状が決まる。同じように、ディフューザーとリアウィングの形状は、リアウィングによる巻き上げを考慮して、互いの効果を増幅するように決められていく。

　空力のセットアップはサーキットに合わせて変わり、シャシーのメカニカル・セットアップと合わせて決まる。中でも、空力の効率（ダウンフォースとドラッグのバランスをどう取るか）は、空力セットアップとメカニカル・セットアップを決める上で最大の課題となる。サーキットの特徴に合わせて全く異なる空力パッケージが求められる場合もある。例えば、モンツァはロー・ダウンフォース仕様サーキットであるのに対して、モナコは典型的なハイ・ダウンフォース仕様サーキットである。その他にも、スパ・フランコルシャン（ベルギー）とモントリオール（カナダ）のように中間のダウンフォースを必要とするサーキットもある。

　以下の各セクションで空力性能を左右する主要コンポーネンツを紹介しよう。

フロントウィングの構成部品

フロントウィングは、5つの主要カーボンファイバー製部品からなる。

1. メインプレーン：ノーズに直接取り付けられているフロントウィングの主翼
2. エンドプレート（翼端板）：フロントウィングの左右端に立つ垂直プレート。その役割は二つ。
   イ）空気が横に逃げないようにし、フロントウィングのメインプレーンとフラップの上を流れる空気を最大化。
   ロ）乱れた空気を外側に誘導し、アンダーフロア／ディフューザー側に流れていかないよう整流する。
3. メインフラップ：メインプレートの後ろに位置する角度調整可能フラップ。2009年と2010年、ドライバー自ら調整できるようになっていた。2011年、その調整は、車が静止した状態で手動となった。フラップの後縁はいくつものデザインを用意し、調整幅を広げている。
4. アッパーフラップ：メインプレートの前方、エンドプレートの内側にいくつものフラップからなるアセンブリ。
5. ターニング・ベーン：ウィング・アセンブリの下に位置する複数の空気整流用翼。

▼複雑な形状を取るRB6のフロントウィングとその主要コンポーネンツ（本文を参照）

フロントウィング

フロントウィングは、車の最も重要な空力デバイスである。なぜなら、その後ろに来るその他すべての空力デバイスにあたる空気の流れを決定づけるからだ。車全体の空力効率に対するフロントウィングの影響があまりにも大きく、フロントウィングが発生するダウンフォース（車全体の3分の1程度）の最大化は必ずしも目的ではない。フロントウィングによるダウンフォースを犠牲にしてでも、車の違う場所での空気流の最適化が全体の空力性能に有利になることもあるからだ。

フロントウィングを構成する部品一つ一つの細かい形状や仕上げの良し悪しで、全体性能が決まる。そのため、CFDと風洞を使ったフロントウィングのデザインと開発は、長時間にわたる。

RB6のフロントウィングはシーズン中、常に改良され、毎レースのように変わっていった。

RB6のフロントウィングはまた、疑惑の的となった。競合チーム曰く、高速領域でウィングが空気の影響でたわみ、その結果、路面とのクリアランスをFIA規定外にまで小さくしているという。規定では、静止状態でフロントウィングの、地面に最も近い箇所は、「基準平面（リファレンス・プレーン）」と呼ばれるモノコッ

クの底を走る平らな面から75mm以上上でなければならない。フロントウィングにかかる大きな力でも全くたわまないウィングを作るのは事実上不可能であるため、ある程度のたわみは認められていた。疑惑の前までは、フロントウィングの各エンドプレートに50kgの重りを乗せてウィングの合格・不合格を決めていた。50kgの重りを乗せた状態で、縦方向最大10mmのたわみが許されていた。問題を解決すべく、FIAは重りを倍の100kgでたわみ量も倍の20mmにテスト要件を変更した。RB6は新しいテスト基準でも合格となった。

▲フロントウィングのエンドプレート：ウィングの上を流れる空気を整えると同時に、乱れた空気を車のアンダーフロアから逸らす役割を果たす

▼赤い表示がベルギーGPから導入されたFIAの新たなフロントウィング負荷テスト（本文を参照）

▶2010年シーズン中、ドライバーは、手元でフロントウィングのメインフラップ（赤い矢印）を調整することができた

ドライバー調整フロントウィングのメインフラップ

　2009年と2010年の各シーズン、FIAは調整可能フロントウィングを認可した。ドライバー自らが1周につき2回までメインフラップの角度を調整できるようにした。追い越しをし易くするのが狙いであった。

　前の車に接近し過ぎる車は、前車の作る、いわゆる「風穴」に入り、ダウンフォースの大部分を失ってしまう。その現象は、フロントウィング付近で特に顕著である。前車のリアウィングに巻き上げられた空気は、後続車のフロントウィングより上に舞い上がっているため、フロントウィングにあたる空気の量は大きく減少する。

　メインフラップの手元調整機構で、ドライバーはフ

▼エンドプレート内に収まる部品：フロントウィングのメインフラップを調整する油圧調整機構のカバーを外した状態の絵

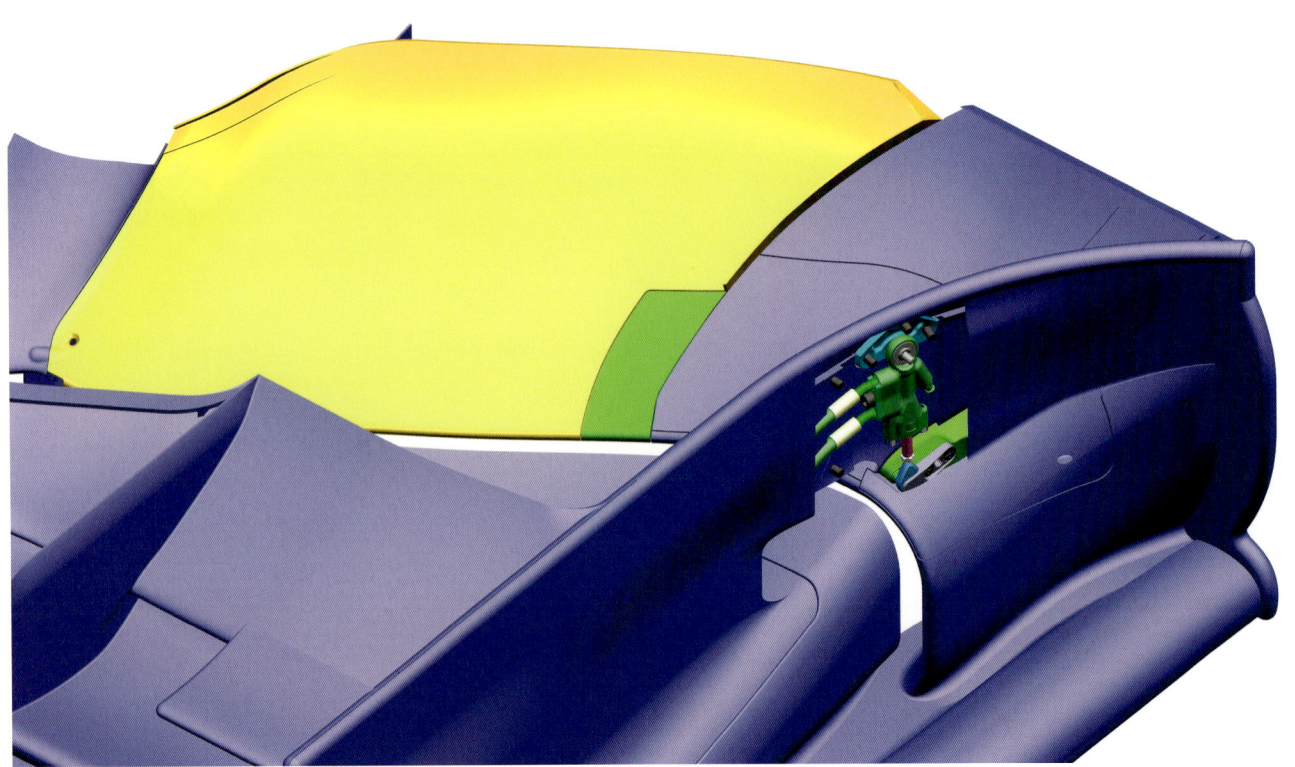

ラップの角度を増やし、失われたダウンフォースの一部をリカバーできる。後続車は、このようにして保たれ、回復した空力バランスを利用して高速コーナーで前車に接近できる。

　前述のように、前の車に接近する後続車はダウンフォースを失うが、空気抵抗も同時に減少する。前の車に引っぱられるような現象である。セバスチャン・ベッテルはその現象をこう説明している。「前の車に充分近づけば、スリップストリームが効いているのがよくわかる。前の車に強い力で吸い込まれている感じなんだ。」

　RB6のフロントウィング調整機構は油圧方式であった。アクチュエーターを含む機構は、シーズン当初エンドプレートに組み込まれていたが、その後ウィング自体に移動された。他の一部チームは、電動方式を採用していた。

ノーズ

　ノーズは、シャシー前端に固定される延長部品で、フロントの衝撃吸収構造体とフロントウィング取り付けポイントの役割を担う。ノーズの主要部分は、カーボンファイバー製の一体型成型品である。フロントウィングをサポートするストラットは、ノーズに接着されている。FIA規定により、ノーズにはカメラを収める2つのハウジングが設けられている（詳細は101～102ページの「車載カメラ」の部を参照）。

　他の部品同様、ノーズのデザインはチームによってまちまちである。しかし、大きく分けて「ハイノーズ」と「ローノーズ」の2つの基本コンセプトが存在する。RB6は「ハイノーズ」派に属する。この「ハイノーズ」コンセプトでは、ノーズの先端を持ち上げ、その下面をシャシーからほぼ真っ直ぐ水平に伸す形で、フロントウィングとの距離を広げている。一方、「ローノーズ」コンセプトでは、ノーズは大きく前側に下がり、ノーズ下面はフロント・ウィングに接近している。

　フロントの衝突吸収構造体を兼ねるノーズは、FIAの衝撃テストに合格し、シャシーの一部として型式認定を有する（衝突吸収構造体に関する詳細は174～175ページを参照）。

　レース中、フロントウィングはよくダメージを受けるので、フロントウィングを含むノーズは、短時間で交換できるよう、クイックリリース式取り付け金具を採用している。ノーズはシャシーに差し込む4つのピンで位置決めされ、左右にあるアレン・キーを用いて半回転で開け閉めでる金具で固定されている。カメラ用電気系統とフロントウィングのメインフラップ調整用油圧系統は、同じように、ノーズとのつなぎ目にある。

▲素早い取り付け・取り外しのため、ノーズ一体は、両側にある、半回転で開け閉めでる金具で固定されている

▼金具を外したら、フロントウィングを含むノーズ一体は簡単に外れる

ハイノーズ

ローノーズ

▲「ハイノーズ」（上）と「ローノーズ」（下）の基本的違いを現した絵

▼サイドポッドの横に設けられている2つのターニング・ベーン：車体の横に流れる空気を整流する

シャシー

　シャシーは、純粋な空力デバイスとまではいかないものの、空力を十二分考慮してデザインされている。前方から見たシャシーの断面は、複雑なV型形状を採用している。シャシーの横を流れる空気流を最適化し、前後ウィング、アンダーフロアとディフューザーが最大の効果をもたらすようにデザインされているのだ。

ターニング・ベーン（バージ・ボードとも言う）

　フロント・ホイールとサイドポッドのエアインテークの間に設けられている、シャシーの横に位置する曲線形状の立板、ターニング・ベーンは、1990年代初期にF1マシンで初めて採用された。1990年代の終盤から2000年代初期にかけて複数枚になり、その形も複雑化していった。サイドポッドのエッジやノーズ下にも登場し、採用される場所も増えていった。

　2009年のFIA規定でその採用場所や形は制限されているものの、空力デバイスとしての役割はいまだに大きい。

　ターニング・ベーンは、車体の周りに流れる空気の方向性を変えることからそう呼ばれるようになった。その役割は広いが、主にフロント・タイヤが発生する乱れた空気の整流、フロントウィングとシャシー前方から後ろに流れる空気をサイドポッド、アンダーフロア、そしてディフューザーへと導く役割を担っている。

　RB6のメインとなるターニング・ベーンは、サイド

ポッド手前のエアインテーク下にある。その他に、背の高い細めのターニング・ベーンもある。サイドポッドの前端外側に位置し、下はアンダーフロア、上はサイドポッドから延びるストラットに支えられている。2010年の最初の3レース、RB6のミラーはこの背の高い細めのターニング・ベーンの上に位置していた。フロント・タイヤにすでに乱されている空気流の中にミラーを置くことで、その空気抵抗を減らす考え方だったが、スペインGPからミラーの外側付けが禁止されたため、これまでどおりシャシーの横面に戻されることになった。

サイドポッド

サイドポッドには、エンジン冷却用ラジエーター、エンジンとギアボックス用オイル・クーラー、油圧油クーラー、と車体側面の衝突吸収構造が収まっている。RB6の多くのECUもサイドポッド内のラジエーター下に収まっている。それぞれのラジエーター・クーラーとECUに冷却用の空気を供給するダクトは同時に、それぞれのラジエーター・クーラーとECUの直接のサイドポッド内取り付けポイントとなり、その決して小さくない重みを支える役割も果たしている。これら部品を支えているダクトと関連するブラケットやトレーは全てカーボンファイバー製である。

サイドポッドとラジエーター・ダクトは通常、シャシー側面にボンド止め、あるいはボルト止めされている。新型車を開発する段階で必要に応じて車体部品の分け方を変えていくこともある。

サイドポッド側面の形状は、車体の後ろ側からリア・タイヤ回り、ディフューザーからリアウィングに至るまでの空気の流れを最適化する上でとても重要であり、慎重にデザインされる。

▲シャシーの下側前面：空力を考慮する複雑なV型形状を採用

◂サイドポッド内部は、ラジエーター、オイル・クーラー、複数のECU（写真は一部を取り外した状態）等でいっぱい

▲RB6を大きく特徴づける、大きく絞り込まれたサイドポッド形状

　後方できわめて低く、強く絞られたサイドポッド形状は、RB6の決定的特徴の一つである。車を上から見ると、内側に大きく絞り込まれているサイドポッドと、それによるとても細い、「コーク・ボトル」ラインとも呼ばれるリアのラインがわかる。この細いリア・ボディーには、ドラッグを最小限に抑え、リア・タイヤの間に空気の通り道を作り、流れる空気の最適化を図ることで、ディフューザーに向かう空気量を増やし、リアウィングに向かう空気を改善していく狙いがあった。

▶細く絞られたリア車体：車体後方の空気の流れを最適化する目的で、ギアボックスとリア・サスペンションにぴったりフィットするボディーパネル

アンダーフロア

複雑な形状のアンダーフロアは、空気抵抗の増加が少ない割に大きなダウンフォースを発生する、最も効率の良い空力デバイスである。

重要なポイントであるが、現在のF1マシンのアンダーフロアにはステップと呼ばれる段差がある。ダウンフォースを削減する目的で1995年に導入されたFIA規定によるものである。規定を簡単にまとめるとこうである。

- フロント・ホイール・センターラインの330mm後方からリア・ホイール・センターラインに至る全ての部品は、「基準平面」(リファレンス・プレーン)と「ステップ面」(ステップ・プレーン)のどちらかの面の上に位置しなければならない。
- 「基準平面」は車の最も地面に近づけてよい面を意味する。FIAで規定されている「プランク」を除いて、車の最も地面に近い面は「基準平面」上にしなければならない。
- 「ステップ面」は「基準平面」の50mm上に位置する。
- 「基準平面」上にある部品は、フロント・ホイール・センターラインの330mm後方からリア・ホイール・センターラインまでをカバーし、最小幅は300mm、最大幅は500mmで車のセンターラインに対して左右対称でなければならない。

具体的に言えば、現在のF1マシンの底は、フロント・ホイール・センターライン後方からリア・ホイール・センターラインまでをカバーする長方形の平面からなり、その面にFIA規定の「プランク」が取り付けられる形となる。この長方形の平面の左右外側に位置する部品は、その50mm以上上に位置していなければならないので、事実上ステップの付いた底面ができあがるのだ。

車の底でどうやってダウンフォースを発生させるのだろう、と思う読者もいるだろうから、ここでその原理を説明しよう。

フロントウィングとリア・ディフューザー(リアウィングも一部の役割を果たす)と合わさったアンダーフロアは、ベンチュリ形状を実現させている。最も簡単なベンチュリ形状は、真ん中が潰れたパイプである。パイプの入り口から潰れている部分の始まりまでを「インレット」と言う。潰れている部分は「スロート」と言い、その後ろに来る部分は「ディフューザー」と呼ばれる。流体(空気も流体の一つである)がベンチュリ形状を通り抜ける途中、「スロート」の部分で通過速度が増すのに合わせて、流体内の圧力は、低下する。

このベンチュリ効果をF1マシンに置き換えると、アンダーフロアと地面で、平らな底を形取るベンチュリ形状ができあがる。アンダーフロアの前の部分は、空気の流れが主にフロントウィングによって整流される、「インレット」の部分となる。アンダーフロアの下は「スロート」の部分に相当する。そして、アンダーフロアの後ろは、空気の流れが主にディフューザーとリアウィングの組み合わせによってコントロールされる、「ディフューザー」の部分となる。ちなみに、車で言う「ディフューザー」の名称は、ここから由来しているのだ。

▼ベンチュリ効果を説明する絵：フロントウィング付近の「インレット」部分、車の下の「スロート」部分、そしてディフューザーから後ろの、文字どおり「ディフューザー」部分

インレット　　　スロート　　　ディフューザー

インレット　　　スロート　　　ディフューザー

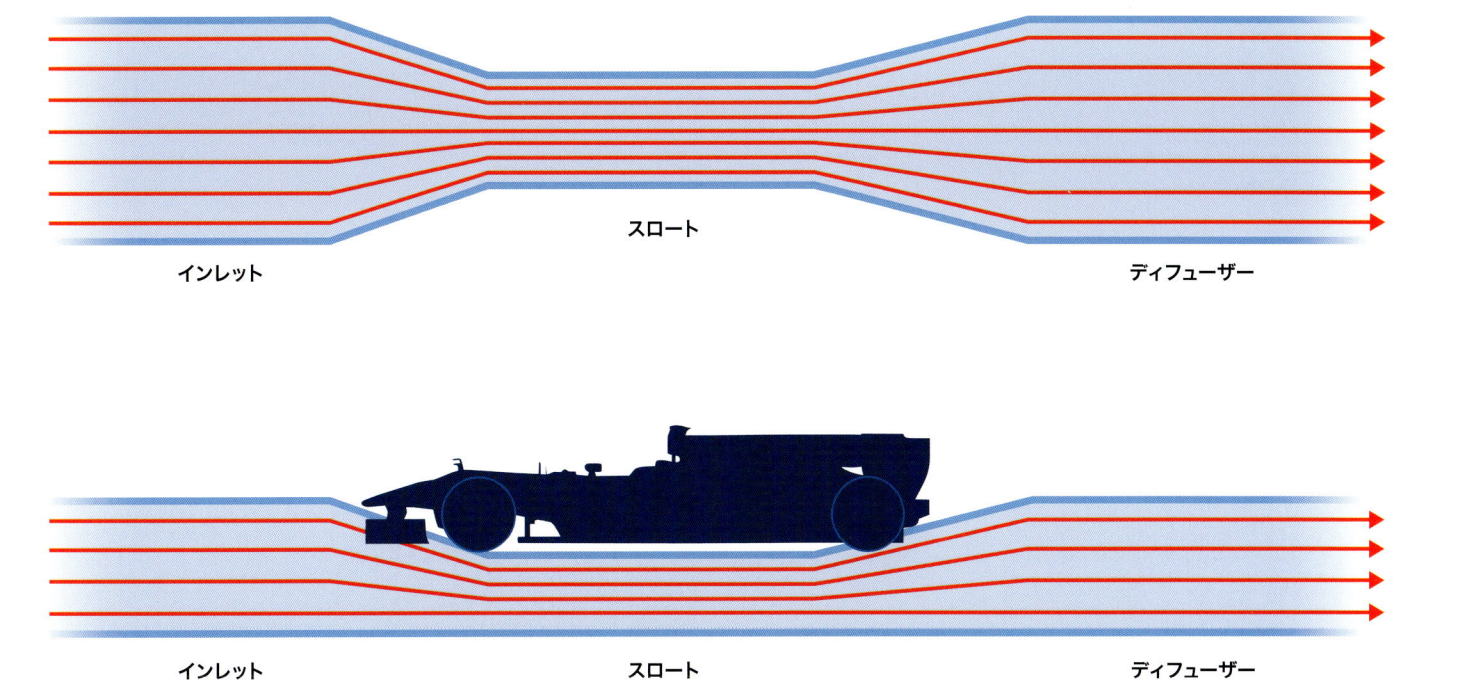

F1マシンの車体下部の気圧を車体上部の気圧より低くすることができれば、ダウンフォースが発生する。車の上と下を流れる空気を制御し、車の下に流れる空気の速度をできるだけ上げることができれば、高いダウンフォースを発生させることができるのだ。
　アンダーフロア単独では、発生できるダウンフォースは小さい。フロントウィング、ディフューザーとリアウィングがアンダーフロアと組み合わさり、初めてその効果が発揮される。アンダーフロアで発生するダウンフォースを最大限にするには、車の下に乱れの無い「きれい」な空気をできるだけ多く導き、流れる速度をできるだけ上げる必要がある。車の底面を尻上がりにするとベンチュリ効果は増す。ここ数年、フロントよりリアの車高を大きく上げて、前傾姿勢で走る車があるのはそのためである。
　アンダーフロアの形状は、フロントウィングから流れてくる空気を受け、それをディフューザーとリアウィングに効率よく流す形をとる。レッドブル・レーシングは、ダブルディフューザーの採用によって、RB6のアンダーフロア前方の下に流れる空気の量が増し、アンダーフロア前方で発生するダウンフォースも増していることに気づいた。これは同時に、車の空力バランスを保つのに大きく貢献した（前方のダウンフォース増が無かったらダブルディフューザーのもたらすリアの大きなダウンフォース増は大きな空力的アンバランスを生んでいた）。
　アンダーフロアは、フロント・ホイール・センターラインの330mm後方から車のほぼ真後ろまで伸びる。サイドポッドから前に向かって、シャシーの下に伸びる前方セクションは通称「ティー・トレー」として知られている。
　FIAの要求する、規定のスキッド板（「プランク」と言う）は、アンダーフロアに直接取り付けられ、フロント・ホイール・センターラインの330mm後方からリア・ホイール・センターラインまでをカバーする。新品状態のプランクは、全長にわたって、幅300mm（プラス・マイナス2mm）、厚さ10mm（プラス・マイナス1mm）になっており、レース終了後に最低でも9mmの厚さを保っていなくてはならない。よって、車の最低地上高は、このプランクの存在により決定される。プランク自体には、複数の穴が設けており、FIAの専用ゲージを用いた、その場所その場所の板厚の確認を容易にしている。プランクは薄いブナ材の板を重ねて強力な樹脂で接着した合板製の板からなる。その製造過程は、できあがったプランクが同じ摩耗率と物質密度を示すよう、厳しく管理されている。

▼「ティー・トレー」として知られる、シャシー前方に位置するアンダーフロア前方部分（赤い矢印）

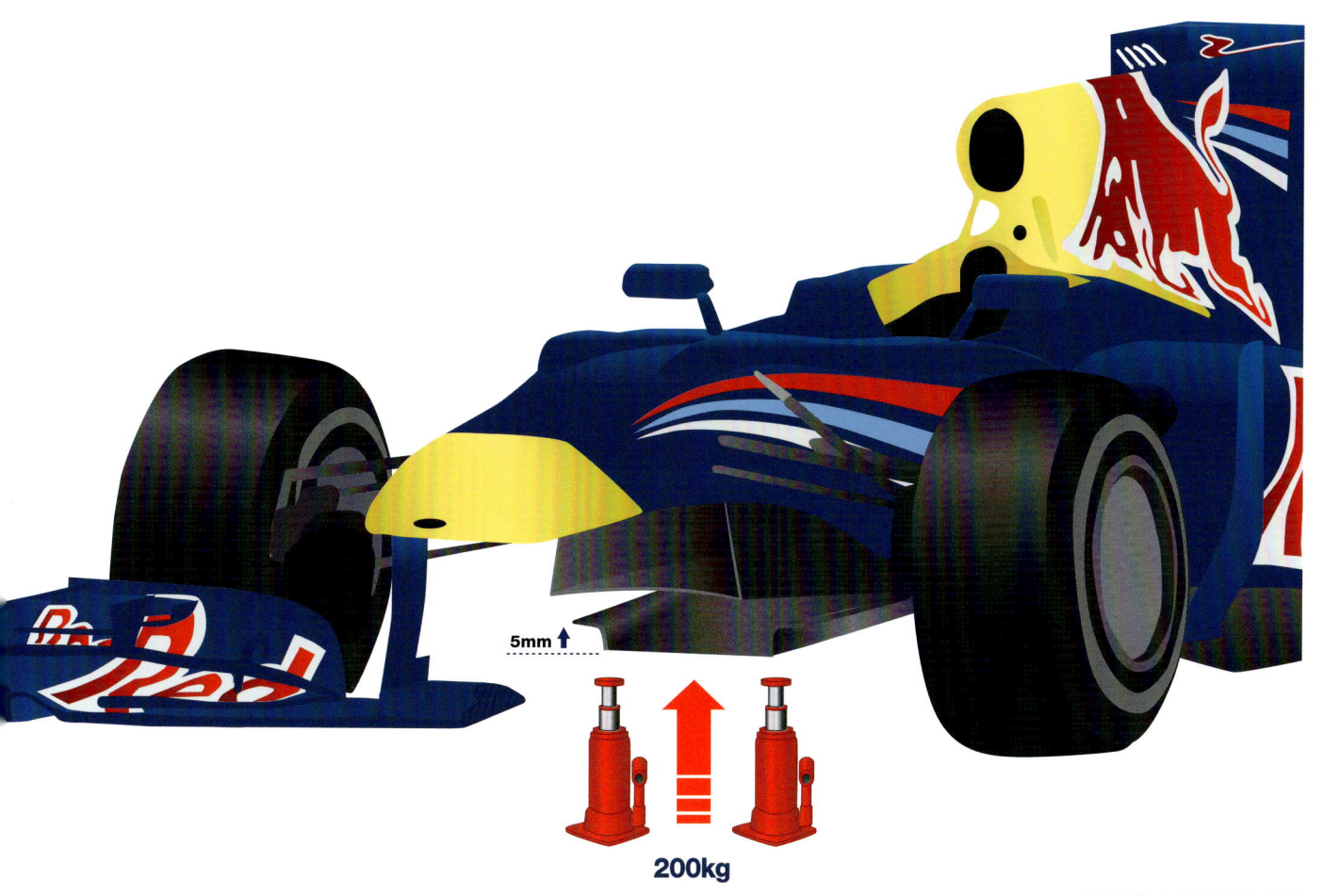

▲2010年のイタリアGPからFIAにより導入された、「ティー・トレー」の新しいテスト

　アンダーフロア、とりわけティー・トレー付近のたわみは、理論上、大きければ大きいほど、空力的に有利である。フェラーリ車のアンダーフロア・デザインをめぐる騒動を受け、2007年のスペインGPからFIAの認めるたわみ量は制限されるようになった。その時点の新しいテストでは、ピストン（実際はジャッキを用いている）でティー・トレーの中央に200kgの力を垂直に加え、5mm以内のたわみ量であれば合格であった。2010年に再び騒動が起き、その年のイタリアGPからティー・トレーのテスト要件は改訂された。同じ200kgの力を垂直に加えるものの、その場所はティー・トレーのセンターラインの左右100mmに代わり、同じ5mm以内のたわみ量であれば合格となった。空気の力でよじれて変形するティー・トレーを防ぐのが目的であった。

ホイールの影響

　現代F1マシンのタイヤとホイールは、車全体の空気抵抗の3分の1以上の発生源となっており、車の空力に多大な影響を及ぼしている。その後ろに来る全領域にその影響が及ぶため、フロントのタイヤとホイールは特に重要視される。フロントのタイヤとホイールは、車の多くの空力デバイスのデザインを決定づける。とりわけフロントウィング、ターニング・ベーンとサイドポッドは、フロントのタイヤとホイールによる空気の流れを必要に誘導できるようデザインされる。同じように、リアのタイヤとホイールは、ディフューザーからリア・アンダーフロアからリアウィングのデザインにまで影響する。

　タイヤとホイールの空力的影響は、その回転、様々な負荷によるタイヤのたわみや潰れ、そしてフロント・タイヤの場合、ステアリングからくる角度の変化により、更に複雑になる。

　レギュレーション規定を守りながら、空力を考慮したホイールのデザインは可能だが、ホイールの重量やブレーキの冷却も考慮する必要がある。

　2009年シーズン中、外面に複雑な回転するデバイスを付けたホイールを採用するチームがいくつも現れ、その空力的効果も証明されたが、2010年からこの回転するデバイスは禁じられてしまった。

▶RB6のリア・サスペンションの、下側ウィッシュボーンの位置は、旧型車より遥かに高く設定されている。その結果、上下ウィッシュボーンの位置関係は、理想の配置とは言えない、近寄った位置に収まる

サスペンションのアーム類

　サスペンションのアーム類には、空気抵抗を減らす形状が採用されている。
　サスペンションのレイアウトを決める上で空力は大きな要素となる。その最も良い例は、RB6のリア・サスペンションである。ダブルディフューザーをできるだけ大きくする。それは、リア・サスペンションの下側ウィッシュボーンをできるだけ前で、高い位置にするという大きな妥協を意味した。理論上、サスペンションの剛性を得るため、上下ウィッシュボーンをできるだけ離して置く方が良いとされている。RB6のように、下側ウィッシュボーンを高く上げて上側ウィッシュボーンに近づけると、その距離が縮まれば縮まるほど、サスペンションの剛性は大きく減少する。それを知りながらも、2010年型車の開発チームはその妥協に充分見合うメリットがあると信じ、あえてその道を選んだ。チームが開発の初期にダブルディフューザーを考えなかったため、2009年用RB5は当初、ダブルディフューザーなしで開発が進められていた。そのため、最適なサスペンション剛性を求めて、リア・サスペンションの上下ウィッシュボーンは充分離れていた。

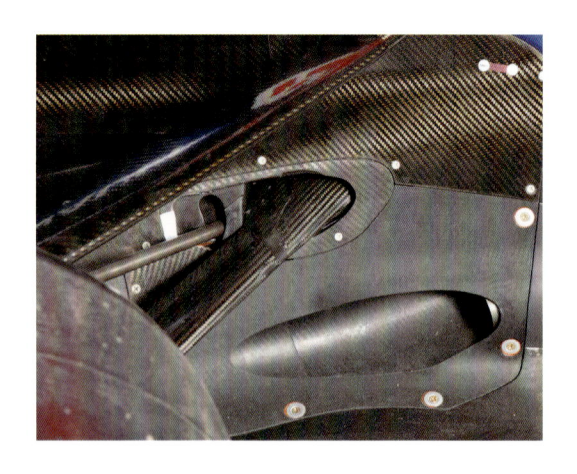

RB5用リア・サスペンションの基本的考え方を受け継いだものの、開発当初からダブルディフューザーの採用が決まっていた2010年用RB6は、高い位置に移動された下側ウィッシュボーンと、構造上不利な前方向に変更されたウィッシュボーンのリア・アームを余儀なくされた。ダブルディフューザーのもたらすメリットは、犠牲にされたサスペンション剛性のデメリットを大きく上回ると判断されたからである。

▼RB6のフロント・サスペンション：アーム類の空気抵抗を減らす形状がよくわかる

◀ダブルディフューザーのレイアウトを見せる車両後方からの写真。上方のディフューザー（赤い矢印）はアンダーフロアに設けられている穴から空気を得ている

ディフューザー

　ディフューザーは、アンダーフロア後方からリアウィングに向かって大きく上向いている未塗装カーボンファイバー製の空力デバイスである。

　ディフューザーの名称は、ベンチュリのディフューザーの部と同じ働きをするところから由来している（詳細は41～43ページの「アンダーフロア」の部を参照）。

　アンダーフロアを通過する過程で高速・低圧化した空気は、ディフューザーの中で元の流速と圧力に戻される。空気の流れは、地面と車の底の距離の広がりを受けて減速する。ディフューザーが大きく上向いている形状を取る理由は、そこにある。空気の流れをどう減速させ、それをリアウィング、更には車後方に向けてどう誘導するかはとても重要である。そこで大きな役割を担うディフューザーのデザインは大変重要視される。

　ディフューザーの役割は、車のアンダーフロアからいかに多くの空気を吸い上げられるかにある。吸い上げられる空気が増えれば増えるほど、アンダーフロアを通過する空気の速度が増す。アンダーフロアを通過する空気の速度が増せば増すほど、流れる空気の気圧が下がる。そして、流れる空気の気圧が下がれば下がるほど、発生するダウンフォースが大きくなる原理である。効率の良いディフューザーで、車全体のダウンフォースの30％から40％を得ることができる。

　後ろから見たディフューザーのいくつもの縦の区切りを作るストレーキは、空気の流れを整え、それをできるだけ乱れなく車の後方に導く、空力効率上重要な役割を果たしている。

　前後ウィングとは違い、ディフューザーは可変式ではない。ストレーキ、あるいはガーニー・フラップ（剛性の高い、調整用の小さいL字形部品）の小さな変更で調整を行うことができても、ディフューザーにおいてセットアップの基本パラメーターは、リアの車高である。フロントウィングと前後の車高はディフューザーの性能を大きく左右する。前後車高の限りなく小さい調整による、車のわずかな姿勢(すなわちアンダーフロアと地面の角度) 変化は、ディフューザーの性能を大きく左右する。

ダブルディフューザー

　大きな論議を呼んだダブルディフューザーは、ウィリアムズ・ブラウンGP・トヨタによって、2009年に導入された。レッドブル・レーシングを含むほぼ全てのチームも追うように採用をしていった。論議の理由は、FIA規定の盲点を利用した点にある。2009年に向けて、FIAはダウンフォースの削減と追い越しの増加を狙って、前後ウィング、ディフューザー、その他の空力デバイスに関する大きなレギュレーション変更を敢行した。新しいルールは、前後ウィングとディフューザーの生むダウンフォースを大きく削減した。F1の常であるように、開発陣は「失われた」ダウンフォースを取り戻す新たな道を探りだした。

　2009年用新レギュレーションは、ディフューザーの大きさを制限した。2009年まで後輪の前端位置にあったディフューザーの前端は、2009年から後輪のセンターラインまで後退させられた。

通常のシングル・ディフューザー

ビーム・ウィング

低圧の空気流

ダブルディフューザー

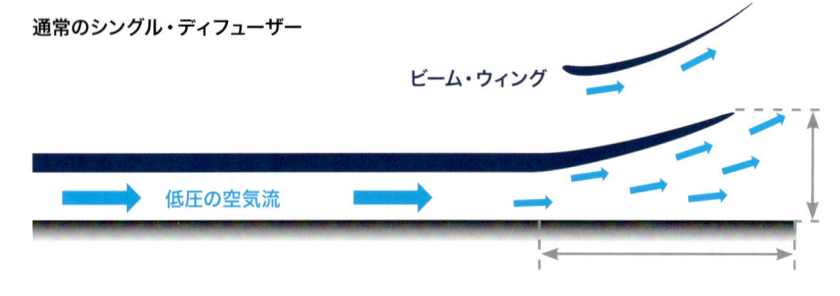

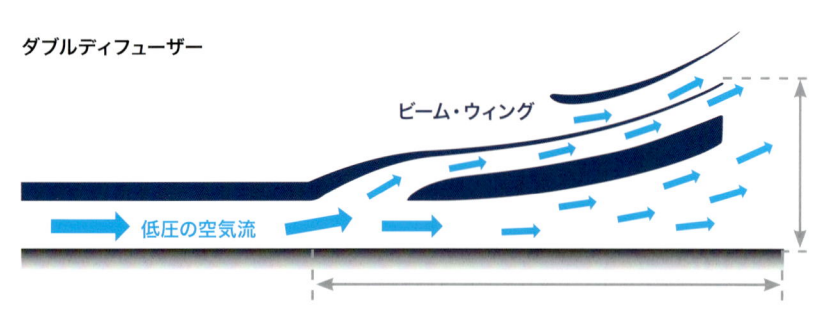

ビーム・ウィング

低圧の空気流

▲通常のシングル・ディフューザーとダブルディフューザーでの空気の流れ。とりわけ、有効長と有効高の違いに注目

▼排気管の位置とその周辺のボディー形状：ダウンフォースの増加をもたらすブロウン・ディフューザーを作り上げる

ディフューザー自体の寸法も規制され、ディフューザーの高さは「基準平面」の最大175mm上に制限された。（詳しくは41ページの「アンダーフロア」の部を参照）。

ダブルディフューザーは事実上、ギアボックスの左右に2つの追加トンネルを意味していた。

ダブルディフューザーのこの追加トンネルは、アンダーフロアの「標準平面」と「ステップ平面」の境目と、アンダーフロアと「通常」のメイン・ディフューザーの境目、にあるエリアに設けられた風穴から導かれた空気を活用していたのだ。風穴は、メイン・ディフューザー前端の前方に設けられていることから、ディフューザーを遥かに大きくて深い有効寸法を持つ、より強力な空力デバイスに変貌させている。論議の対象は、この風穴であった。多くのチームはこの風穴をルール違反と見なしていたのだ。

シーズンスタートからダブルディフューザーは、採用しているチームにアドバンテージをもたらしているように見えたため、採用してないいくつかのチームの抗議を受けたFIAは審議の上、ダブルディフューザーを「合法」と断定した。ダブルディフューザーを持っていないチームは、競争力を取り戻すべく、すぐさまダブルディフューザーの開発に着手した。

レッドブル・レーシングは、ダブルディフューザーを、2009年のモナコGPでRB5に初めて搭載した。ダブルディフューザーの効果は、車のリア側にとどまらず、アンダーフロア全体に及ぶことがわかった（そうでなかったら空力バランスが崩れ、大きな問題になっていたとも言える）。ダブルディフューザーの上方部は、ディフューザー全体の吸い上げる空気の量を増やし、アンダーフロアを通過する空気の速度を加速させた。その結果、アンダーフロアを流れる空気の気圧が下がり、より多くのダウンフォースを発生させた。F1界において、ダブルディフューザーによるダウンフォースの増加は、凄まじいものであった。

RB6は、ダブルディフューザーを前提に最初から開発されたため、そのコンセプトをフル活用している。RB5より高く位置する、より長いケーシングを特徴とする新開発ギアボックスとプルロッド方式を保ちながら改められたサスペンション設計等でダブルディフューザーの効果を、2010年シーズンのスタートから、大いに生かすことができた。

ブロウン・ディフューザー

レッドブル・レーシングは、ダブルディフューザーの採用と合わせて、RB6に、熱い排気ガスをリアフロアに導き、更なるダウンフォースに貢献するブロウン・ディフューザーを導入した。1980年代から1990年代にその効果をすでに証明しているブロウン・ディフューザーは、F1にとって新しいコンセプトではなかったものの、2010年のその姿は若干変わっていた。それまでアンダーフロアから直接ディフューザーに導かれていた排気ガスを、RB6ではフロアの上からリア・ホイールの内側のフロアに設けられた通し穴から、ダブルディフューザーのトンネルに導くことにしたのだ。高速、かつ高圧の排気ガスは、ディフューザーを通過する空気流の新たなるエネルギー源となり、気流の安定化とストールを伴わないダウンフォースの増加をもたらした。

ブロウン・ディフューザーを搭載しているか否かの見分け方は、フロア上面に限りなく近い、低い排気管

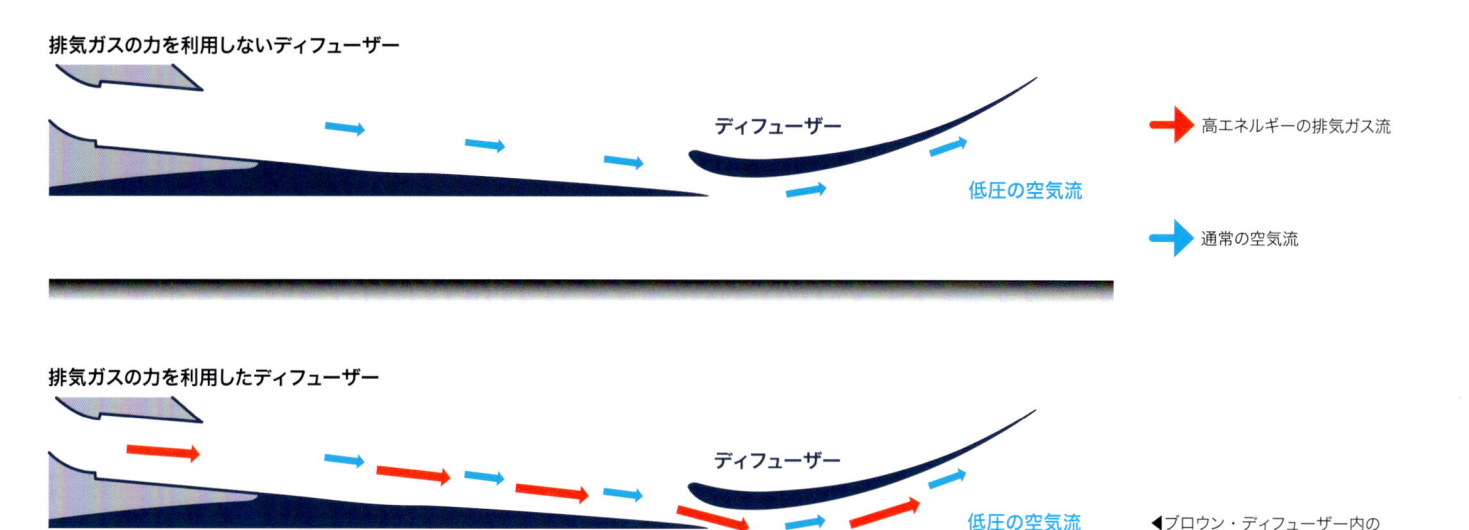

排気ガスの力を利用しないディフューザー

排気ガスの力を利用したディフューザー

高エネルギーの排気ガス流

通常の空気流

低圧の空気流

◀ブロウン・ディフューザー内の空気と排気ガスからなる空気流

出口にある。この排気管出口の位置と角度こそがブロウン・ディフューザーの性能を決める。

　ブロウン・ディフューザーの最大の課題は、周辺、とりわけタイヤとサスペンション類、をオーバーヒートさせないことである。その点、走行中の排気ガスの流れをシミュレーションできる数値流体力学解析（CFD）は、重要なツールとなる。レッドブル・レーシングは、CFDの解析結果を確認するため、問題となりそうな部品に感温塗料を施し、RB6で実車テストを行っている。

　走行中、排気ガスは、リア・タイヤのそれほど近くに流れないものの、スタート前等、車が停止している時、空気の流れが停滞する中、排気ガスが周りに広がり、リア・タイヤに一番近づくことがある。車が走り出せば、車の上を流れる空気が排気ガスを整流する役割を果たし、排気ガスはタイヤとサスペンションの近くを流れなくなる。

　ブロウン・ディフューザーの効果は、排気ガスの量に比例しているため、得られる追加のダウンフォースは、ドライバーのスロットル開度に比例している。

　スロットル開度に依存しているブロウン・ディフューザーの効果は、限界走行時のコントロールをトリッキーにさせている。コーナリング中、車がオーバーステアに陥った場合、カウンターステアをあてながらアクセルを緩めるのが通常の対処法だが、ブロウン・ディフューザーを搭載する車でアクセルを緩めると、ブロウン・ディフューザーの効果、即ちダウンフォースが減り、オーバーステアをむしろ強める結果となる。だが幸い、RB6はスロットル開度にそれほど敏感ではなかった。その理由は、ダブルディフューザーにあった。ダブルディフューザーを搭載するRB6は、ディフューザーによるダウンフォースのより高い割合を、ダブルディフューザーの追加トンネルに空気を導くアンダーフロアに設けられた風穴で発生させている。この風穴は、メイン・ディフューザー前端の前方に設けられていることから、発生するダウンフォースもより前方にあり、ディフューザーのダウンフォース効果が車の真後ろで発生している場合に比べて、空力のバランス変化を小さく抑える効果がある。

　マーク・ウェバーは、ドライバーから見たブロウン・ディフューザーの効果をこう解説している。「ブロウン・ディフューザーは、リアの安定性に大きな信頼感を持たせてくれた。エイドリアン・ニューウェー率いる空力部門はおそらく世界一と言っても過言ではない。車のリアにものすごいグリップをもたらしてくれたんだ。その分、我々ドライバーもそれに応えて、グリップを最大限生かす走りをしなくてはいけなかった。高速コーナーだけでなく、全てのコーナーで気持ちは大きく昂ったものだ。RB6のグリップレベルはそれほど驚異的であった。車を本当に信じ切ることができ、時にはその速さに驚いてしまうほどであった。空力的な前進の大きさを物語っていると思う」。

　ドライバーは、ブロウン・ディフューザーに合わせて、操縦スタイルを変える必要はあっただろうか？　再びマーク・ウェバーの言葉を借りると、「いや、バランスの取れていた車だったので、そのようなことはなかった。リアだけが高いグリップを見せ、それにマッチしないフロント・グリップではだめなんだ。必要なのは、バランスの取れた車。チーム開発陣の凄さは、片方の高いグリップを生かすには、もう片方とのバランスが取れている車が必要だと充分理解していたところだろう」。

▲塗装工程に入ったレッドブル・レーシングの2011年用RB7のエンジンカバーとアッパーボディー

▲レース中の負荷を再現する、専用設計テスト機で耐久テストを受けるリアウィング・アッセンブリー

▼多くのボディーパネルは、クイックリリース式のファスナーで留められている

エンジンカバーとアッパーボディー

　エンジンカバーは、ボディーカウルの中の最も大きなカウルとなる。エンジンカバーの形と作りはチームによって大きく違うものの、エアボックス／エンジン／ギアボックス／サイドポッドを覆うことが一般的である。その形は車の空力性能に大きく影響する。

　アッパーボディーは、エンジン、ギアボックス、サスペンション等、様々なコンポーネンツとシステムにアクセスできるよう、複数の独立した取り外し可能なパネルからなっている。パネル間の合わせの立て付けは空力的にもとても重要である。パネルをデザインする上で、固定に必要なファスナーの数をいかに抑えるかが大きなポイントとなる。ファスナーが増えれば増えるほど、重量も増えるからである。また、高級乗用車同様、パネル間の隙間をできるかぎり細くし、パネルの寸法も高い精度で管理する必要がある。

　エンジンカバーは、その大きさと高い取り付け位置から、車の重心に少なからぬ、かつ望ましくない影響を及ぼす。その悪影響と車両重量を抑えるべく、エンジンカバーはできるだけ軽くなるようデザインされている。他の同じカーボンファイバー製部品とは違い、耐久性があまり要求されないことから、軽量な構造を用いている。その結果、交換サイクルは早く、パネルによっては、レース毎に交換される場合もある。一見もったいないように見えるかもしれないが、開発が進められるなか、この種の部品はアップデートされることも多く、元々短命で終わる運命にあるのだ。

　ボディーパネルとカバー類の多くは、クイックリリース式のばねファスナーで留められている。激しい振動で緩むことなく、確実に、しっかり固定すると同時に、速い取り付け・取り外しを可能とする。

リアウィング

　リアウィングは、車全体のダウンフォースの3分の1を発生させる、車の空力性能を決定づける重要な部品である。2010年シーズン中、RB6で使われた単独の空力デバイスとして、最もダウンフォースを発生させている部品は、モナコGPで採用されたリアウィングである。最高速度でのダウンフォースは1tを超えるという。

　リアウィングの原理は飛行機の翼と同じだが、リフトではなく、ダウンフォースを生むために、飛行機とは逆さまに使われている。その形に添って、リアウィングの上を流れる空気よりも、ウィングの下を流れる空気の方が長い距離を移動することからダウンフォースが発生するのだ。ウィングの下を流れる空気の速度の方が高く、速度が上がっているぶん気流内圧は下がり、下方向にウィングを吸い寄せる仕組みだ。空気がウィングの下面を流れる過程で下面から剥離したがる傾向にある。この剥離現象は、最初ウィングの空気抵抗を増やしていき、最終的には空気の流れがウィングから完全に剥離した段階で、「ストール」状態に陥る。ストール状態に陥ったウィングは、ダウンフォースもドラッグも発生させる力をほとんど失っている。通常の走行状態でダウンフォースが突然失われると、車のハンドリングに大変困った結果をもたらす。

　リアウィングの角度を立たせば立たせるほど、発生するダウンフォースも増えて行くが、空気がウィング面から剥離するリスクも増えていき、ストールするリスクも増える。ウィングのストールを防ぐには、ウィングの下面を流れる空気の速度を上げる必要がある。その方法の一つは、ウィングを二面に分割し、その間に隙間を設けることにある。隙間を通じて、上面から流れてくる高圧の空気流は、下面を流れる空気の速度を上げる働きをする。

「シャークフィン」型エンジンカバー

　レッドブル・レーシングは、2008年のシーズン初めに、当時画期的であった「シャークフィン」型エンジンカバーをRB4で初めて採用した。このシャークフィン型エンジンカバーは、RB5とRB6でも使われ続けている。他チームにも採用されているものの、その成果はまちまちである。

　シャークフィンは、エンジンカバーの総面積を大きく広げ、リアウィングへの空気の流れに影響する。車の後方に与える空力的影響は大変複雑で、どのチームもそれを生かし切っているわけではない。RB6では、シャークフィンの最大の目的は、リアを、とりわけ横風やブレーキング時に、より安定させることにある。シャークフィンの効果は、ヨーに対する車の反応、そして車固有の圧力中心点の位置に左右される。ヨーに対する車の反応は、車の向きに対して角度の付いた空気流の空力的影響を現す。圧力の中心点は、車体にかかる空気力の和の中心点であり、ニュートラルなハンドリングを得るには、圧力中心点をできるだけ車の中心点に近づけたい。

　横風が吹くなか、車のヨー角（車の動いている方向と車の向いている方向の角度を言う）は車速が増すにつれ減少する。低速コーナーでは、コーナーを抜けていくには、車により大きな角度を付けて曲がっていかなくてはならない。中速コーナーでは、ヨーの影響は残るものの、高速コーナーではヨー角は小さく、その影響も小さい。最悪のケースは、低速コーナーでの強い横風である。その場合、横風が車全体を押す結果となる。RB6のシャークフィンは、コーナリング時の天候条件の影響を抑える効果をもたらした。

▼レッドブル・レーシングによりRB4でF1初採用となった「シャークフィン」型エンジンカバーは、RB6にも採用され続けている

一般的に、ウィングの間の隙間数（すなわち、ウィング板の枚数）が増えれば増えるほど、メインとなるウィング板を立てることができ、より多くのダウンフォースを得ることができる。

1990年代、高いダウンフォースが求められるサーキットでは、複数枚からなるリアウィングを持ち込むチームの姿があった。FIAは最近、ダウンフォースを抑制する目的で、様々な規定変更を行っている。複数枚からなるリアウィングもその対象となり、2004年から、その枚数は2枚に制限されている。

リアウィングのエンドプレート（翼端板）は、ウィング板にあたる風量の最適化（最大化）と空気抵抗を増やす渦巻きの発生を抑える目的でデザインされている。RB6のリアウィングエンドプレートは、リアフロアまで大きく下がっており、その効果は絶大である。なぜなら、ディフューザーの有効領域を、実際のディフューザー後端のさらに後ろまで引き伸ばす役割を果たすからである。また、エンドプレートの下側の形状は、ディフューザーに追加の縦ストレーキと同じ効果をもたらし、ディフューザーの効果を更に引き上げている。

2010年まで、リアウィングはたいてい単独構造であった。具体的には、ギアボックス上部あるいはリア衝突吸収構造体に取り付けられ、リアウィング・アッセンブリーの主要取り付けポイントの役割を担う「ビーム・ウィング」構造、それにつながる左右両端のエンドプレートとその間に収まる2枚のウィング板からなっていた。車のセンターライン近くに設けられた1つあるいは2つのパイロンでウィングを支える構造を選ぶチームもある。

2010年中、Fダクトの登場に合わせて、リアウィングは、リア・ボディーの一部になり、大きなデザイン変更と共に、そのデザインはとても複雑になった。

▲▲RB6：リアウィングはディフューザーとリア・ボディーと一体構造になっている

▲リアウィングの原理：ダウンフォースと空気抵抗をどう発生しているかを説明する

▶雨の中、リアウィングの効果は歴然。車の後ろに高く舞い上がる水しぶきに注目

50

Fダクト

　当初マクラーレン・チームにより開発され、シーズン・スタートから同チームで使われたFダクトは、2010年に現れた大きなイノベーションである。RB6で同じ機構が搭載されたのは、5月開催のトルコGPとなった。エイドリアン・ニューウィーは、システム開発の出発点をこう語ってくれた。「一種の実験であった。Fダクトの技術は、1950年代の冷戦時代に遡る。当時のアメリカは、ロシアによる戦闘機の電子機器妨害を恐れ、電子機器の空気圧式動作版を開発したのだ。Fダクトは実際、電気に代わって空気を使ったトランジスターなのだ」。

　低速サーキット／摩擦係数の低い路面での走行時、あるいはコーナーリング中は高いリアダウンフォースが望ましいものの、大きなダウンフォースは同時に大きな空気抵抗を意味することから、高速の直線では最高速度が伸びない。

　Fダクトは、リアウィングの空気抵抗を一時的に減らし、最高速度を稼ぐ道具として考えられたのだ。「リアウィング」の部で既に述べたように、リアウィングは2枚のウィング板からなり、その間の隙間を通じて、上面から流れてくる高圧の空気流を利用して「ストール」現象を防いでいる。そこで発想の転換をして、ウィングを積極的にストールさせることができれば、空気抵抗（とダウンフォース）を大きくなくした瞬間、直線スピードを上げることができる。もちろん、この状況は、長い直線など、ダウンフォースの必要としない時だけ作り上げたいため、ウィングのストールを「オン」と「オフ」に素早く切り替えられなくてはならない。

　ウィングを意図的にストールさせる試みは2004年にさかのぼる。当時、高い風圧（例えば高速走行の直線で）を利用して、ウィングの翼と翼の隙間を閉じ、リアウィングをストールさせる、いわゆる「たわむ」リアウィングが、いくつものチームで検討されていた。しかし、2006年のカナダGPから変更されたFIA規定はウィングのたわみを防止する、高い剛性のセパレーターを義務付けた。

　Fダクトは、ウィング板の片側に追加の空気をあて、空気流の剥離を意図的に作り上げ、ウィングをストール状態に陥らせることで、ウィング板の板と板の隙間を閉じ方法と同じ効果をもたらした。

ドライバー調整可変リアウィング

　2011年に向けたFIA規定の変更は、可変リアウィングの使用を認めた。リアウィングの2枚の翼の隙間を、通常の10～15mmから、50mmに拡大するこのシステムで、ドライバーは、車の空気抵抗を大きく減らすことができた。システムの使用は、FIAのコントロール下にあり、練習走行と予選ではいつでも使うことができる。一方、レースでは、コースの予め決められた区間で先行する車の一秒以内後方についた時のみ使用可能となる。ドライバーがブレーキをかける瞬間、システムは解除され、ウィングは「通常」の位置に戻る。システム導入の目的は、追い越しの機会を増やすことにある。

▼RB6用Fダクトの動きを説明する絵

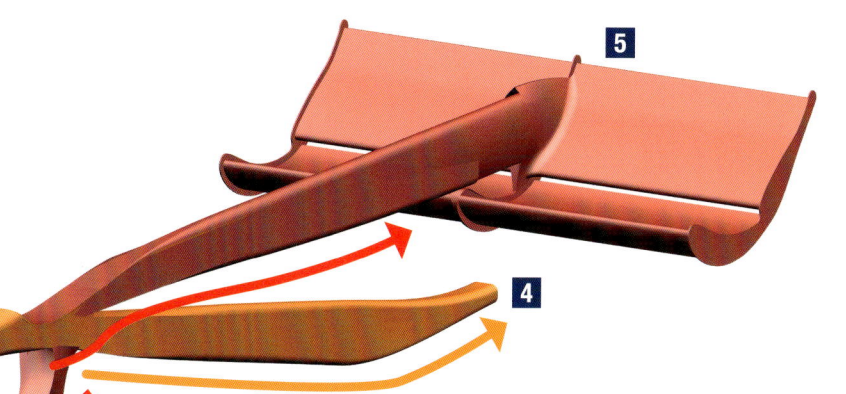

1 左側サイドポッドに位置する空気取り入れ口
2 コックピット内にあるシュノーケル
3 エンジンカバー内空気取り入れ口
4 リアウィング下の空気排出口
5 リアウィングストール用リアウィング板に向けた空気排出口

← Fダクト「オフ」状態の空気の流れ
← Fダクト「オン」状態の空気の流れ

▶Fダクト：ドライバーは、コックピット内のシュノーケルに左手を当て、その口をふさぐことでリアウィングをストール状態にする

▼Fダクトのエアダクトを見せるため、エンジンカバーを取り外した状態。ストール用の空気入り口は赤い矢印で示されている。デフォルト状態では、ダクトAが空気をリアウィングの下に導く。システムが作動すると空気はダクトBを経てリアウィングに直接向けられる

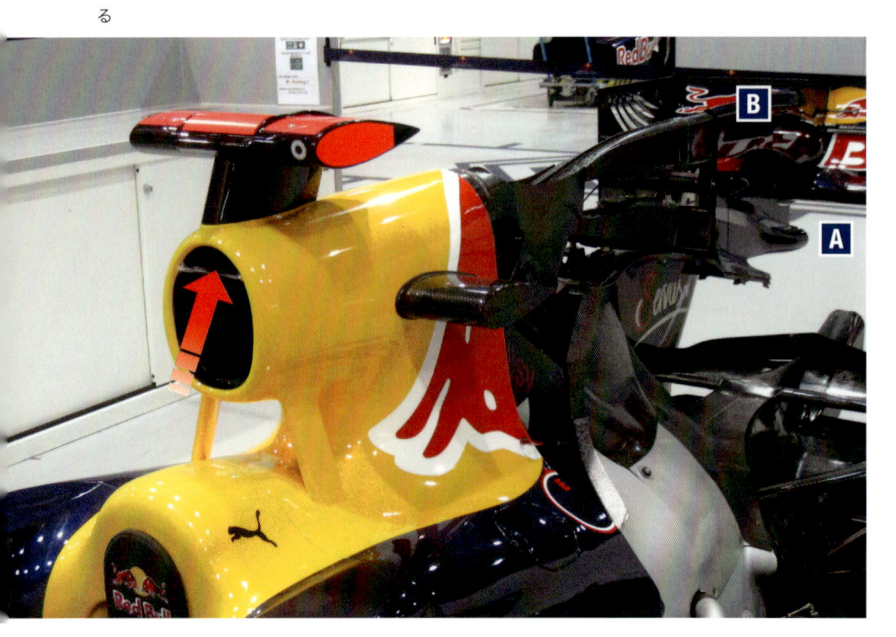

◀ エンジンカバーを付けた車のリアビュー：下側ダクトAとリアウィングに向けたダクトBがわかる

　システムを開発するメリットは明らかであった。最高速度を最大4mph（時速5.6km）上げる効果をもたらし、長い直線で追い越しの機会を増やす効果を見せた。
　Fダクトの効果を最大限引き出すためには、Fダクト作用中にストール現象に陥る一方、Fダクトを使わない時は、ダウンフォースを犠牲にしないリアウィングが求められた。RB6用Fダクトの開発は時間を伴った。当初、Fダクトからの追加空気は、リアウィングのフラップに向けられていた。妥当なストール効果は、システムを使用してない時に若干とはいえリアウィングの性能低下を伴った。開発と改良は、その後シーズンの間も続き、日本GPで大きな改良を迎えた。Fダクトからの空気は、リアウィングの上側フラップではなく、その下のメインプレーン（主翼）に向けられるように変更された。
　空気の流れを上下ダクトの間で切り替えるのは、ドライバーが操作する「流体スイッチ」であった。操作方法は以下のとおりになる。

■右側サイドポッドに設けられた空気取り入れ口から「操作用」空気をシステム内に取り込む。デフォルト状態（ストールでない通常の状態）では、コックピットの左側にあるシュノーケルから操作用空気が排出される。

■ドライバーの頭上にある、エンジン用メインエアインテークの上に設けられた、取り入れ口からストール用空気をダクトに導く。デフォルト時、その空気はリアウィングの下に向けられた下方ダクトから排出される。

■ドライバーは左手をシュノーケルの口に当て、システムをストール・モードにする。

■操作用の空気は、エンジンカバー内のダクトを経て、ストール用空気の向きを上向きに変え、リアウィングの上板（シーズン早期）／リアウィングのメインプレーン（シーズン後期）に向けられた上方ダクトから排出される。リアウィングにあたるストール用空気はウィング後方に乱流を作り、ストール現象を招く。

　Fダクトの効果は、ドライバーが体感できるほど大きなものであった。そのことについてマーク・ウェバーはこう語っている。「Fダクトの導入は難しかった。車はFダクトを考えて開発されたわけではなく、後からなんとかせざるを得なかったのだ。タイトなパッケージングの中に何かを追加するのは、決して簡単ではない。システムの作動は、直線で手をシュノーケルに当てるだけであった。空気抵抗が減り、車の加速が若干増すのが、遅れて操作すると特にわかる。我々はむしろ早め早めの操作を行い、その効果が緩やかに感じられるようにしていた」。

52

空力的付加物

　2008年終盤まで、F1マシンは、小さい翼からサイドポッド・スカラップ（サイドポッド下側のえぐれ部分）から「チムニー」から複雑な形状の様々なターニング・ベーンまで、ありとあらゆる空力デバイスを付けていた。ダウンフォースの削減を目標とした2009年向けFIA規定は、車体の様々な寸法規制を名目に、多くの空力デバイスを禁じた。

　このようにして空力的付加物は使用禁止となったものの、部品の一つ一つまで空力を念頭に置いて開発設計されている。義務付けられているミラー、カメラ、やラジオ／テレメトリーアンテナまでもがその対象となっている。

ミラー

　2010年当初、レッドブル・レーシングを含むいくつかのチームは、空力を理由にサイドポッドの外側にミラーを取り付けた。すでに乱されている空気流の中にミラーを置き、ノーズとコックピット回りの空気の流れを改善する考え方であった。ミラーの位置とその振動によるドライバーのリア視界の悪さを理由に、外側付けミラーは2010年のスペインGPから禁じられた。

　マーク・ウェバー曰く、「車の構造らしき構造についていなかったため、大して見えなかった。シャシーに取り付けられているわけではなかったので、振動が相当酷かった。また、視界の外側にあったため、見るのに首を左右に大きく振る必要があった。インボード側に戻されたミラーの視界は良いね」。

　その結果、ミラーは元のシャシーの横のコックピット手前に戻された。

　ミラーの鏡の寸法と形状は規定に定められているため、デザインする余地はあまりない。それでも、ミラーのハウジングは、空気抵抗をできるだけ抑える形を取っている。

カメラ類

　カメラハウジングの寸法や形状からカメラの取り付け角度までが、FIA規定に定められている。カメラとそのハウジングに関する詳細は101～102ページの「車載カメラ類」の部を参照。

空力セットアップ

　車のセットアップパラメーターの中で、空力のセットアップは最も重要である。空力のセットアップに関する詳細は第4章「レース・エンジニアの見解」を参照。

▼2010年用RB6の第4戦までの姿：外側ターニング・ベーンの真上に取り付けられたミラーがわかる

サスペンションとステアリング
SUSPENSION AND STEERING

▲多くのF1マシンで見られるように、RB6のフロント・サスペンションは、上下で長さが異なるウィッシュボーンを用い、車体内部のトーションバーを押す（プッシュする）形で動く、プッシュロッド式サスペンションを採用

サスペンション

　乗用車のサスペンションとは異なり、F1マシンのサスペンションは、乗り心地等を全く考慮せず、数ミリしか動かない大変硬いものである。破損した場合、大変危険な状態を招くこともあるサスペンションは、安全上大変重要である。

　サスペンションは、車にかかる全ての入力がそれに伝わるため、車の最も重要な機構の一つだ。加速／減速／コーナリング・フォース等の機械的入力は、タイヤを通じて、ダウンフォース／空気抵抗等の空気力学的力はシャシーを通じて、サスペンションに伝わる。この全ての力を受け止めるサスペンション部品は、とても丈夫でなくてはならないと同時に、できるだけ軽くもしたい。F1マシンに見るサスペンションのデザインは、常に妥協の産物である。サスペンションのレイアウト、とりわけウィッシュボーンのレイアウト、は三つの要素によって決まる。空力的観点から見た最善の位置、求められる剛性、そしてホイール、すなわちタイヤの動きのコントロールである。設計者が、この要素を全て満たす最適な妥協点を見出すことができれば、ドライバーは笑顔でいられるのだ！

　サスペンションを設計する上で重要なのは、いかにばね下重量、すなわちサスペンションに支えられていない部品の重量、を抑えられるかにある。F1マシンのばね下重量と言えば、ウィッシュボーン／プッシュロッド・プルロッド／ステアリング系アーム類、ドライブシャフト／アップライトと、それに取り付けられるホイール／タイヤ／ブレーキ・ディスク／ブレーキ・キャリパー、更にはその他関連部品があげられる。

　路面の小さな凹凸等は直接、タイヤをはじめ、ばね下重量を構成する全ての部品に伝わる。ばね下重量の削減は、タイヤの路面追随を助け、タイヤの路面に対する接地性をよくする。また、、サスペンションとシャシーの各部品に伝わる入力や振動を小さくするメリットもある。そのため、サスペンションとその構成部品は、前述の空力的負担や剛性に見合う強さを持ちなが

らできるだけ軽くなるよう設計される。
　サスペンションは、入力によって発生する荷重移動をできるかぎり吸収するよう設計される。荷重移動を吸収することは、タイヤへの入力と負荷が減り、その結果、タイヤの温度が安定し、タイヤ摩耗が抑えられ、ブレーキング時にタイヤをロックするリスクも減ることを意味する。
　空力性能がF1ほど重要ではない他のレースカテゴリーでは、サスペンションのセットアップは、車のハンドリングとラップタイムを決める最大の武器となる。一方、現代のF1では、サスペンションの役割は二つである。まず、路面の凹凸、加速、減速、コーナリングによる車への入力の影響を最小限に抑え、空力的性能を最大に発揮できる、空力的に安定した環境の提供にある。そしてもう一つの役割は、タイヤがベストに働ける環境を提供する事である。
　キャスター、キャンバー、トー角はもちろん、車のセットアップに貢献する（ウェット用、ドライ用、あるいはドライバーの好みに合わせる目的がメインとなる）が、満足できる基本セットアップを決めた段階でこれらの細かなセッティング調整はしないのだ。車のセットアップに最も使われるのは、メカニカル・バランスを決めるアンチロールバーの調整と空力セットアップを決めるプッシュロッド／プルロッドの調整である。
　サスペンションにおいて、大部分の（だが全てではない）乗用車と最大の違いは、（シャシー、あるいはギアボックスに取り付けられていようが）インボード（車の内側）に位置する現代F1マシンのスプリングとダンパーにある。F1マシンでのスプリングの役割は、ホイールの縦の動きを封じ込めるサスペンション剛性を提供することにある。
　スプリングを単独で使う場合、路面からの入力を受け、吸収後その反動でリバウンド（跳ね返り）し、しばらく振動し続ける性質を持つ。その続く振動は、タイヤのグリップを落とし、車のハンドリングに影響する。この不要な振動を抑えるため、スプリングにダンパーを組み合わせる。ダンパー（ショックアブソーバーとも呼ばれることがあるようだがそれは間違いである）の役割は、入力を抑えるためのスプリングの最初の上下運動の後に続く不要な振動を抑え、サスペンションの不要な弾みを抑えることにある。
　RB6のフロント・サスペンションとリア・サスペンションは、共に上下で異なる長さのウィッシュボーンを用いる。車の内側に位置するスプリングとダンパーを、それぞれフロントでは押す（プッシュする）形で動く、プッシュロッドとロッカー方式、リアでは引く（プルする）形で動く、プルロッドとロッカー方式を採用。2009年用のRB5は、F1で唯一プルロッド方式のリア・サスペンションを採用していた。F1でこの種のリア・サスペンションが採用されたのは20年ぶ

◀ダブルディフューザーのパッケージングを優先するため、RB6のリア・サスペンションは、プルロッド方式サスペンションを採用。赤の矢印はプルロッドを示す

55

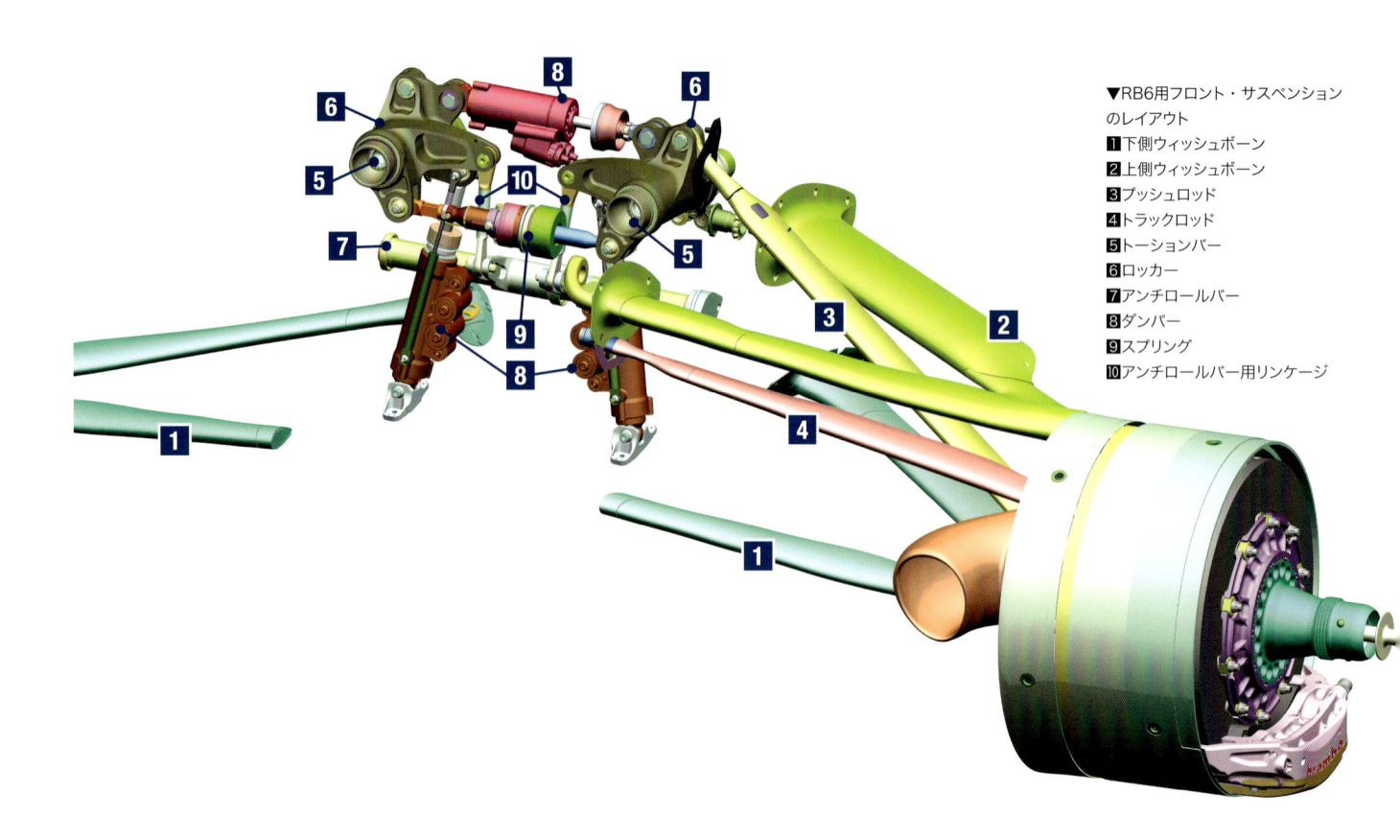

▼RB6用フロント・サスペンションのレイアウト
1 下側ウィッシュボーン
2 上側ウィッシュボーン
3 プッシュロッド
4 トラックロッド
5 トーションバー
6 ロッカー
7 アンチロールバー
8 ダンパー
9 スプリング
10 アンチロールバー用リンケージ

りだったが、RB6もその方式を踏襲した。エイドリアン・ニューウィーはこうコメントしてくれた。「RB6でもプルロッド方式リア・サスペンションを踏襲することを決めたが、ダブルディフューザーの採用に合わせて、そのパッケージングを見直している。

確かに、ダブルディフューザーの採用でプルロッド方式サスペンションのパッケージングは一段と難しくなったが、そのメリットは大きく、プッシュロッドより優れているのだ」。

プルロッド方式をあえて選んだ理由は、スプリングとダンパーを、通常のギアボックスの上でなく、その下の、車の底に近い位置に取り付けることができるからである。その結果、ギアボックスとその周りからディフューザー、更にはリアウィングへと向かう空気の流れを改善し、車の重心も下げることに成功した。

左右に異なる位相のロッカーを用いるトーションバー方式アンチロールバーをフロントとリアに備えている。

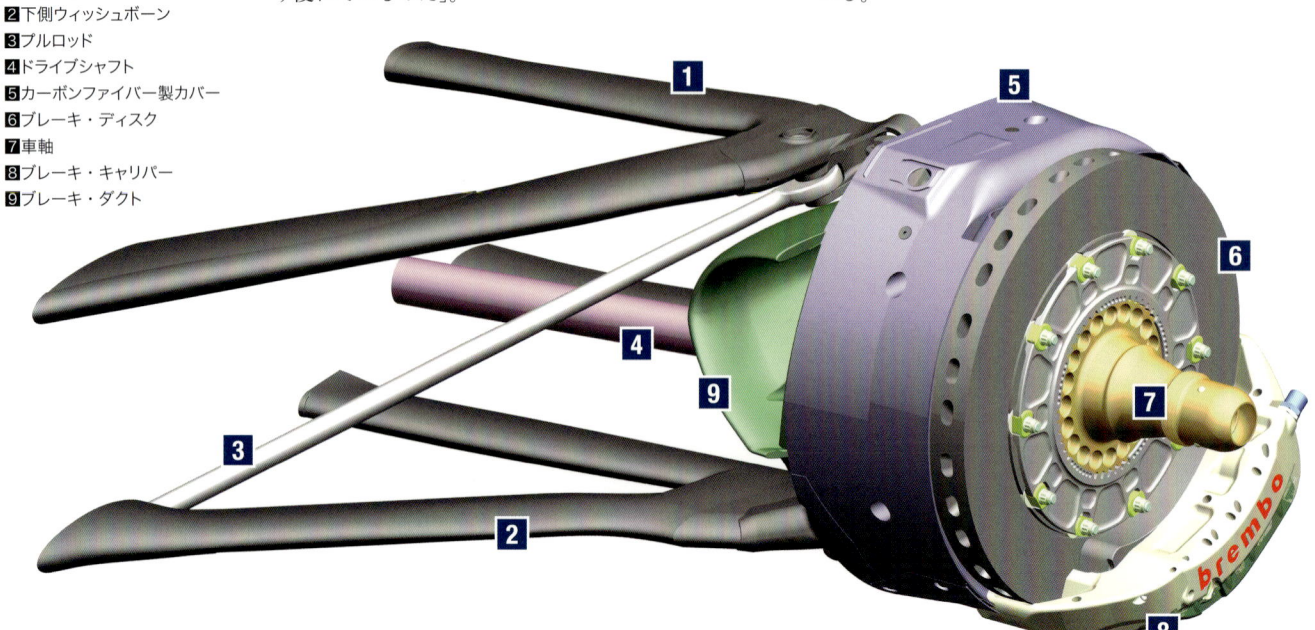

▼RB6用リア・サスペンションのレイアウト
1 上側ウィッシュボーン
2 下側ウィッシュボーン
3 プルロッド
4 ドライブシャフト
5 カーボンファイバー製カバー
6 ブレーキ・ディスク
7 車軸
8 ブレーキ・キャリパー
9 ブレーキ・ダクト

アップライトと車軸

　アップライトは、車軸ベアリング、車軸、ブレーキ・ディスク、ブレーキ・キャリパー、キャンバー／トー調整用機構、とサスペンションのウィッシュボーン／プッシュロッド・プルロッドにつながるブラケットの全ての部品を支持する。フロント側アップライトは、更にステアリング・アームにつなげるブラケットも支持する。

　常に変化する加速、減速、コーナリングに伴う巨大な入力を受け止めるアップライト、車軸とそのベアリングは、とても丈夫にできていなくてはならない。リア側アップライトは更に、車軸からホイールに伝わるエンジン出力、フロント側アップライトは、ステアリングからの入力を受け止める。更に、F1ではとても高いブレーキ温度が伴うため、アップライトがいかにブレーキの冷却に貢献できるかがその設計の重要な要件の一つとなっている。

　剛性も同時に、大変重要である。なぜなら、アップライトの小さなたわみでもサスペンションのジオメトリーを狂わせ、タイヤのグリップ、ハンドリング、そして空力セットアップにまで影響を及ぼすからだ。また、フロント・アップライトでのたわみは、ステアリングから伝わるドライバーへのフィードバックを悪くする。

　軽量化のため、2009年終了時まで、RB5とそれまでの車は、とても高い剛性と軽さを実現するアルミ合金とセラミック繊維からなる金属マトリックス複合材料製のアップライトを採用していた。しかし、金属マトリックス複合材料を用いた部品の製造コストは、あ

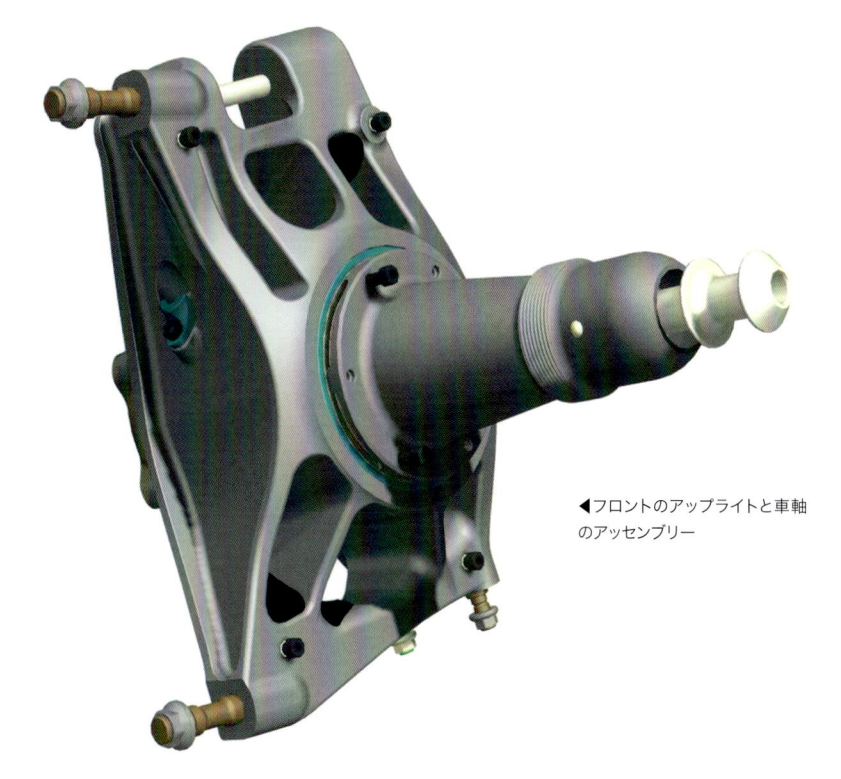

◀フロントのアップライトと車軸のアッセンブリー

まりにも高いため、2010年から金属マトリックス複合材料の採用は禁止された。その結果、RB6のアップライトは高剛性アルミ合金を使用している。

　車軸はスチール製で、ホイールのナットを固定するロック機構を備えている。センターロックのホイール・ナットを受けるため、車軸の先端には、ねじ山が彫られている。車軸フランジの縁には、テーパーのかかった、ばね付きラグが2つあり、絞められたナットを保持する役割を担う。

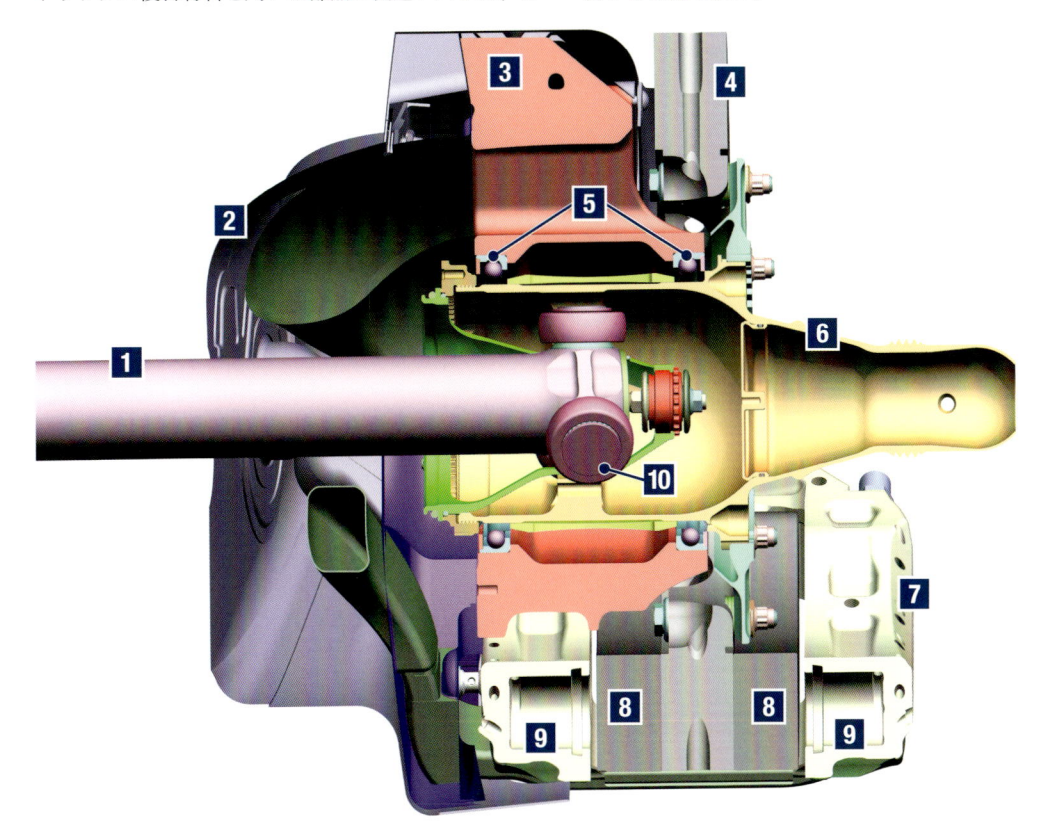

◀リア・アップライトの断面図
1 ドライブシャフト
2 カバー
3 アップライト
4 ブレーキ・ディスク
5 車軸ベアリング
6 車軸
7 ブレーキ・キャリパー
8 ブレーキ・パッド
9 ブレーキ・キャリパー内ピストン
10 ドライブシャフト三脚ジョイント

▶カーボンファイバー製のウィッシュボーンは、加速・減速・コーナリング時の巨大な入力を受け止める

▶ギアボックスへとリア・サスペンションの下側ウィッシュボーンの取り付け点。ウィッシュボーンは、カーボンファイバー製ギアボックス・ケーシングに付いているメタル製のブラケットにボルト止めされる

ウィッシュボーン

　カーボンファイバー製のウィッシュボーンには、シャシー／ギアボックスとアップライトとの取り付け点を提供する金属インサートがある。空力（44ページを参照）を優先して、ウィッシュボーンはできるだけコンパクトにデザインされている。その反面、重量を伴っている。

　RB6は、上下で異なる長さのウィッシュボーンを用いている。その取り付け点は、内側に2つ、フロントにはシャシー／リアにはギアボックス留め用、外側には各アップライト用に1つとなる。フロント／リア共に、下側ウィッシュボーンのアームは、上側ウィッシュボーンのそれより長い。それは、ホイールのキャンバー角（車を前から見て、垂直線とタイヤトレッドの垂直中心線の角度）をより適切にコントロールするためである。コーナリング中、サスペンションが沈むのに合わせて、長い方の下側ウィッシュボーンは、タイヤの底をより外側に押し出す軌跡を追う。キャンバー角が増し、それに合わせて、タイヤのグリップも増す。

　リア・サスペンションをプルロッド方式にする決断によって、下側ウィッシュボーンのデザインに妥協を余儀なくされた。2010年に導入されたダブルディフューザー。ディフューザーのトンネルをできるかぎり大きくするには、リア・サスペンションの下側ウィッシュボーンをできるだけ前に移動し、その高さもできるだけ高くする必要があった。一方、ダブルウィッシュボーンを用いるサスペンションで剛性を得るには、上下ウィッシュボーンの取り付け位置をできるだけ離す鉄則がある。下側ウィッシュボーンを上に移動するのに合わせてサスペンションの剛性は大きく下がっていく。RB6のリア・サスペンション用ウィッシュボーンの後方アームは、構造上不利な前進向きとなってしまう。ウィッシュボーン本体も、剛性と強度を確保するため、重くならざるを得なかった。失われたサスペンションの剛性はそれほど大きくなく、重量増もディフューザーの空力効果を考えれば安い買い物となった。これは、空力的メリットを得るために犠牲にされた設計の典型的な例である。

　構造上大きな役割を担うウィッシュボーンは、走行中の大きな入力に耐えられるか確認するため、厳しいテストと検査に合格する必要がある。

　ウィッシュボーンでの調整はなく、キャスター／キャンバー／トー角の全ての調整は、アップライト側で行われる。

　ホイール用テザーとサスペンション／ブレーキ用センサーの配線類は、空気の流れを乱さないよう、ウィッシュボーンの内側を通っている。

プッシュロッドとプルロッド

フロント・サスペンションのプッシュロッド。その名前の由来は、路面の凸に追随するホイールとアップライトの上向きの動きに合わせて、シャシー側に取り付けられたサスペンション・ロッカーを押す（プッシュする）形で動くことから来ている。リア・サスペンションのプルロッドは、ホイールの上向きの動きに合わせてギアボックス側に取り付けられているロッカーを引く（プルする）形で動く。プッシュロッド、プルロッドの外側取り付け点は共に、アップライトとなる。

カーボンファイバー製のフロント側プッシュロッドは、空気抵抗を減らす形を取とる。各端には、取り付け点用の金属インサートが設けられている。リア側のプルロッドはメタル製となる。

前述のように、F1は空力性能に支配されている。そして、空力セットアップのカギを握るのは、車高である。車高の調整は、プッシュロッド、あるいはプルロッドのアームの長さを調整する、シム（薄板）を用いて行われる（151ページを参照）。

▼ フロント・サスペンション用ウィッシュボーン：ウィッシュボーンの中を通るホイール用テザーと各センサー用配線類がよくわかる

▶レース中にかかる負荷をシミュレーションした、リア・サスペンション用ウィッシュボーンの耐久テスト

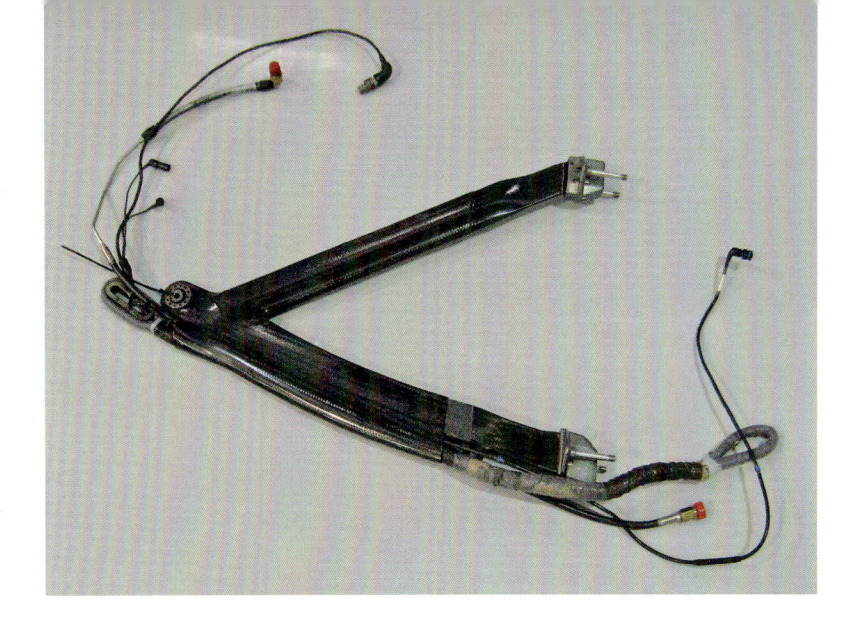

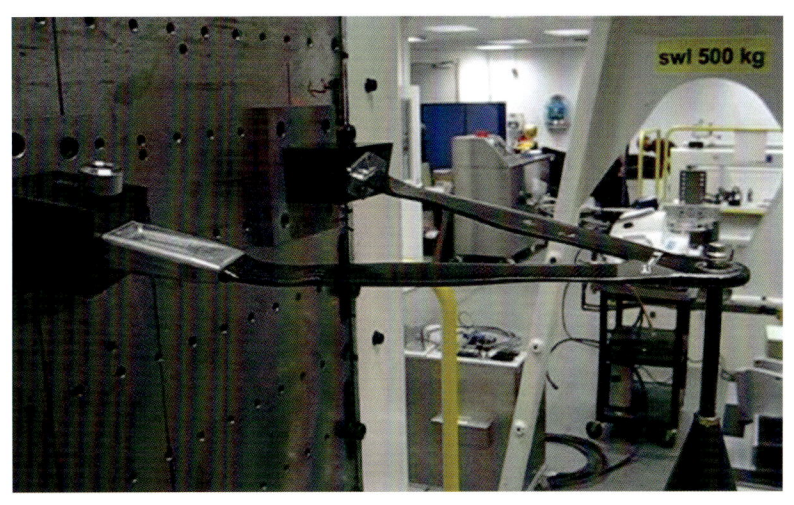

◀ディフューザーとリアウィングに向かう空気の流れを優先する、コンパクトにまとめられたRB6用プルロッド方式リア・サスペンション

59

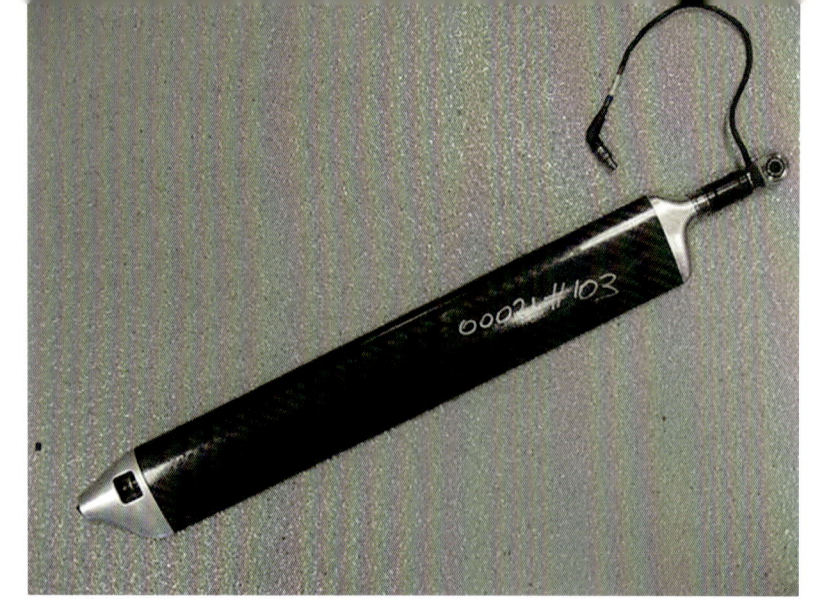

▲フロント側プッシュロッドのアッセンブリー：左端はシャシー側、右端はアップライト側に取り付けられる

▼専用のテスト機で行われるフロント側プッシュロッドの破壊試験風景：決まった負荷のサイクルで破壊されるまで繰り返される

▶左右トーションバー：シャシーのフロント・バルクヘッドに付いている、丸いカバー（左右の赤い矢印）の裏に付く

スプリング

　フロント・サスペンションのスプリングの役目は、トーションバーに委ねられている。シャシー前側のブラケットにスプライン結合されているトーションバーは、後ろに向かってシャシーの縦方向を走る。トーションバーは、事実上、サスペンション・ロッカーの旋回軸になっている。車が路面の凸を乗り越える過程で、ホイールと共にアップライトが上に動き、プッシュロッドを押す。押されたプッシュロッドは、ロッカーを押し、回転させる。そしてロッカーは、その回転運動をトーションバーに伝える。シャシー前側のブラケットにスプライン結合されているトーションバーは、ねじれる形でその回転運動を受ける。ねじれに対するトーションバーの反力を変えれば、ばね定数を変えるのと同じ効果が得られる。

ダンパー

　ダンパーは、サスペンションの不要な弾みを抑え、タイヤをできるだけ路面に設置される役割を果たす。ダンパーのバンプとリバウンドの両側の特性を調整することができるようになっている。

　2010年から、レース中の燃料補給は禁じられている。それまでより多くの燃料を積むこととなり、レース前と後の車両重量差は大きく拡大した。それを考慮して、ダンパーのセットアップを行う上でカギとなるパラメーターの一つである車両重量は、可変となった。

　ダンパーのダンピング効果は、ダンパー内に収まるピストンの移動速度で決まる。ピストンの移動速度は、（プッシュロッド・プルロッドからの入力を伝える）ロッカーの「伝達比」によって決まる。伝達比が1対1であれば、ホイールの上下移動量とダンパー内ピス

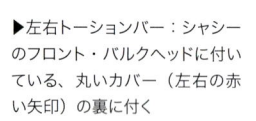

▲2008年用RB4のプッシュロッド式リア・サスペンション：代表的な「コイル・オーバー・ダンパー」式（コイルの内側にダンパーを収めるレイアウト）リア・サスペンション設計

◀モナコのような、バンピーなサーキットでは、スプリングとダンパーのセットアップはとても重要となる

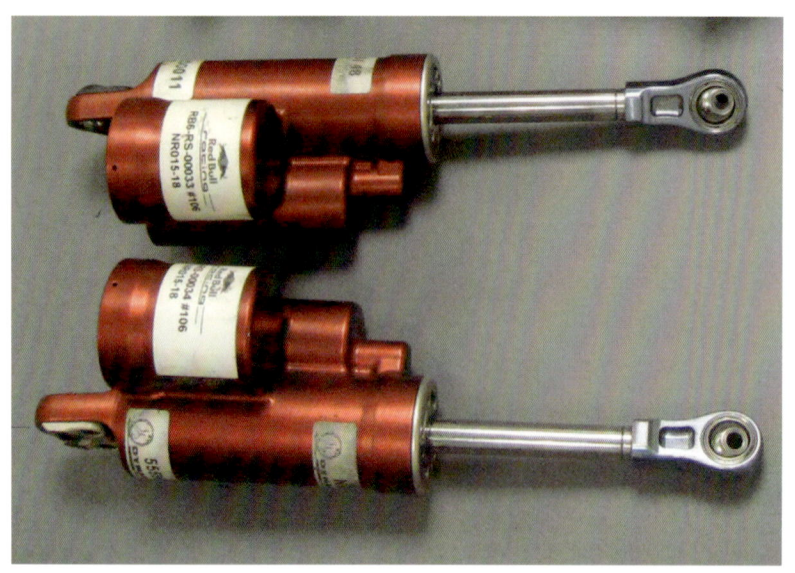

▲RB6用の一組のマルチマチック社製ダンパー

トンの移動量は一致する。一方、伝達比が0.5対1であれば、ダンパー内ピストンの移動量は、ホイールの上下移動量の半分になる。伝達比は、ダンパー内ピストンの動きをコントロールするロッカーの描く移動軌跡で決まる。ロッカーの描く移動軌跡は、メカニカル・セットアップ（主に車高）によって変わる。メカニカル・セットアップが大きく変われば、それに合わせて伝達比も大きく変わり、それを相殺すべく、ダンパーのバルブ特性を調整する必要がある。RB6の場合、ダンパーのバルブ特性を調整するほど車高を大きく変えることが無かった。車の基本セットアップが決まった段階から、シーズンの残りの間にダンパー特性を変えることは無かった。

　RB6のダンパーは、マルチマチック社製である。流体式のリニアーダンパーは、車載性を重視した専用デザインとなっている。バンプ側／リバウンド側にそれぞれ高速用／低速用バルブを持つ、いわゆる「4ウェイ式」ダンパーである。関連するバルブ用カートリッジを交換するだけで、各ダンパーのそれぞれ4つのバルブの特性を簡単に変えることができる。

　基本的には、車が持ち上がる（左右のタイヤが一緒に動く）時には、中央に位置するスプリング／ダンパーが、車がロールする（左右のタイヤが独立した動きを見せる）時には、左右にあるスプリング／ダンパーが、その動きを制御する。

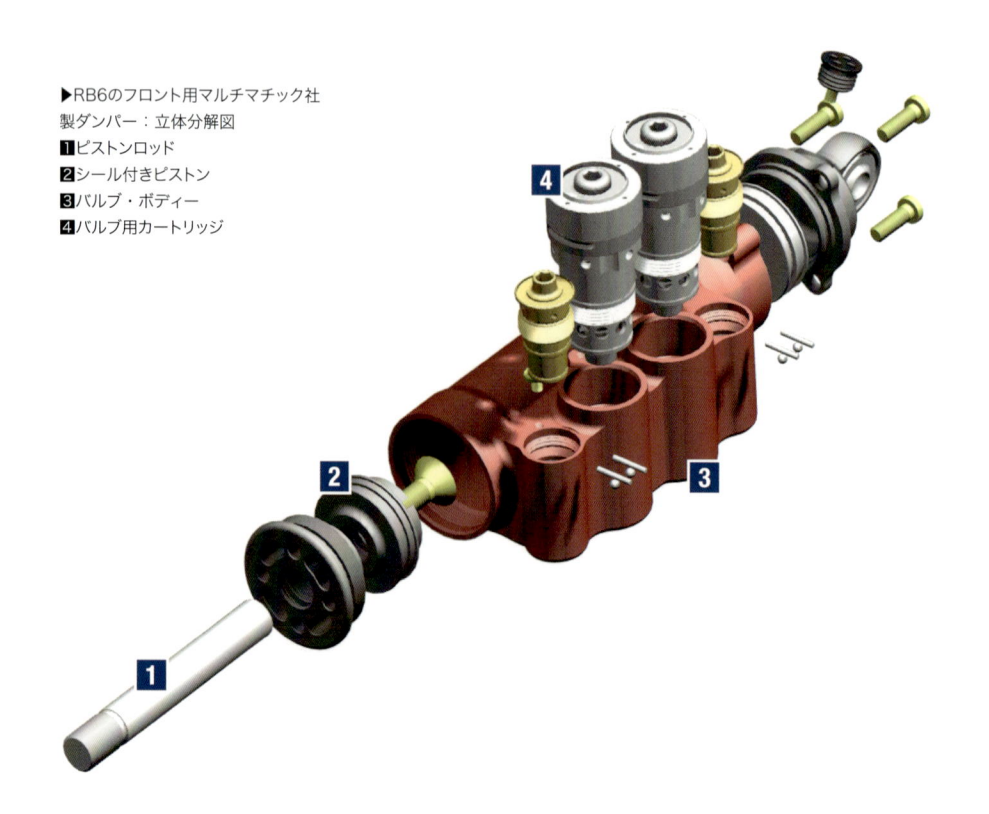

▶RB6のフロント用マルチマチック社製ダンパー：立体分解図
1 ピストンロッド
2 シール付きピストン
3 バルブ・ボディー
4 バルブ用カートリッジ

62

アンチロールバー

コーナリング中に発生するボディーのロールを抑えるため、前後サスペンションにアンチロールバーが付いている。これは車のメカニカル・バランスを調整する基本の道具となる。プッシュロッド／プルロッドのロッカーの間に、車の両側に収まり、事実上車の両側を繋げている。

トーションバー式アンチロールバーは、簡単に交換できるようになっている。ボディーに設けられたパネルからアクセス出来る。車のセットアップが行われる金曜日の練習走行でアンチロールバーを調整・交換することが多い。

ステアリング

ステアリングホイールとラック・アンド・ピニオン式ステアリングギアを繋ぐ筒状のステアリングコラムからなるステアリング機構は、乗用車のそれによく似ている。ステアリングのラック部はシャシーの前側に横置きに置かれ、トラックロッドを通じてサスペンションのアップライトに繋がる。搭載される油圧式パワーステアリングは、ステアリング操作時のドライバー負担を軽減している。油圧は、メイン油圧システムから引かれている。電動パワーステアリングを含むステアリングの電動制御は、FIA規定により禁じられている。

サスペンションの調整

148〜151ページを参照。

ステアリングホイール

115〜116ページを参照。

▼アンチロールバー関連部品のレイアウトを見せるフロント・サスペンションの概略図

1. 左右ダンパー
2. アンチロールバー
3. アンチロールバー・リンケージ
4. トーションバーアジャスター
5. プッシュロッド
6. トーションバーアジャスターアーム
7. トーションバー
8. ロッカー
9. 中央ダンパー
10. スプリング

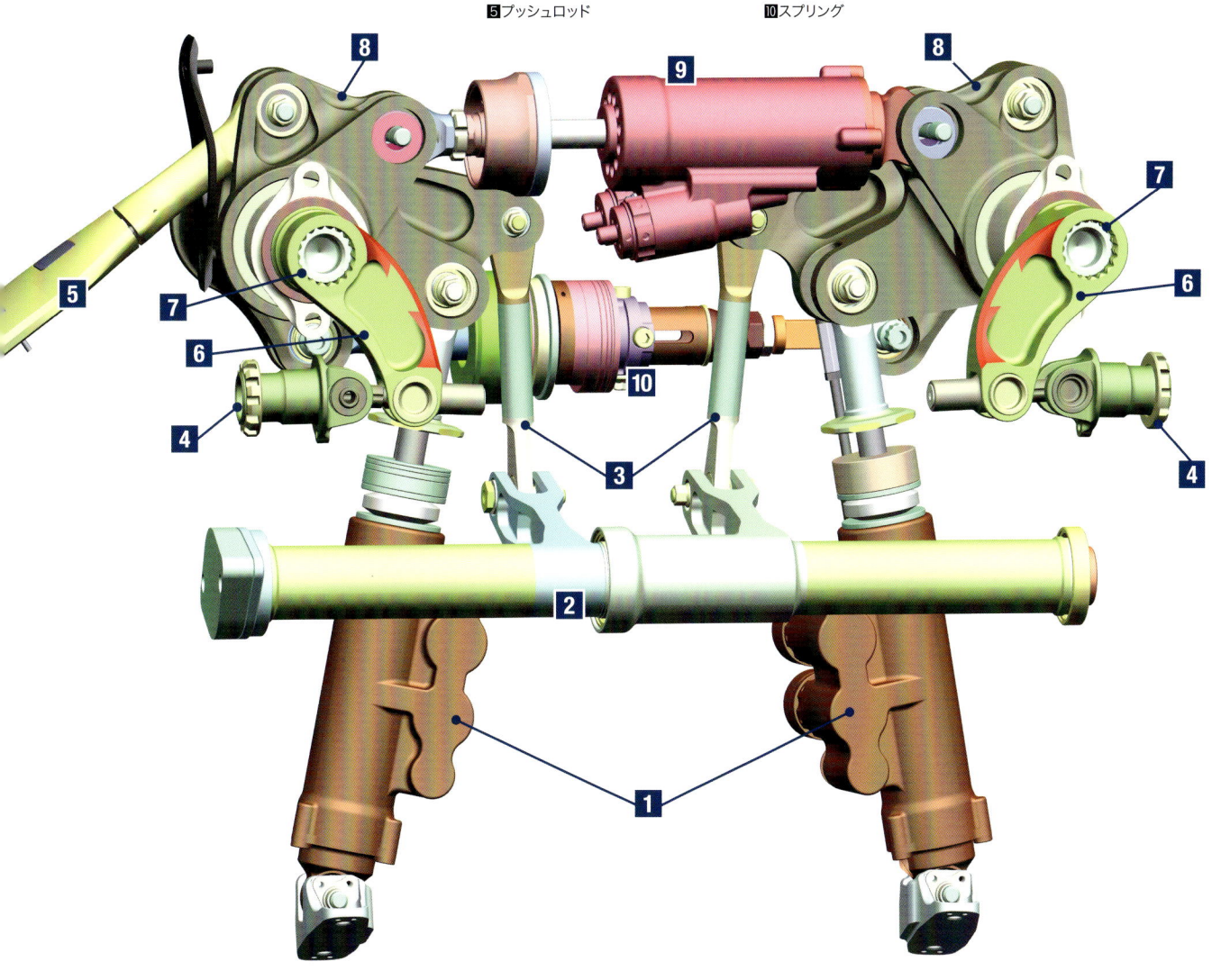

▶ステアリング系部品
1 トラックロッド
2 パワーステアリング（パワーアシストステアリング（PAS））ユニット
3 ユニバーサル・ジョイント
4 ステアリングコラム
5 ステアリングホイールリリース用カラー
6 ステアリングホイール

ステアリングコラム

筒状のカーボンファイバー製ステアリングコラムを採用。ステアリングコラムの下側に付くユニバーサル・ジョイントはステアリング・ギアピニオンに繋げるための角度を可能にしている。ステアリングコラムは、複数のベアリング軸で回転し、上下ブラケットを介してシャシーに取り付けられている。

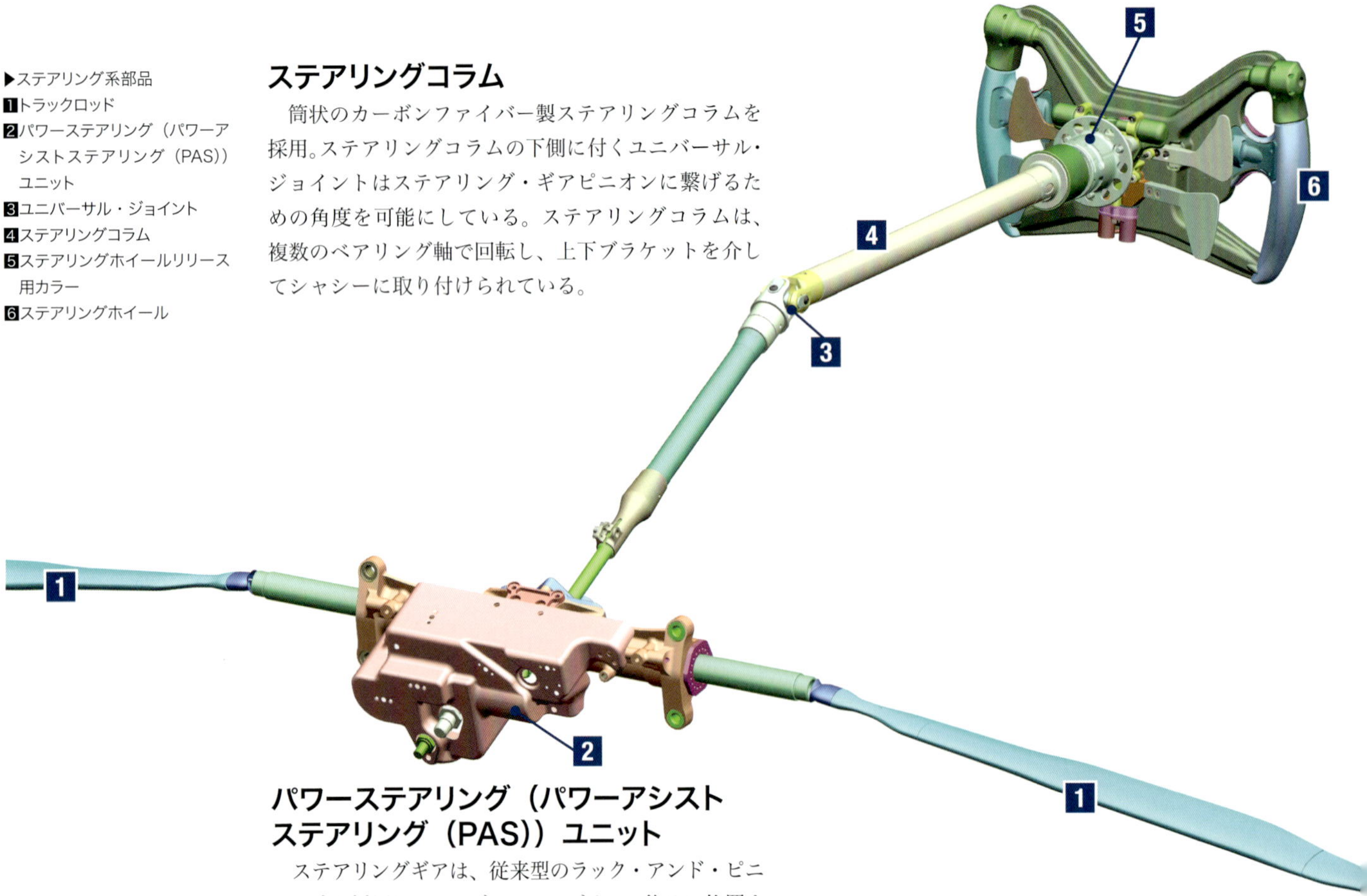

パワーステアリング（パワーアシストステアリング（PAS））ユニット

ステアリングギアは、従来型のラック・アンド・ピニオン式を採用し、ノーズアッセンブリーの後ろに位置するシャシー前側バルクヘッドの後ろに取り付けられる。

ステアリングギア内に収まる油圧式ピストンがパワーステアリングのアシストを提供する。また、それを動かす油圧は、メイン油圧システム経由で、エンジン駆動ポンプから引かれている。パワーステアリングのアシスト量は、ドライバーの好みに合わせて調整可能である。

トラックロッド

カーボンファイバー製のトラックロッドの両端に、ステアリングギア側とアップライト側の取り付け点となる金属インサートとブラケットがある。トー角の調整は、アップライトとの取り付け点にシムを挟む形で行う。

▶ステアリングコラムの上部

▶▶カーボンファイバー製トラックロッド（赤い矢印）：アップライト側にシムを挟んで長さの調整が可能

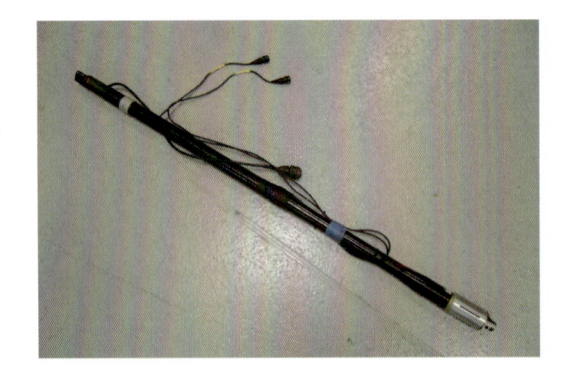

▶車から外されたパワーステアリングユニット（PAS）

▶▶トラックロッドとパワーステアリングユニット（PAS）間のボールジョイント

64

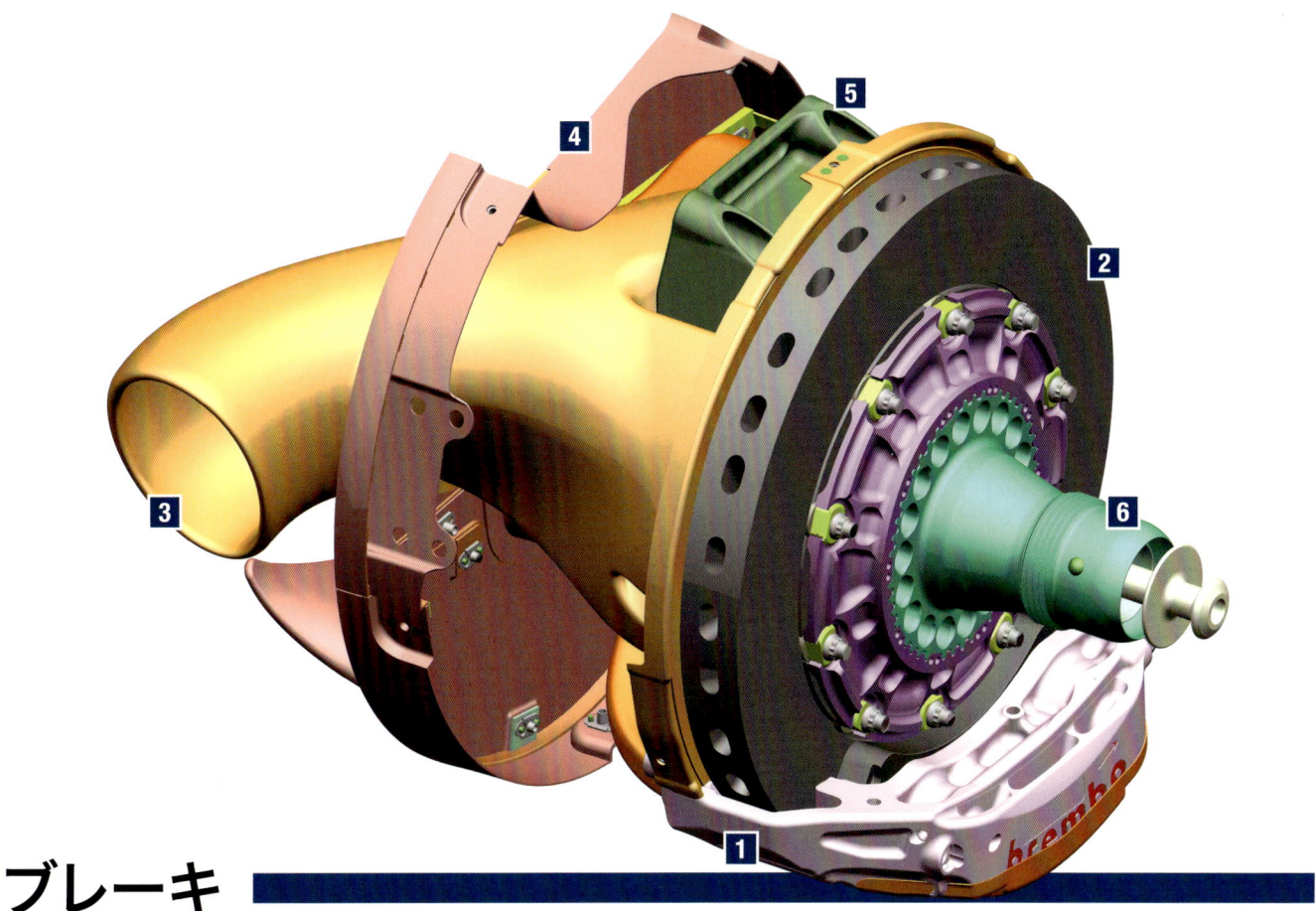

ブレーキ
BRAKES

　F1マシンのブレーキは、普通の乗用車と全く同じ動きをする。ブレーキペダルへのドライバー踏力（通常75kg以上）は、油圧の力を借りて増幅される。増幅された圧力は、4輪の各ブレーキのピストンを動かし、ブレーキ・パッドをブレーキ・ディスクに押し付け、発生する摩擦力で車を減速させる。

　4輪ともディスク・ブレーキを装着するが、アンチロックブレーキ（ABS）の使用は禁じられている。レギュレーション上、各ブレーキ系統を経由してブレーキ・パッドに伝わる力は、常に均一でなくてはならないからだ。

　F1マシンと乗用車の一番の違いは、制動性能の違いにある。下級カテゴリーから上がり、F1を初めて操縦するドライバーを一番印象付けるのは、ブレーキの減速力。超高性能と言われる乗用車でも1Gを超える減速力は稀なところ、F1マシンの減速力は5Gに達するのだ。これほどの性能を発揮するには、巨大な運動エネルギーを熱に変え発散させる必要がある。ハードブレーキが繰り返された場合、ブレーキ温度は1,000℃を超えることもある。

　この強力な制動性能を可能にしているのは、炭素繊維複合材でできたディスクとパッドのいわゆるカーボン・ブレーキである。遙かに多い熱量を、安定的に発散できることから、通常のスチール製のブレーキを大きく凌いでいる。カーボン・ブレーキは、スチール製ブレーキより遙かに高い温度で安定的な性能を発揮できるに加えて、大きな軽量化をも実現する。

　各ブレーキには、温度と摩耗の各センサーが備わっている（69ページを参照）。

油圧システム

　ブレーキ用油圧システムは、閉鎖循環式であり、車のメインの油圧システムとは完全に独立している。乗用車同様、ブレーキの油圧システムは安全のため、二系統に分かれている。一つの系統が故障しても、2車輪分のブレーキが残るようになっている。レース車両の場合、油圧系統を前／後に分けるのが通例である。それは、ブレーキの前後バランスの調整を可能にするためである。FIAの規定でもそう明記されている。真空ブレーキサーボを含め、ブレーキをアシストする機構は一切認められていない。そのため、ドライバーは、ブレーキシステム内で2,000psiにも上る圧力を発生させる、大きな踏力をブレーキペダルにかける必要がある。

▲リアブレーキのアッセンブリー
1 キャリパー
2 ディスク
3 冷却用ダクト
4 カバー
5 アップライト
6 車軸

▲シャシーのフロントに位置する
ブレーキ・フルード容器

前／後のブレーキ系統に合わせて、それぞれに専用のマスターシリンダーとフルード容器が設けられている。状況に応じて、ドライバーは、手元レバーでブレーキの前後バランスを調整できる。ブレーキのバランスは、車のハンドリングに大きな影響を及ぼす。レース中、燃料が消費されるに合わせて、車の重量は軽くなる。それに対応すべく、ドライバーは1周の間に何度もブレーキバランスを調整し、迎えるコーナーに合わせてベストのハンドリングを求める。RB6の場合、ブレーキバランスの調整は、コックピットの左側に設けられたレバーを介して行う（154ページを参照）。

ブレーキ・フルード

　高温でも安定した性能を発揮する、化学合成ブレーキ・フルードが採用される。使用による劣化も少ないが、ミネラル系ブレーキ・フルード同様、水分を吸収する性質を持つ。
　各レースには、新しいブレーキ・フルードが使われる。
　フルードの量は、サーキットによって異なる。激しいブレーキングが繰り返されるサーキットでは、大きめのフルード容器を使ってフルードの量を増やしている。軽量化のため、安全なマージンを持った上でフルードの量を最小限に抑えられている。ブレーキ・ディスクとパッドの異常な摩耗に備えて、それぞれが限界まで摩耗した状態でも、パッドをディスクにフルにあてるだけのフルード量を、安全上、常に搭載しているように計算されている。

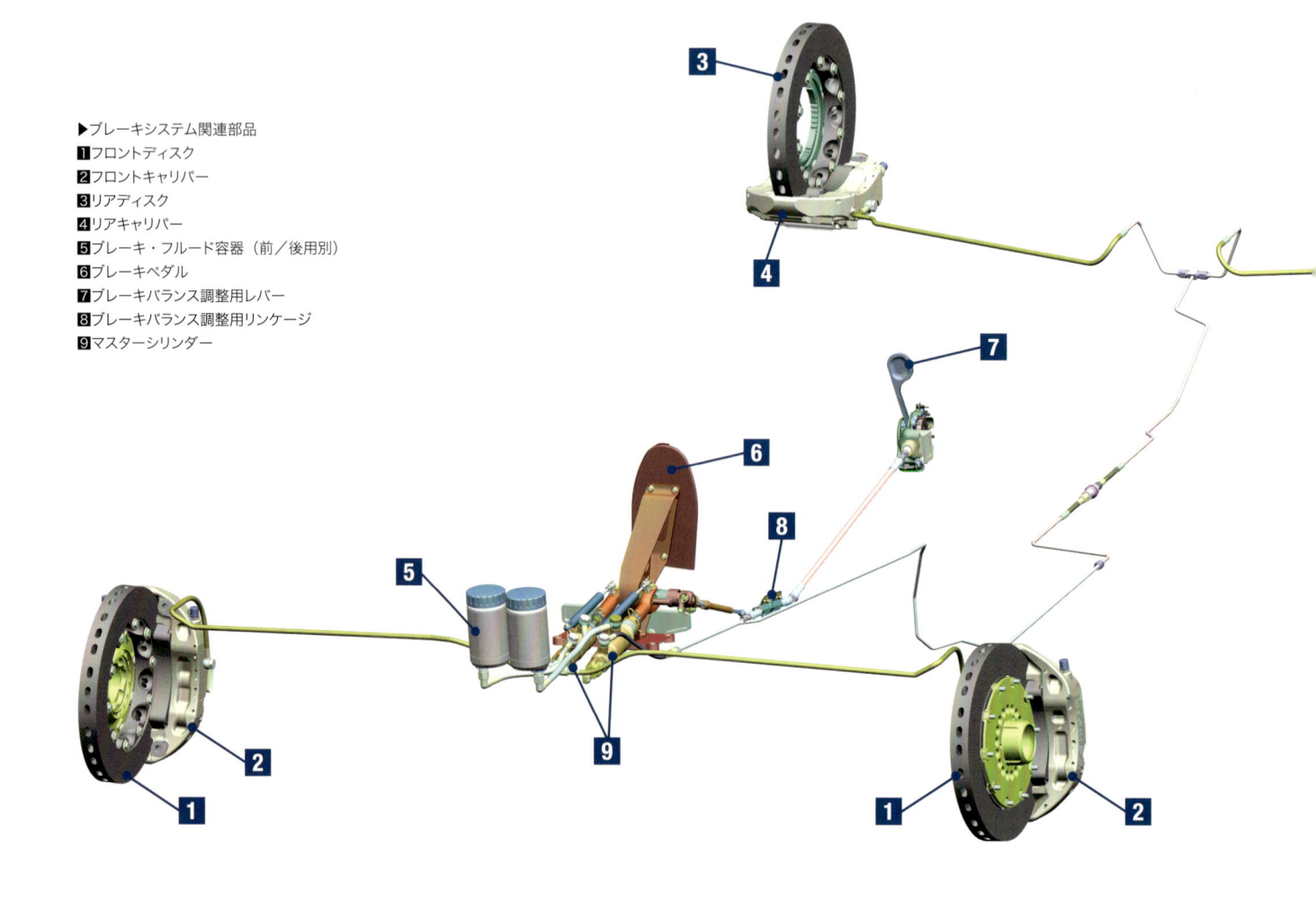

▶ブレーキシステム関連部品
1 フロントディスク
2 フロントキャリパー
3 リアディスク
4 リアキャリパー
5 ブレーキ・フルード容器（前／後用別）
6 ブレーキペダル
7 ブレーキバランス調整用レバー
8 ブレーキバランス調整用リンケージ
9 マスターシリンダー

ディスク

ディスクは、炭素繊維強化炭素複合材料（炭素繊維（カーボン）で強化された炭素（カーボン）複合材）を用いて作られている。FIAにより、その最大径・厚みが決められている（2010年規定では直径：278㎜、厚さ：28㎜までと定められている）。ディスクの厚みの中に冷却用の穴が開けられており、走行による空気の流れを利用して冷却する。アップライトに設けられたブレーキ冷却用ダクトで空気を捉え、それをディスクの表面と冷却穴に導く。カーボン製ディスク・ブレーキはとても軽く、軽量化に一役買っている。カーボン製ディスク・ブレーキの重量は、およそ1kg。スチール製ディスク・ブレーキの重量の半分である。

ディスクは、車軸に設けられたフランジの上をスライドする、いわゆる「フル・フローティング」タイプである。ディスクの支持面を増やし、ディスクの回転防止を一段と確実なものにするため、車軸フランジはのこぎり歯状になっている。

ブレーキ・ディスクは消耗品であり、土曜日の最後の練習走行（P3）後、予選と決勝に向けて新品に交換される。軽度なら摩耗そのものは問題ではない。一方、前後左右間で摩耗の差が生じた場合は、問題の可能性がある。詳細は、68ページの「ブレーキの摩耗」の部を参照。

レース中、ディスクは常に摩耗する。軽量化のため、安全の確保に必要なマージンを持った上で、チームは、レース終了時にディスクが摩耗制限ぎりぎりになるようにしている。

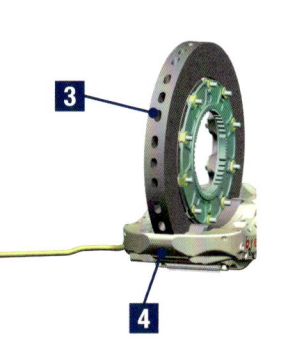

キャリパー

キャリパーは、アルミ合金製である。規定により、キャリパーごとの取り付け点は2点、ホイールごとのキャリパーの数は1個、キャリパー内のピストンの数は6つまでと定められている。

各キャリパーは、アップライトの前後に設けられたスタッドにナット止めされている。

RB6用のキャリパーはブレンボ社製の3ポット（各パッドを3つのピストンで押す）タイプである。ばね下重量を抑えるべく、キャリパーは減速時にゆがまないよう充分な剛性を確保しながらできるだけ軽くデザインされる。

1つのキャリパーには、各ピストンの列に合わせて、それぞれ1つの、計2つのエア抜き用の穴が設けられている。

キャリパーの最高到達温度を確認するため、各キャリパーに温度とともに変色するインジケーターが付けられている。これはチームにとって重要なデータとなり、キャリパーの交換時期を決めるのにも役立つ。

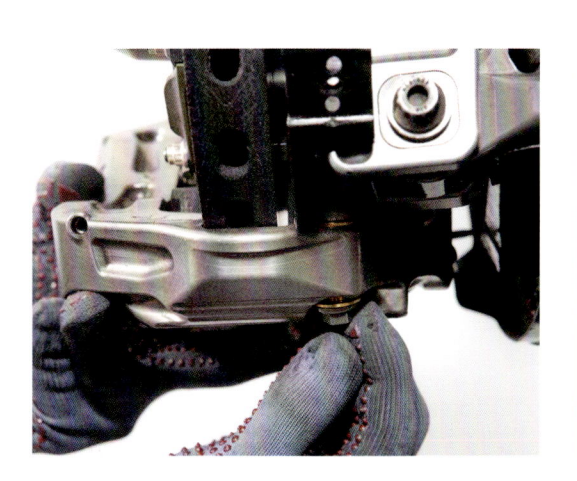

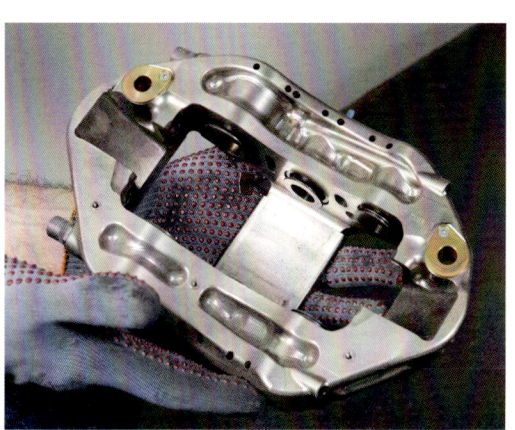

▲使用後、カーボン・ディスクの厚みの残厚を測定する工程。ディスクの冷却用穴に注目

◀◀リアキャリパーの取り付けボルトを外す工程

◀キャリパーには軽量なアルミ合金を使用

ブレーキの摩耗

　カーボン製ブレーキ・ディスクの摩耗とスチール製ブレーキ・ディスクの摩耗は根本的に違うものである。カーボン・ディスクの摩耗は、摩擦に伴う減りがわずかで、最大の摩耗は化学反応の一つである「酸化」が原因である。そのため、カーボン・ディスクの摩耗率は非線形的である。すなわち、ブレーキ圧や制動時間とは比例しない。カーボン・ディスクは、一定の温度（約600℃）に達すると、カーボンの「活性化エネルギー」の領域に入り、誘発される化学反応でディスクの素材そのものの酸化により摩耗する。その温度領域で、カーボンは、空気に含まれている酸素に反応し分解していく。生まれた酸化物は黒い細粉の姿を取る。急減速時に、舞い上がる黒いブレーキダストが見られるのは、そのためである。

　活性化エネルギー領域に入り、ディスクの温度が上昇し続けると、ある温度から酸化現象、すなわちブレーキ・ディスクの摩耗、は加速度的に速まる。ディスクが摩耗するにつれ、熱に変えられた運動エネルギーを吸収できるディスク材の量が減り、ディスクの温度は更に上昇する。温度の上がったディスクの酸化は一段と速まり、悪循環に陥る。

　F1でブレーキのオーバーヒートが大きな問題である理由はそこにある。短期的なブレーキ・フェードに終わらず、危機的な摩耗状況、そして最終的にはディスクの破壊につながるからである。

　よって、ブレーキの冷却は、最重要課題であり、各チームとも、レース中のブレーキ温度に神経を尖らしている。ブレーキの温度を、上述の活性化エネルギー領域以下に抑えることでブレーキの摩耗を抑えることができる。

　ブレーキの冷却に空気を利用していること自体が問題である。酸化に必要な酸素を直接供給しているからだ！　そこでブレーキ・ダクトの果たす役割は大きく、サーキットごとのコース・レイアウト、そして気象条件に合わせて、常にベストの冷却効果・効率を求めて、シーズンを通してその開発に終わりはない。

▼リアブレーキアッセンブリーの断面図：
ブレーキ冷却用ダクトの形状がよくわかる

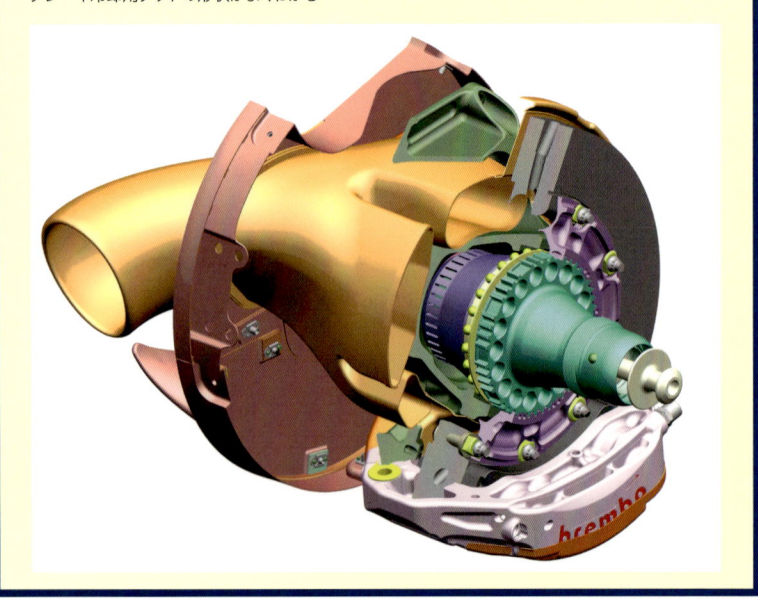

パッド

　通常のディスクを用いるブレーキシステム同様、ディスクをつまむ形でディスクの左右にパッドがつく。パッドも、ディスクと同じカーボン・カーボン（炭素繊維強化炭素複合材料（炭素繊維（カーボン）で強化された炭素（カーボン）複合材））を用いて作られている。セットアップ要件とドライバーの好みに合わせて、様々なコンパウンドのパッドが用意される。異なるコンパウンドは、異なる熱伝導性を意味し、この熱伝導性の違いこそが、ドライバーの言う「ブレーキ・フィール」（ブレーキの効き味）を変えている。ブレーキが効きはじめるには、ブレーキの温度を作動領域にまで上げる必要がある（カーボン・ディスクが性能を発揮する温度領域は500℃以上）。レースのスタート前やセーフティー・カー出動中、ドライバーはブレーキの温度に神経を尖らしている。一方、ブレーキ・パッドの温度が上昇し過ぎると、パッドの熱伝導性は大きく下がり、激しいブレーキ・フェード、あるいは完全な制動力喪失に陥った感覚になる。

ブレーキバランスの調整

　レース中、1周の間にもドライバーがブレーキのバランスを調整できるよう、コックピット内にブレーキバランスの調整レバーが設けられている。ブレーキバランスの調整に関する詳細は153ページで説明している。

　ブレーキのいかなる自動調整機構も規定で禁じられているため、ブレーキバランスの調整は機械的に行われる。コックピット内の左手に設けられたレバーは、かさ歯車（ベベルギア）とリンケージを介してブレーキマスターシリンダーのバランスバーに繋がっている。レバーを前に押したり後ろに引いたりすることで、各マスターシリンダー、そしてそこから前後のブレーキ系統に伝わる踏力の比率、を変えることができる。

▶ブレーキのバランス調整に用いられる部品群
1 ブレーキバランス調整用レバー
2 ラチェット機構（レバーの直線運動を回転運動に変える機構）
3 上部リンクロッド
4 中間ロッド、ユニバーサル・ジョイントとブラケット
5 下部リンクロッド
6 かさ歯車（ベベルギア）と調整スピンドル
7 ブレーキペダル
8 マスターシリンダー
9 ブレーキ・フルード容器
10 マスターシリンダー電位差計（ポテンショメーター）
（ピストン動作量計測用）

◀◀ブレーキ・パッドを外す前に、カーボン・ダストを取り除く清掃作業を行う

◀キャリパーへのアクセスをよくするため、カーボン製のカバーを外す

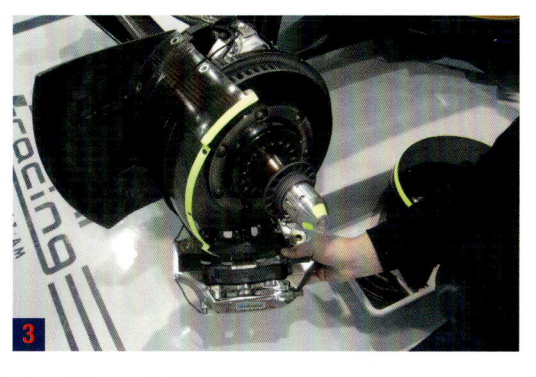

◀◀キャリパーの固定用ボルトを外す

◀ブレーキの摩耗度合をチェックするため、パッドの残量を測る

温度と摩耗センサー

温度センサー

　4輪の各ブレーキに温度センサーが付いている。赤外線センサーを用いてブレーキ・ディスクの放射する熱を測定する。軽量・コンパクトなセンサーは、アップライトに搭載される。ブレーキ温度のデータは、ピットレーンに居るエンジニアに絶えず送られ、レース中のブレーキ性能の監視を可能にする。

摩耗センサー

　LVDT（リニア差動変圧器式）センサーを用いてブレーキの摩耗を測る。キャリパーに搭載されるこのセンサーは、キャリパー内のピストンの移動量を測る。ブレーキの摩耗が進むにつれ、ディスクにパッドを押し付けるに必要のピストン移動量が増え、そのデータからブレーキの摩耗具合がわかる。センサーは全車輪に付けられている。

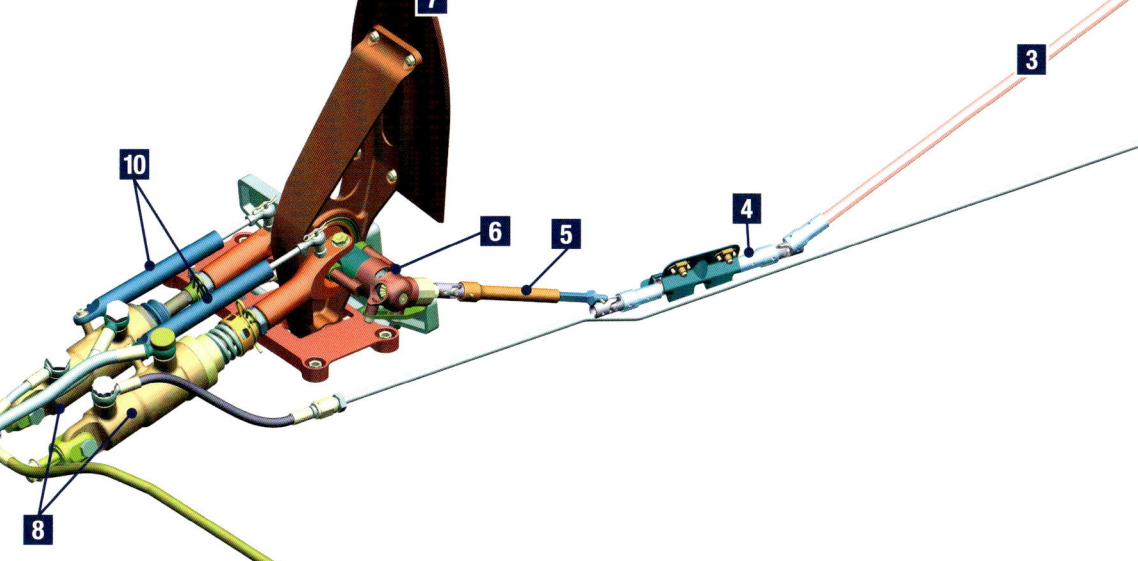

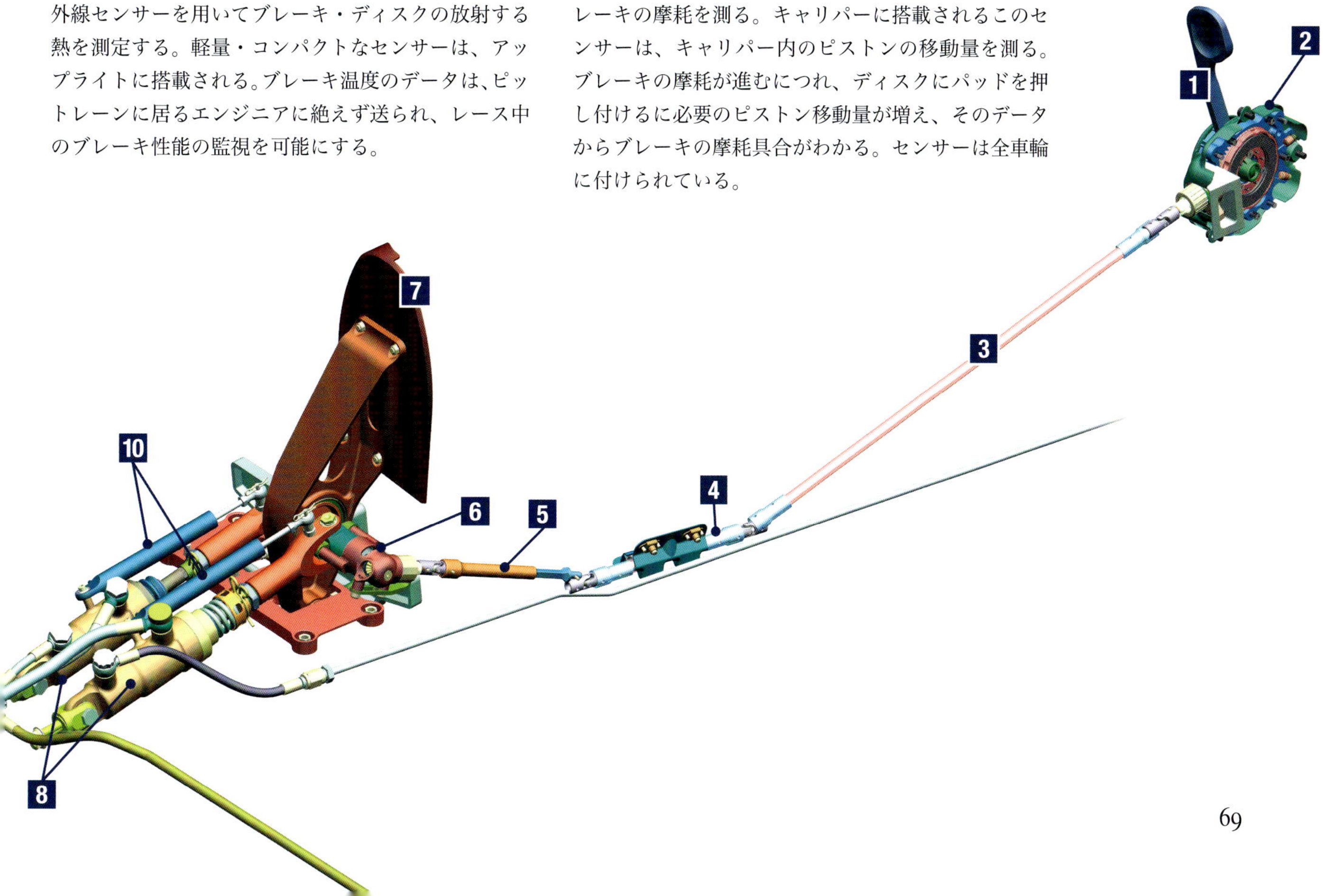

69

エンジン
ENGINE

▲2010年シーズンの、RB6勝利の原動力となった、ルノー製RS27-2010エンジン

　車の原動力であるエンジンは、車の絶対性能を決める極めて重要な役割を担う。F1用エンジンは、内燃機関の究極の姿である。F1で使用されている、自然吸気2.4リッターV型8気筒エンジンは、サイズと重量に対して想像を超える高い出力を実現している。

　同じ4サイクルエンジンであり、シリンダーブロック／クランクシャフト／ピストン／バルブに同じ設計原理・原則が用いられていることを除けば、乗用車用エンジンとF1マシン用エンジンは全く別物である。

　ほとんどの乗用車用エンジンとF1マシン用エンジンの大きな違いは、F1の場合、エンジンをストレスマウントしている点にある。エンジンのフロント側はシャシーに直接ボルト止めされ、後ろ側にはギアボックスとサスペンションが同じように直接ボルト止めされることから、エンジンは車の構造の一部になっている。それは同時に、エンジン自らが発する振動等に加えて、ギアボックスとサスペンションからの様々な入力・振動等に絶えなくてはいけないことを意味する。構造体としてエンジンはできるだけ高い剛性を持つ必要がある。わずかな歪み・たわみでも、サスペンションの働きと空力の性能、すなわち車のハンドリングとバランスを狂わせる結果をもたらすからだ。

　量産エンジンとは違い、コストや生産性は重要視されないため、製造工程はその部品その部品にとってベストと思われる、量産エンジンと必ずしも同じとは限らない工程を選択する。例えば、クランクシャフトのような部品は、鋳造や鍛造ではなく、ビレットから機械加工される。

エンジン規定

　車の他の部品とは違い、エンジンの開発は連続的に行われていない。コスト削減のため、2006年末に導入された新しいFIA規定により、エンジン開発は、事実上禁止となったからである。エンジンスペックは、2006年の日本GPで使われたエンジンスペックに「凍結」され、2009年から最高回転数の制限がそれまでの19,000回転から18,000回転に下げられたことを除いて、基本スペックは固定されたままである。

F1エンジンのデザインを理解するため、FIAの定めるエンジン規定の要点をここで再確認しておこう：

- エンジンは4サイクル、2.4リッターV型8気筒でVバンク角は90度
- クランクシャフトの最高回転数は毎分18,000回転
- クランクシャフトのセンターラインは、「基準平面」より58mm上に位置しなくてはならない
- エンジンは自然吸気に限る
- エンジンの最低重量は95kg
- エンジンのバルブは気筒あたり、吸気側2弁、排出側2弁でなくてはならない
- バルブの種類は往復型ポペットバルブに限る
- シリンダーのボア径は98.0mmを超えてはならない
- シリンダーのボアセンターとボアセンターの間隔は106.5mm（プラス・マイナス0.02mm）でなくてはならない。
- エンジンの重心は「基準平面」の最低165mm上に位置しなくてはならない
- エンジン重心の縦と横の位置は、エンジンの幾何学的中心のプラス・マイナス50mm以内でなくてはならない
- 吸気側・排気側共に可変管長機構の使用を禁ずる
- 吸気側・排気側共に可変バルブ機構の使用を禁ずる
- 電動の燃料ポンプを除き、エンジンの補器類は全てエンジンから直接、決まったギア比で駆動されなくてはいけない
- クランクシャフト／カムシャフト共に、鉄合金製でなくてはならない
- 各カムシャフトとそのカムローブは一体の素材からできていなくてはならない
- バルブは、鉄、ニッケル、コバルト、チタンの各合金以外の使用を禁ずる

　2009年シーズンに新たに導入された大きな要素として、シーズンを通して各ドライバーに与えられるエンジンは最大8基までとなるという点がある。エンジンを8基目を超えて使用する場合、9基目から新基のエンジンを投入する度に、投入するレースで10グリッド降格のペナルティが科せられる。エンジンのローテーションはチームに委ねられ、練習走行から予選からレースまで、自由にできる。シーズン中、エンジンは全て封印される。

　FIAの承諾・認可を得たものに限るが、信頼性向上のための変更は認められている。そのためルノーは、シーズンに必要なエンジンを年初めにまとめて作らない。

　その狙いは、信頼性向上の設計変更を次に生産する

エンジンの基礎データ

　ルノー製RS27-2010エンジンのような現代F1エンジンの性能データを見るとただただ驚くばかりである。

　現代F1マシンのエンジンの数字と真実をちょっと紹介しよう：

- 2.4リッターV型8気筒エンジンの最高回転数は毎分18,000回転。その時、ピストンはシリンダー内で毎秒300回往復している。ピストンにかかる加速度は9,000Gに上り、0-60mph(0-96km/h)の発進加速に換算するなら、0.0005秒で達してしまうことになる。この加速度でコネクティングロッドにかかる力はおよそ2.5tとなる。
- 最高回転数でバルブは毎秒150回開閉する。
- レースの間、クランクシャフトは毎周、22,000回転する。
- エンジンの重量は95kg。それは、初代ミニに搭載されていたBL（ブリティッシュ・レイランド）製A形エンジンより15kgも軽い。
- F1エンジンの燃費は、4mpgから6mpg（2.4km/ℓから1.6km/ℓ）である。
- フルスロットル時、エンジンは、毎秒450ℓもの空気を吸い込む。
- エンジンはおよそ5,000個の部品からなり、その内の1,500個の部品は可動部品。
- 新しく組まれたエンジンの出力は、700馬力から750馬力になる。
- F1用エンジンはとてもうるさい。ルノー製エンジンは、アイドル時に100デシベル、高回転領域では140デシベルを発する。

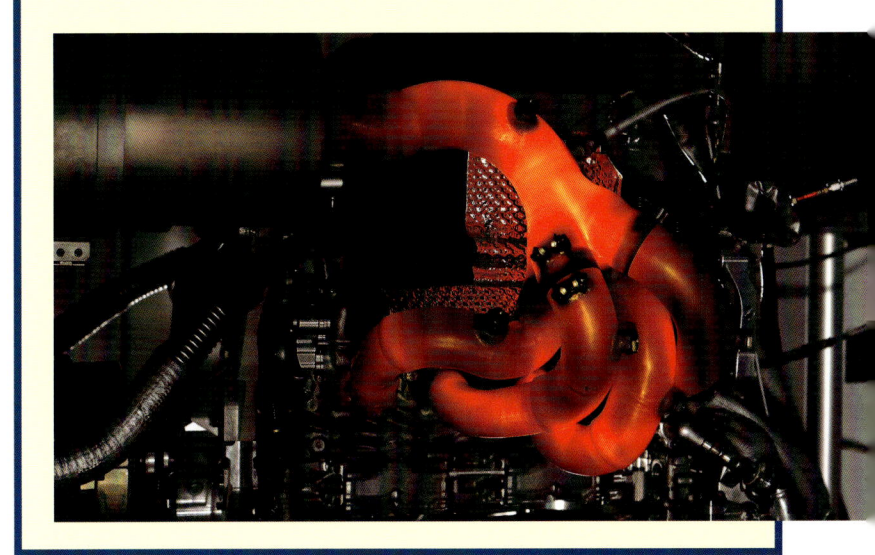

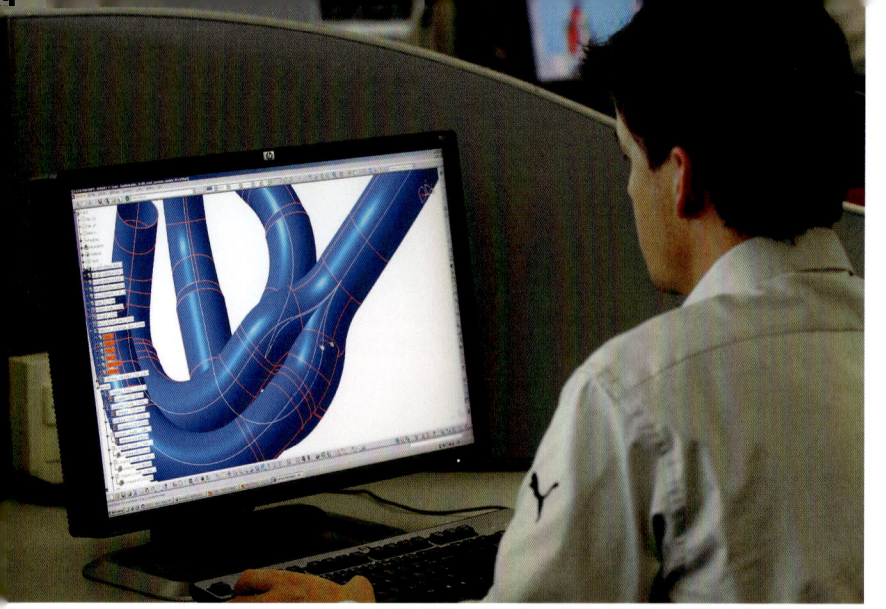

▲コンピューターによる解析とシミュレーションに加えて、エンジンの設計段階でCAD（コンピューター支援設計）は大々的に使われている。エギゾースト関連の設計は、ルノー・スポールF1社とレッドブル・レーシングの共同作業となる

エンジンから導入できるようにしたいからである。

　エンジンの内部に手が入れられないように、各エンジンはFIAにより封印されるものの、次の部品は、ペナルティを科せられることなく交換・アップデートできる。また、封印を取り外す必要がある場合、それはFIA監視のもとで行われる。
■クラッチ、クラッチ・バスケット
■油圧ポンプ類
■エンジンの電子制御ボックス（ECU、パワー・モジュール、制御ボックス）
■燃料フィルター類
■燃料ポンプ
■オイル・フィルター類
■オイル・タンクとその関連部品
■圧搾空気を利用したニューマチック式バルブ作動用のボンベ、レギュレーター、ポンプ、パイプ
■エギゾースト・マニホールド
■上述の各補器類関連の支持点、ブラケット、ねじ、合わせくぎ、ワッシャー、ケーブル、チューブ、ホース、オイルシール、空気シール

　更に、認定部品で同一仕様であれば、次の部品の交換も認められている。
■スロットル・システム
■シリンダーヘッドの外に付く吸気系システム
■イグニッションコイル
■燃料噴射装置
■オルタネーター
■オイル掃気ポンプ、オイル供給ポンプ、オイル/空気分離機
■ウォーターポンプ
■電気・電子センサー類

　2009年シーズン開始前、各エンジンメーカーは、異なるデザインの吸入管を3つまで登録し、その認定を取得することができた。そしてこの3つのデザインを認定期間中（2009年シーズン以降）、自由に使用できる。

　これまでの説明からわかるように、エンジンのスペックは厳しく管理されており、残されている主な開発領域は、オイルと燃料にあるのだ。2009年から導入された、エンジンのドライバー一人当たり年間8基規制を受けて、エンジンメーカー各社は、信頼性向上の開発を余儀なくされた（それまでは1基のエンジンで2つのレース週末を走りきるよう義務付けられていた）。そしてその開発はFIAにモニターされ、認可されなくてはならない。

エンジンのデザイン設計

　設計の最大の目的は出力の最大化にある。現代F1のエンジン出力は、今やリッター当たり300馬力を超える。高性能な市販車用エンジンは、リッター当たり100馬力を超えれば御の字、しかもF1で使用禁止となっている過給の力を借りての数字も少なくない。

　ドライバーが、コーナー出口でトラクションと加速性能をフルに生かし、車の限界ぎりぎりで運転できるようには、スムーズかつ一貫したパワーの出方が求められる。また、回転領域全般にわたる、できるだけ安定したトルク（できるだけフラットなトルクカーブ）も求められる。しかし、最大トルク自体は、市販用2.4リッターV型8気筒エンジンのそれを大きく上回るものではない。一方、ドライバーにとって、そしてラップタイムにおいても、スロットル・レスポンスは大きなカギとなる。優れたスロットル・レスポンスを得るには、エンジンの回転部品の軽量化が最も重要となる。セオリーでは、回転部品をできるかぎり軽くしたい。しかし、現実には回転の上下に伴う巨大な入力とストレスに耐えられるだけの強度、すなわち重量が必要となる。

　高い剛性と同時に、エンジンはできるだけ小さくて軽くなくてはならない。また、車の重心をできるだけ低く抑えるためにも、エンジンの重量もできるだけ低い位置に集中する必要がある。そのため、エンジンの上部に位置するカムシャフト等の部品は、できるだけ軽くなるよう設計される。パワーとトルクの最大化に向けて、吸入側・排気側共に、ガスの流れをよくするマニホールド形状の研究に余念はない。

　気象状況と車速に関わることなく、ロール・フープのエアインテークからエアボックス、更に先のエンジンに向かう空気の気圧と速度はできるかぎり一定に保たれる必要がある。

と同時に、摩擦、振動と熱に伴う損失は最小限に抑える必要がある。

車体各部の開発同様、エンジンの設計段階でもコンピュータによる解析とシミュレーションが大々的に使われている。その中でも、シリンダー内のガスの流れの解析、点火後の燃焼の広がり方からオイルの性能に至るまで、CFD（数値流体力学、129～130ページを参照）による解析とシミュレーションは、とても重要である。

新しいマシンを設計するにあたって、エンジンとその補器類のパッケージングとディテール、とりわけ吸入側と排気側のマニホールドのそれは、大変重要であり、ルノー社とレッドブル・レーシングの技術陣は緊密な作業を行っている。

エンジンの組み立て

RB6が使用するエンジンは、フランスのヴィリ・シャティオンに本社を置く、250人に及ぶルノー・スポルトF1チームに設計・開発された、ルノーRS27-2010である。レッドブル・レーシングが使用するルノー製エンジンは、メカクローム工場で二人の専門技術者の手によって、及ぶ延べ労働日数12日間をかけて組み立てられる。組み立て工程は、クランクシャフト、ピストン、コネクティングロッドの組み立てからなるエンジン本体の組み立て、そしてそれに、あらかじめ組み立てられたシリンダーヘッド、ポンプ類、マニホールド、その他補器類の各アッセンブリーの組み付けからなる。

組み立てが終了すると、エンジンならしと全システムの作動確認も兼ねて、ダイナモメーターでテストされる。

ダイナモメーターで3時間から4時間にわたるエンジンテストの後に、出荷される。

実車テストやレースが開催される各週末を通して、ルノーのエンジニアたちがチームとともに、エンジンの使用から、メインテナンス、性能のモニタリングまでを行う。

▲ヴィリ・シャティオンにおけるエンジン組み立て作業

▼ダイナモメーターを用いた実基テスト。真っ赤に変色しているエギゾーストに注目

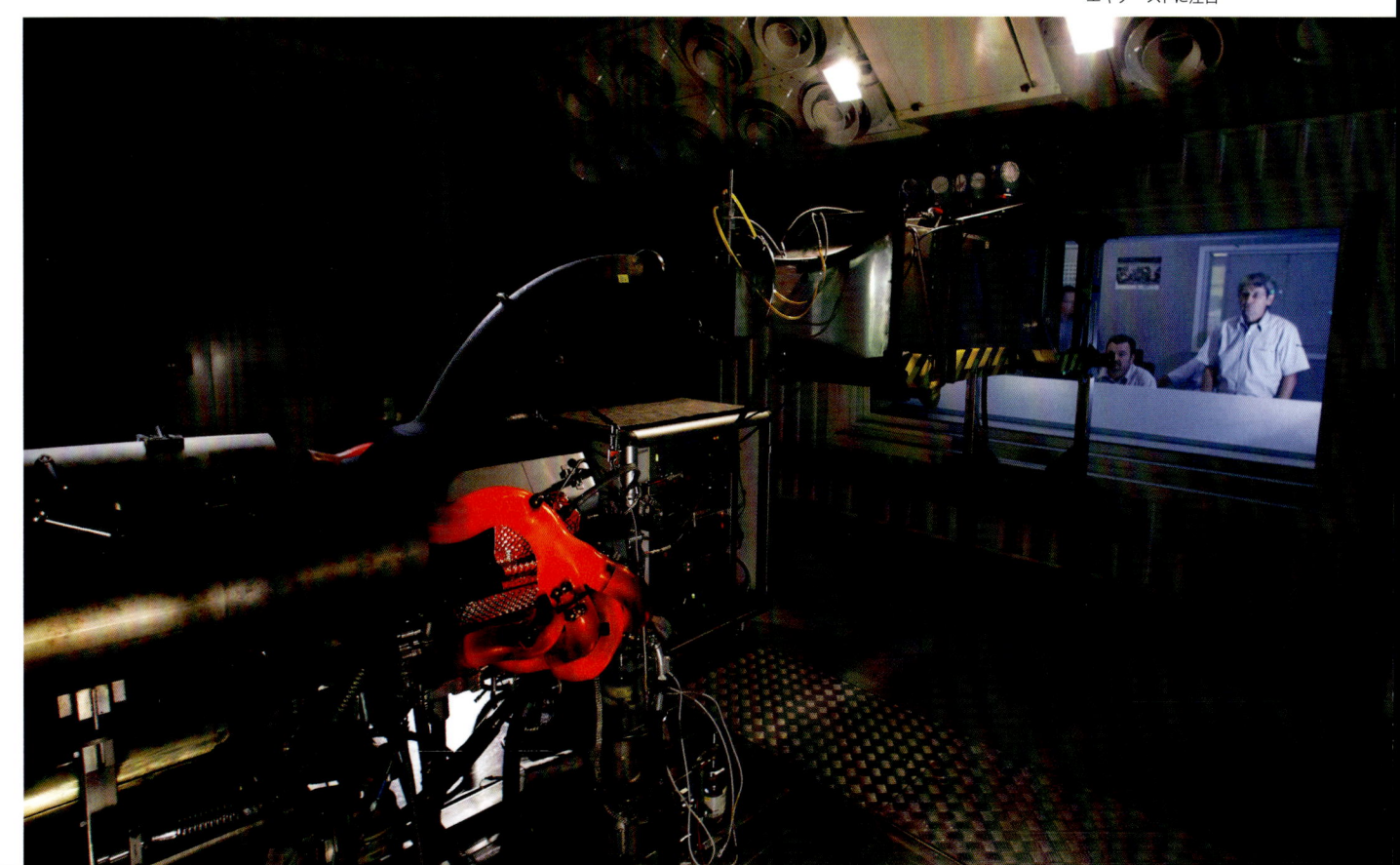

公差

　他のF1エンジン同様、ルノー製のエンジンは、量産エンジンでは想像できないほど、極めて精密に作られる。基数も少なく、1基1基手作りのF1エンジンは、量産エンジンの製造ラインでは避けられない機械間の加工公差を考慮する必要はない。

　F1エンジンに見られるベアリングとボア・ピストン間のクリアランス（隙間）は、ミクロン単位（1mm＝1,000ミクロン）で管理されている。これは、量産エンジンより遥かに小さい単位となる。また、エンジンの全ての部品は、エンジンの適温レンジに合わせて設計されている。

　温度によって部品の寸法は変わる。エンジンが冷えた状態では、回転部品のクリアランスが不足し、そのままエンジンをかけようとするとベアリングの表面、ピストンのボア等、様々な部品にダメージが伴う。F1エンジンは、始動前に適温レンジまで徐々に温められていく必要がある。

シリンダーブロック

　アルミ合金製のシリンダーブロックには、最大の剛性を求めて、複雑なパターンによる様々な補強部材が加えられている。ピストンは、シリンダーブロックに圧入されたシリンダーライナーの中を往復する。

シリンダーヘッド

　アルミ合金製のシリンダーヘッドは、ガスケットを挟んでシリンダーブロックと結合される。燃焼室はシリンダーヘッド内に機械加工され、圧縮比はおよそ13対1である。

クランクシャフト

　スチール製のクランクシャフトには、比重の高いバランスウェイトが取り付けられている。ピストンとコネクティングロッドからの巨大な入力に耐えるため、高精度なバランス取りが求められる。

ピストンとコネクティングロッド

　量産エンジンに比べて、ピストンの冠形状は浅く、圧縮比の最大化を目的とした形にされている。ピストン・ボア間のフリクションを最小限に抑えるべく、量産エンジンに比べてピストンリングの数は少ない。コネクティングロッドはチタン製である。

▶あらかじめ組み立てられたシリンダーヘッド、ポンプ類、マニホールド、その他補機器類の各アッセンブリーが、エンジン本体に組み付けられていく

カムシャフト

　軽量化のために中空カムシャフトを採用。エンジンの高い位置にある重量を削減することが重要であるからだ。カムシャフトを支えるベアリングの下半分はシリンダーヘッド、上半分はカムシャフトカバーに収まり、カムシャフトカバーがカムシャフトを正しい位置に納める役割をしている。

　カムシャフトの駆動は、クランクシャフトの前側に配置された一連のギアで行う。

　FIA規定で可変バルブ機構の使用が禁じられているため、バルブタイミングは、固定式である。また、エンジンが封印されているため、サーキットに合わせたバルブタイミングの最適化はできず、設計段階でそのシーズンの全てのサーキットを考慮したバルブタイミングの設定となる。

バルブギア

　バルブ機構は、市販車のそれとは大きく異なり、通常のコイルばねに代わって、圧搾空気でバルブ閉じを行っている。F1で使用されているエンジンは全て圧搾空気を利用しているものの、機構の詳細はエンジンメーカーによって若干異なっている。

　ルノー製エンジンでは、市販車同様、カムシャフト

▲中空カムシャフト、とりわけ最適なバルブタイミングに必要なカムプロフィールの加工には超精密機械加工技術が使われる

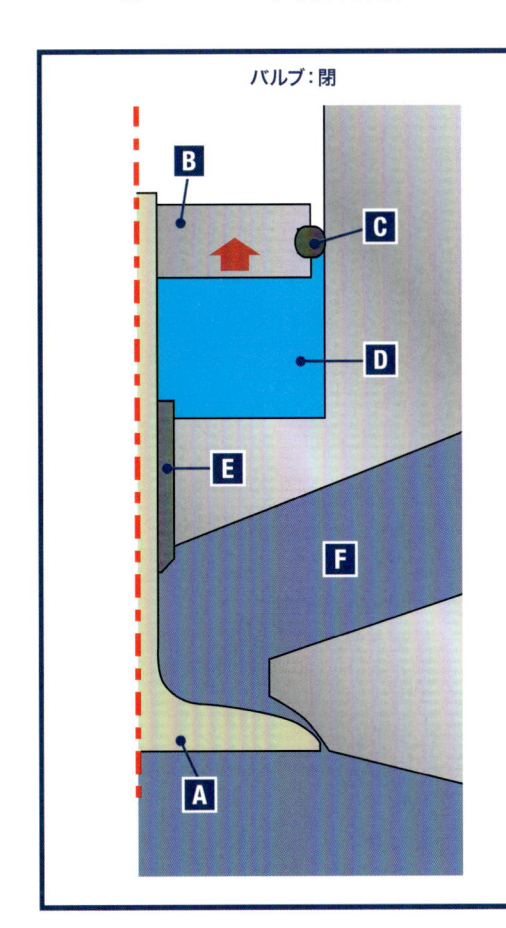

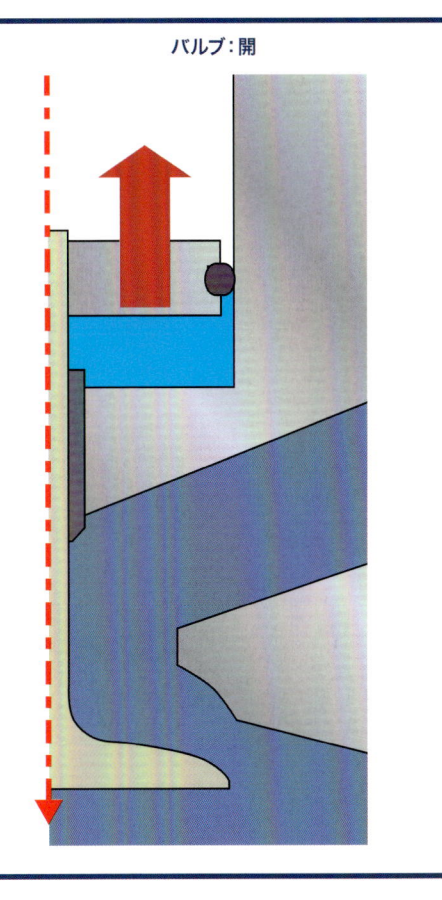

◀ルノーエンジンの圧搾空気を利用したニューマチックバルブ機構：その作動原理を説明する概略図
A バルブ
B ピストン
C シール
D 空気用シリンダー
E バルブガイド
F 吸気／排気流路

のカムプロファイルに合わせてカムの山がバルブを押す形でバルブが開く。小さいボンベに入っている圧搾空気に押されるピストンは、通常のコイルばね同様、開くバルブに対抗しようとする。

カムシャフトの回転でカムの谷に向かい始めると、ピストンの力でバルブが閉じられていく。この機構では、圧搾された空気の漏れや圧搾空気ボンベへのオイルの侵入を防ぐ各シールの役割は大きい。オイルの侵入は、バルブを戻すピストンの動きを妨げる（空気と違ってオイルは圧縮しない性質を持つ）ため、エンジンが壊れる危険性をはらんでいる。

システムは低損失タイプで、充分な圧搾空気をリザーブ用ボンベに収めている。ルノーのエンジニアに常にモニターされるボンベの内圧は、センサーで感知し、そのデータは常時ピットに送られる。ボンベの内圧が、事前に定めた数値を下回ると危険信号が送られる。

強度と軽さが求められるバルブはチタン製である。

フライホイール

自動車用エンジンに詳しい人には驚かれるかもしれないが、F1用エンジンはフライホイールを持たない。イグニッションを切った瞬間にエンジンが止まるのはそのためである。

前述のように、F1用エンジンの設計の大きな目標は、回転部品の慣性の最小化である。一方、フライホイールの役割は、フライホイールのマスを利用して各シリンダーでの爆発に伴う出力パルスを抑制し、トランスミッションへのパワーを滑らかにすることにある。元々クランクシャフト、ピストンとコネクティングロッドの低い慣性と高い回転数を特徴とするF1エンジンは、フライホイールを必要としないのだ。

▼エンジンを前側から見た写真。カーボンファイバー製のオイルタンク（赤い矢印）がよくわかる

市販車では、クランクシャフトとクラッチの間にフライホイールを収めているが、RB6では、クランクシャフトにスプラインシャフトが取り付けられ、クラッチとその先のギアボックスのインプットシャフトに直接駆動力を伝達する。

イグニッション

イグニッションは燃料供給装置同様、FIAの指定ECUに制御される。点火プラグは気筒当たり1個で、点火方式は、一つのイグニッションコイルンが直接下に位置する一つの点火プラグに点火電流を供給する、いわゆる「ダイレクトイグニッション」を採用している。プラグの高圧側には万単位の電圧が流れる。

燃料供給装置

燃料供給装置は、燃料タンク、タンク内の燃料ポンプ、燃料用高圧ポンプ（エンジンからギアで駆動）、フューエルレール、燃料噴射装置（インジェクター）、スロットルバルブ、吸気マニホールドとその関連ホース／パイプ／フィルター類からなる。

燃料供給装置は、イグニッション同様、FIAの指定ECUに制御される。一気筒あたりに一つの燃料噴射装置に制限されており、高圧のフューエルレール上に並び、真下に位置するエアファンネルに燃料を噴射している（F1で直噴はFIA規定により禁じられている）。燃焼室に入るまでの短い間に混合気の均質化に利用される燃料の噴射パターンは重要な開発項目の一つとなる。

燃料圧はFIA規定により100バールに制限されている。各気筒にバタフライ・タイプのスロットルがあり、いわゆる8連スロットル方式を採用している。

燃料タンク内ポンプ、各高圧ポンプと各インジェクターにそれぞれ用のフューエル・フィルターが設けられている。

燃料噴射量とイグニッションタイミングを決定づける「マップ」。ECU内に記憶できるマップの数は、5つに制限される。

空気密度と気温は、エンジン性能を大きく左右する。そのため、気温の高い、あるいは標高の高いサーキットでは、燃料噴射量とイグニッションタイミングの最適なマッピングは一段と重要になる。

ドライバー自らが、燃料とイグニッションのマッピングを調整できるようになっている。例えば、空燃比をいくつかのステップで濃くしたり、薄くしたりすることができ、出力と燃費（レース中の燃料補給ができなくなった今ではその重要性は増している）のバランスをどこに置くかを選択できる。また、出力の特性・出方も、雨などに合わせて調整できるようになっている。

▲右側サイドポッドに収まるオイルの冷却用ラジエーター（赤い矢印）

燃料

各エンジンメーカーは、契約している燃料メーカーと共同で自社エンジン専用の燃料開発に力を入れている。レッドブル・レーシング／ルノーの契約燃料メーカーはトタル社になる。

燃料に関するFIA規制は厳しく、市販ガソリンと同じ成分の使用が義務付けられている。出力を向上させる添加剤の使用は禁じられている。

どのイベントでも、新しい生産バッチの燃料を使用する前に、2つの5リットルのサンプルをFIAに送り、確認と使用認可を得る必要がある。実際使われている燃料をチェックするため、FIAはマシンからサンプルを採取することもできる。

潤滑系

エンジンにとって潤滑は命と言っても過言ではない。潤滑はドライサンプ方式を採用している。それ用の別体オイル・タンクはエンジンとシャシーの間に搭載される。ドライサンプ方式を採用するにはいくつか理由がある。

- ドライサンプ方式はエンジンの底にオイルをためるオイルパンを持たないため、エンジンの搭載位置を下げることができる。
- 潤滑をあまり要求しないクランクシャフトの表面から潤滑油を遠ざけ、オイルスプラッシュによるロスを低減できる。
- 別体であるため、重量バランスを助ける位置にオイル・タンクを置くことができ、オイルのクールダウンとピストンブローバイやクランクシャフトの回転で吸収したガスを排出できる。
- ウェットサンプ方式で見られる、激しい加減速時や高速コーナー走行時のオイルスターベーション現象とは無縁である。

エンジン用のオイル容量はおよそ4リットルである。燃料同様、トタル社によりルノー製エンジン専用のオイルがブレンドされる。

エンジンをシャシーから降ろす時、オイル・タンクはエンジン側に取り付けられたままである。

メインとなる油圧ポンプは、エンジンの前側からギアで駆動される。

シリンダーブロック内に配置されている複数の排油ポンプで、クランクシャフト付近のオイルを吸い上げ、オイル冷却用ラジエーター経由でオイル・タンクに戻る。

このようにして、オイル・タンクに戻ったオイルは、メインとなる油圧ポンプでエンジンに再び送られる。

▲サイドポッド内に収まるラジエーター用電動ファン

▶セバスチャン・ベッテルの乗るRB6：予選中、ガレージで使われる強制冷却用の電動ファン

◀左側サイドポッド内のエンジン冷却用ラジエーターの取り付け概略図

RB6のオイル冷却用ラジエーターは右側サイドポッド内に収まる。

オイル解析は、エンジンの状態や性能について多くの情報を提供する重要なツールとなる。レース週末の間に何度もサンプルが採取され、エンジニアにチェックされる。オイルの状態とそれに含まれるケミカルから問題の発生が予測できる。コース上でエンジンが壊れ、リタイアに追い込まれる前にエンジンの交換を促す例もある。

冷却システム

F1マシンのエンジン冷却用ラジエーターにはファンがついていない。車の周りに流れる空気流でサイドポッド内に収まるラジエーターを冷やす仕組みである。車両重量を抑えるため、冷却液の量は最小限に留まる。RB6の場合、その量はおよそ8リットルである。どのサーキットでも冷却液の量は同じ。要求される冷却性能は、サーキットごとの特徴と当日の天候に左右されるため、条件に合わせてカウルやダクトの形状を変更し、ラジエーターに入る空気の量を調整する。RB6に搭載されるラジエーターのコアはオーストラリアのPWR社製である。ラジエーターの設計はチームとの共同作業となる。

冷却システムの性能を上げる目的でチームが異常に高いシステム内圧を利用できないよう、冷却システムの最高内圧はFIAに制限されている。サイドポッド内のラジエーター下に冷却液用ヘッダーがあり、それに取り付けられている吹き出し弁でシステム内圧を制御する。

冷却システムにはサーモスタットが無く、エンジンが回っている間、冷却液は常に全開流量で循環している。流れる空気の力を利用しているため、ガレージ内やグリッド上、車が停車している時には、外付け電動ファンを利用して空気を強制的に流す。

エンジン冷却液用ポンプはクランクシャフトの前側からギア駆動される。ラジエーターは左側サイドポッドに収まる。

始動前、エンジン内部を適温まで温める（81ページの「エンジンスタートの手順」の部を参照）別体の冷却液循環装置を利用して、冷却液をエンジン内に循環させていく。エンジン内部が温まり、別体循環装置を外した後、システム内に空気（エアバブル）が残らないよう、エア抜きが行われる。このエア抜きはとても重要である。なぜなら空気が残った場合、エンジン内でホットスポットができ、エンジン性能の低下、最終的には部品の破壊を招きかねないからだ。エア抜き作業は、走行セッションに入る前に行われる。

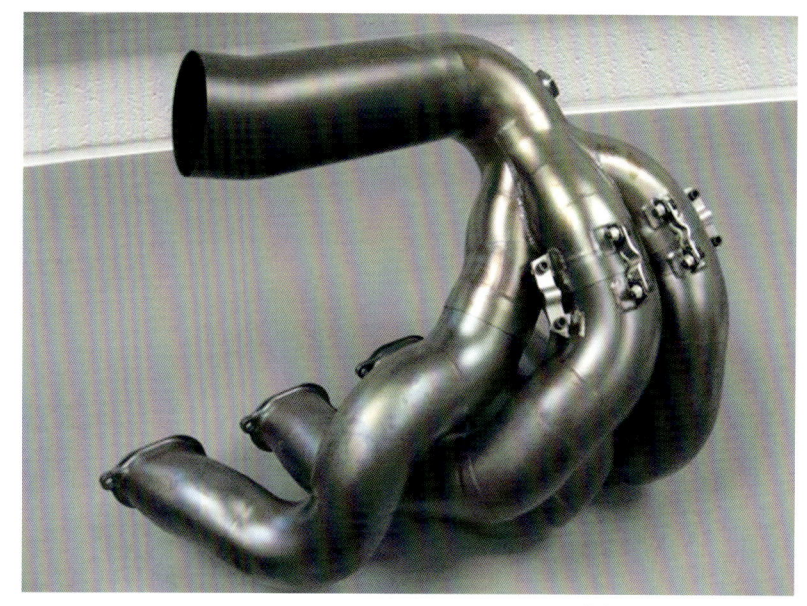

▲精密に曲げられたエギゾースト・マニホールド：芸術品の領域に達している

排気系

排気系は、エンジンの性能を左右するだけでなく、今となっては空力の面でも大きな役割を担っている。その設計は、車のパッケージングとエンジンの性能要件に沿ったもので、レッドブル・レーシングとルノーによる共同作業である。エギゾースト・マニホールドは、鉄ニッケル系合金で作られ、レース毎に新品交換となる。エギゾースト・マニホールド出口付近の排気温度はおよそ900℃に達するため、高い耐熱性が求められ、必要に応じて断熱材も使われる。

油圧システム

クランクシャフトの前側からギアで駆動される。詳細は、103〜105ページを参照。

スロットル制御

スロットルの制御には、電気油圧方式が採用されている。電子式スロットルセンサーでアクセルペダルの開度を感知し、FIA指定のECUに信号を送る。ECUは受けた信号を元に油圧式アクチュエーターを介してスロットルボディーを操作する。

アンチストールシステム

作動時、アンチストールシステムはエンジンのストールを防ぐためクラッチを切り、スロットルをブリップする（煽る）。FIAの規定により、作動時間は最大10秒に制限され、10秒を超えるとエンジンが止まり、ドライバーの手では再始動できない。システム作動中、エンジンはドライバーのコントロール下にないため、この最大10秒間という時間が決定された。

▶高いエンジン音のため、ガレージやピットレーンでヘッドセットは必需品である。写真：会話中のレース・エンジニアの頭のイアン・モーガンとチーム代表のクリスチャン・ホーナー。モーガンは、サーキットでの2台のマシンのセットアップ責任者である

▼2010年ブラジルGP：コンストラクターズ・ワールド・チャンピオンシップ獲得後、チームガレージでレッドブル・レーシングの仲間とお祝い中のルノーのエンジニアたち

エンジン音

F1の甲高いエンジン音を「音楽」と思う人もいるものの、間近で働くクルーにとって音は切実な問題である。

音とそれに伴う振動の大きさが原因で、ピット内にある機材の一部がそれ用の対策を必要とする。振動が原因でラップトップのハードディスクが故障したり、壊れたりする例は一部に過ぎない。エンジンが回っている時、ガレージ内のクルーは、雑音消去技術を用いたヘッドセットを通して会話している。

KERS（運動エネルギー回生システム）

KERSは、2009年に使用されたものの、2010年にはその使用が全チームに見送られたため、RB6には搭載されなかった。しかし、2011年シーズンにそれが復活する事になったので、ここでそのシステムを簡単に紹介しよう。

KERSの基本は、制動時にバッテリーを充電するモーター・ジェネレータにある。制動時以外にKERSをモーターモードに切り替え、貯められたエネルギーを駆動系に戻し、最高速度や加速性能を稼ぐ手助けとして放出できる。2011年仕様のKERSはボタン一つで80馬力相当の力を駆動系に加えることができる。

KERSは、クランクシャフトの前側からギアで駆動される。エネルギーの放出は、FIA指定のECUでコントロールされる。2011年の場合、毎周のエネルギー放出は6秒に制限される。1周の間にエネルギーを一度に使い切るか、いくつかに分けて使うかはドライバーの判断に委ねられる。

KERSによるパワーアシスト効果は、1周のラップタイムに換算すると、0.3秒に相当する。状況が揃えば追い越し、あるいはレーススタート直後の第一コーナーまでの順位取りに役立てることができる。

高電流、高電圧を伴う高エネルギーシステムであるだけに、KERS搭載車による電気ショックには細心の注意が必要だ。

エンジン始動までの手順

F1エンジンではベアリングとボア・ピストン間のクリアランス（隙間）はとても狭く、エンジンが冷えた状態での始動は、回転部品にダメージが伴うため、始動前にエンジンを適温レンジまで徐々に温める必要がある。

ルノー製エンジンの推奨始動温度は70℃前後となる。始動前、予め暖められた冷却液をエンジンの冷却システムに循環させる別体の電動ポンプを利用してエンジンを温めて行く。ガレージ内での使い勝手を考えて、専用設計のこのポンプは、キャスター付きで、差し込みタイプのホースを用いてエンジンに繋がる。

予め暖められた冷却液でエンジン本体を温めると同時に、エンジンオイルも適温まで温める必要がある。エンジンオイルを適温にする工程は、エンジンの外で行われ、オイルを徐々に、まんべんなく温める専用のオイルウォーマーを用いる。オイルにホットスポットができないよう細心の注意が払われる。その理由は、オイルスポットによってオイルの成分が化学分解をおこした場合、エンジントラブルにつながることにある。適温になったエンジンオイルは温められたエンジンに注がれ、始動に向けた準備は終わる。

この事前暖機が行われる間、冷却温度とオイル温度は、それぞれのウォーマーとエンジンに付けられたセンサーで常に注意深くモニターされる。

エンジンが適温になったところでようやく始動に向けた本格的な手順に入ることができる。エンジンを始動する前、エンジンの回転部品にオイルをわたらせ、表面にオイル膜を形成させる必要がある。オイルをエンジン内に循環させるため、スターターを利用してエンジンを回転させていく。車と別体のスターターは、強力な電動スターターモーターと減速ギアボックス、そしてそれに電気エネルギーを供給する、台車に乗った大容量のバッテリーからなる。スターターの先端は長いシャフトがあり、それを車のギアボックスのインプットシャフトに差し込む。ギアがニュートラルになっている状態でスターターを作動させ、ギアボックスのインプットシャフトとその先にあるクラッチとエンジンのクランクシャフトに回転運動を与える。油圧が始動に必要な圧力に上がるまで、このようにしてクランクシャフトを（たいてい数秒）回転させる。この「油圧用空回し時間」は、エンジンが最後に回ってからの経過時間によって異なる。朝一番の場合、エンジン内部に残っているオイルは少なく、少し長めの空回し時間が必要となる。一方、走行からピットに戻ったばかりの場合は、適温のオイル膜が残っているため、その時間は短くできる。

油圧、油温、冷却液温度とエンジン本体の温度がそれぞれ、エンジン始動に必要な値に達して、初めてエンジンに火を入れることができる。

コックピット内のスイッチ類（117ページを参照）を使ってイグニッション系と燃料系の各システムをオンにし、スターターを利用してエンジンが始動するまでエンジンに回転を与える。エンジンに火が入ると、ルノーの担当エンジニアは、ラップトップコンピューターでエンジン関係のパラメーターをモニターしながら、始動後の暖機工程を行っていく。始動後の暖機中、車がガレージに収まっていれば、エンジンは完全にコンピューターでコントロールされ、スロットルの操作はラップトップで行われる。エンジンのアイドリングは、毎分3,000回転から4,000回転の間となる。暖機工程の間、エンジニアは、何度も回転を上げ下げしていく。それは、エンジンの暖機を早めるだけでなく、様々な決められた回転数での様々なパラメーター、とりわけ温度や圧力の値、を確認していくためである。

車が直ぐコースに出る予定が無ければ、エンジンが運転温度に達し、全てのシステムの作動が確認された時点で、エンジンは、オーバーヒートを防ぐためにも、すぐシャットダウンされる。各温度が下がらなければ、すぐさまエンジンに火を入れ直す事が出来る。各別体ウォーマーに頼らず、全ての温度を保つために、短い火入れを行う。

エンジンを止める直前、エンジン回転数を少し上げてからシャットダウンする。ルノー製エンジンの場合、回転数を7,000回転に上げ、それを10秒間保ってからエンジンを止める。スカベンジポンプでエンジン内のオイルを吸い出し、オイルをできるだけオイル・タンクに戻して正確にオイル量を確認したいからである。オイル・タンクには電子式オイルレベルセンサーが組み込まれており、タンク内のオイルレベルチェックに役立っている。

▼エンジン始動前：別体冷却液循環用ポンプに繋げられているRB6

トランスミッション
TRANSMISSION

▲トランスミッションは、ギアボックスのケーシングに収まる。そして、ギアボックス・ケーシングは、リア・サスペンションとリアウィングと合わせて、一つのアッセンブリー・ユニットを形成する。写真は、RB4用のアッセンブリー・ユニットである

▶トランスミッションの各部品のレイアウトを示す概略図
1 クラッチハウジング
2 ギアクラスター
3 クロスシャフト、減速ギア、ベベルギア
4 ディファレンシャル
5 ドライブシャフト
6 アップライト
7 油圧マニホールド

トランスミッションは、クラッチ、ギアボックス、ディファレンシャルとドライブシャフトからなる。トランスミッションには、巨大な機械的な力がかかる。パワーロスを最小限に抑えながら、700馬力を超えるエンジン出力と巨大なトルクを確実にリア・タイヤに伝える役目を担う。素早い、シームレスでシーケンシャルな変速を得るため、クラッチ、7速ギアボックスとディファレンシャルは全て、電気油圧制御である。

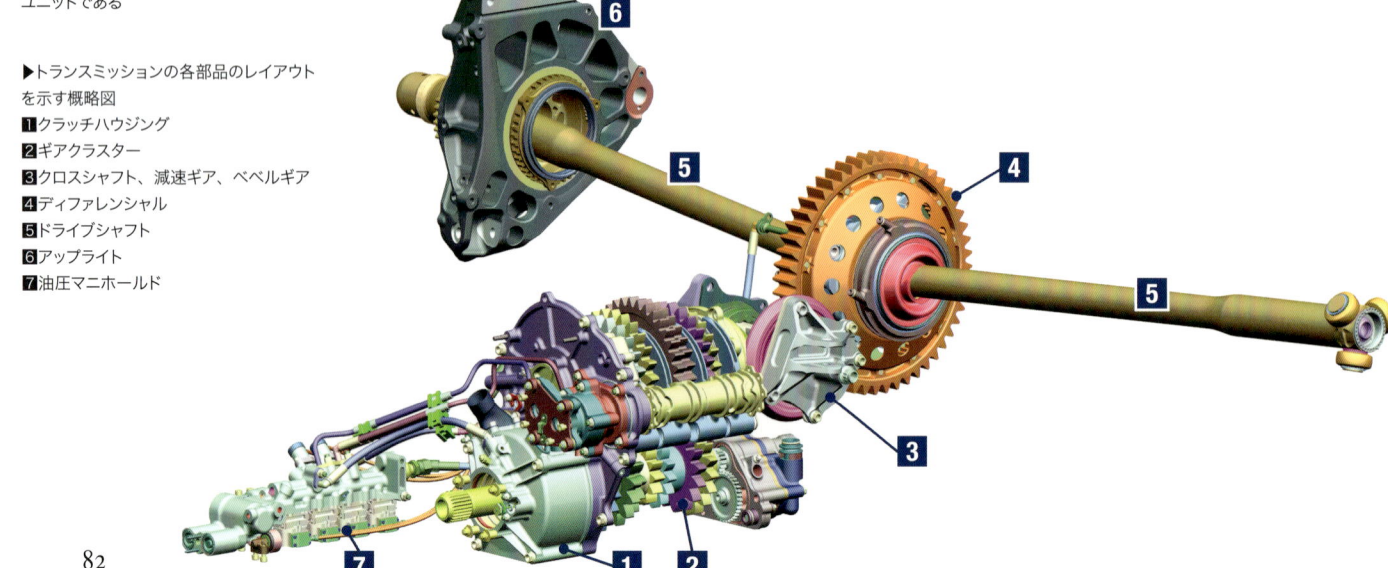

変速に要される時間は、およそ0.05秒。

ステアリングホイールに位置するパドルシフトのドライバー操作を受けて、クラッチとギア操作は、電子制御で行われる。変速時、ドライバーはクラッチを操作する必要もなく、フルスロットルのままでシフトアップしていく。

ギアボックスの後ろにマウントされるディファレンシャルは、ギアボックスのケーシングと一体型構造になっている。ドライブシャフトは、ディファレンシャルからの駆動力をリア・ホイールに伝達する。

クラッチ

多くの乗用車では、クラッチはエンジンのフライホイールに取り付けられている。それに対して、RB6ではギアボックスに取り付けられ、インプットシャフトの先に位置するハウジング内に収まる。そして、シャフトを通じてエンジンのクランクシャフトに繋がる。おかげで、ギアボックスとクラッチ一体をエンジンから切り離すことができる。クラッチ本体は、チタン製のハウジングに収まる複数のカーボン製プレートからなるマルチプレートタイプである。カーボン製クラッチプレートを選んだ理由は、カーボンの耐熱性にある。発生する温度は1,000℃を超える。マルチプレートにした理由は、クラッチの径をできるだけコンパクトにしながら放熱に必要な総面積を確保するためである。RB6で使用されているクラッチはAPレーシング製である。

クラッチはとても小さく、その直径はおよそ100mm。これは、エンジンとギアボックスのパッケージング、とりわけクランクシャフトのセンターラインの高さに大きな影響を及ぼす。クランクシャフト・センターライン高の最低値は、FIA規定で定められている（70～72ページの「エンジン規定」の部を参照）。だが、各チームは、定められた最低値に限りなく近いセンターライン高を狙う。なぜなら、センターライン高こそ、シャシーに対するエンジンとギアボックスの位置の高さを決めるからである。そしてこのエンジンとギアボックスの位置の高さが、車全体の重心高を決めるのだ。エンジンとギアボックスの搭載位置が低ければ低いほど、車の重心も低くなる。車の重心高をできるかぎり低く抑える、それが車の性能とセットアップのカギとなる。小径クラッチのもう一つのメリットは、低い慣性にある。優れたスロットル・レスポンスと共に、エンジンとトランスミッションにかかる機械的負担を低減してくれるからである。

クラッチは、慣性を減らすためできるだけ軽くなるよう設計されており、その重量はだいたい1.0kg～1.5kgである。

クラッチ操作は油圧式で、車のメインとなる油圧シ

◀クラッチは、トランスミッション用ケーシングの前に位置するハウジング（赤矢印）内に収まる

◀カーボン製のフリクション・プレートの間には、スチール・プレートが収まる。フリクション・マテリアル面積と放熱の拡大に貢献する

◀◀複数のカーボン製プレートからなるクラッチ・アッセンブリーは、とてもコンパクトである

▶停車状態から発進する時、ステアリングホイールの裏にある下側の左右パドル（赤い矢印）のどちらからもクラッチ操作を行うことができる

ステムから得た油圧を利用する。FIAの規定により、クラッチ操作は、自動（現状のF1ではローンチコントロールの使用は禁じられている）ではなく、ドライバーが行わなくてはならないと定められているが、ドライバーの操作するクラッチ操作系とクラッチ自体は、機械的に繋がっていないのが現状である。停車状態から発進する時、ドライバーはクラッチペダルではなく、ステアリングホイールにあるクラッチ操作レバーを操作する。レバー自体は、トランスミッションのコントロールユニットに電気信号を送る、電気スイッチのような役割を担うだけである。

素早い発進を成功させるには、クラッチを少し滑らす必要がある。トランスミッションを介してタイヤに伝わるエンジントルクを、できるだけならして伝えていき、ホイールスピンを適度にコントロールするのがポイントである。クラッチの操作レバーとクラッチ自体が機械的に繋がっていないため、通常のクラッチペダルにあるバイトポイントという「クラッチの繋がり」の感覚がレバーには無く、ドライバーはクラッチの繋がる瞬間を感じ取ることはできない。機械的に繋がっている通常のクラッチの場合、優れたドライバーはクラッチの繋がり始めるバイトポイントを正確に把握できる。そのため、自らのクラッチ操作で、最も速い発進加速を実現する最適なホイールスピンを誘発することができる。

発進時、最大のトラクションを実現する「クラッチの滑らせ量」は、タイヤのコンパウンド、そしてレース週末の間だけでなく、同じレース当日でも刻々と変わるタイヤの温度や路面のコンディションに左右される。この最適なクラッチ滑らせ量は、クラッチの「トルクセッティング」と言われ、ステアリングホイールにあるノブを介してドライバーの手で調整できるようになっている。可能なかぎり、ドライバーはスタート前の走行ラップでスタートの練習を行うようにしている。

クラッチを制御するソフトウェアと油圧システムは先進的であっても、最後はドライバーのレバー操作とスタート練習で得たデータの良し悪しにかかっている。もちろん、スタート練習時のコンディションと実際のレーススタートのコンディションは、必ずしもぴったり同じではないので、システムがいつでもベストの発進加速を保証するわけではない。スタート時に時々、車が失速したり、あるいは逆に無駄なホイールスピンをしたりする場面が見られるのは、そのためである。

車が動き出した時点から、変速時のクラッチと変速操作は、ステアリングホイールにあるパドルからギアボックスのコントロールユニットに送られる電気信号によって行われる。

ギアボックス

現代F1用ギアボックスの内部レイアウトと作動原理は、従来のギアボックスのそれとそう大きく変わらないものの、その制御のしかた、使われる材料や製造技術は、最先端のものである。シーケンシャル・ギアボックスの作動原理は、二輪車用ギアボックスのそれに近く、従来のフル・マニュアル・ギアボックスに比べて、飛躍的に速い変速を実現する。ギアボックスは、完全なフルオートの使用禁止を受けて、ドライバー操作を必要とする「セミオートマチック」となる。現在使われているギアボックスは、前進7速＋リバースのタイプである。変速は、アップ／ダウン共に一速一速シーケンシャルに行われ、ギアを飛ばすことはできない。

ギアボックスの役割は、エンジンの回転数をパワーバンド内の最適な回転数に保ち、最大の出力と加速力と共に、トランスミッションによる最小限のロスを実現させることにある。トランスミッション内のフリクション・ロスを最小限に抑えるべく、ギアボックスの各部品の設計と、トランスミッション用潤滑油の選択、に余念はない。

F1エンジンは、パワーバンドが比較的狭く、負荷がかかっている状態でも、最高回転数まで一気に回る性質を持つ。そのため、エンジン回転数を常にパワーバンド内に保つには、頻繁な変速が求められる。一周の間に行われる変速の回数は、サーキットによって大きく変わる。シーズンのなかで最も変速回数の多いモナコGPを例にとると、ドライバーは毎周50回変速を行っており、レース中の変速回数は延べ、4,000回にもなる計算である。

置かれている厳しい環境、かかる大きな負荷、とセレクター機構の運動部品の操作頻度を考えると、F1用ギアボックスの設計製造と信頼性には脱帽する。FIA規定により、同じギアボックスを複数レースで連続使用（2010年規定では4戦連続、2011年規定では5戦連続）が義務付けられていることを付け加えればなおのことである。ルールが守られるよう、ギアボック

▲ギアボックスは、リア・サスペンション、リアウィングとリア衝突吸収構造の各取り付け点を提供するケーシング内に収まる。写真は、RB4のものである

スはFIAによって不正開封を防止するシールで封印されている。

ギアボックス用ケーシング

　ギアボックスのケーシングは、非常に重要な部品である。ギアボックス内部の部品とディファレンシャルの収まるハウジングであると同時に、リア・サスペンション／リア衝撃吸収構造／リアウィングの取り付け点を提供する部品として、シャシーとエンジン同様、車体構造の一部になっている。それぞれ、リア・サスペンションと、リアウィングの空力的入力に耐えるべく、わずかなゆがみ・たわみでも許さない、強度・剛性の極めて高い構造でなくてはならない。

　ここ10年、これまで使われていた鋳造アルミ合金、チタン、あるいはマグネシウムに代わって、更なる剛性と軽量化、すなわちより良い重量バランスを可能とするカーボンファイバー製素材が主流になってきている。RB6は、カーボンファイバー製のケーシングを採用しているものの、F1の他の全てのチームも同様とは言い難い。カーボンファイバー製のケーシングが採用され始めた頃、耐熱性、取り付け点に必要な剛性の確保、潤滑油の漏れ対策等、問題は山積した。近年、デザインと製造技術の進歩により、これら問題の多くは克服されている。封印と複数レースでの連続使用を義務付ける規定の導入に伴い、カーボンファイバー製のケーシングは、メタル製のものに比べて耐久性と信頼性の両面で有利と認識され始めている。

　前述のように、空力性能は車のほぼ全ての設計を支配している。配置上、車の後ろ側に流れる空気に大きな影響を及ぼすギアボックスのケーシングも例外ではない。空力性能の最適化を目指し、寸法はできるかぎりコンパクトにしたいのだ。2009年用RB5では、ギアボックス・ケーシングの上面そのものが空力デバイスの役割を果たすようデザインされていた。ダブルディフューザー効果の最大化のため、RB6用に、専用のケーシングが新たに設計された。その結果、RB6用のケーシングは、他車より遥かに低くて小さいものとなった。

　ギアボックス・ケーシングの前面は、エンジンにボルト留めされている。ギアボックスのメインとなるケーシングは、スペンションのウィッシュボーンの前方取り付け点とロッカー／スプリング／ダンパー／アンチロールバーの各取り付け点を提供している。一方、リアの衝突吸収構造は、ウィッシュボーンの後方取り付け点、リアウィングのメインの支えと、ピットストップ時に使われる、車のジャッキアップ用「フック」の取り付け点を提供する。車の重量バランスを調整するため、必要に応じて、ギアボックスのケーシングにバラストを取り付ける場合もある。

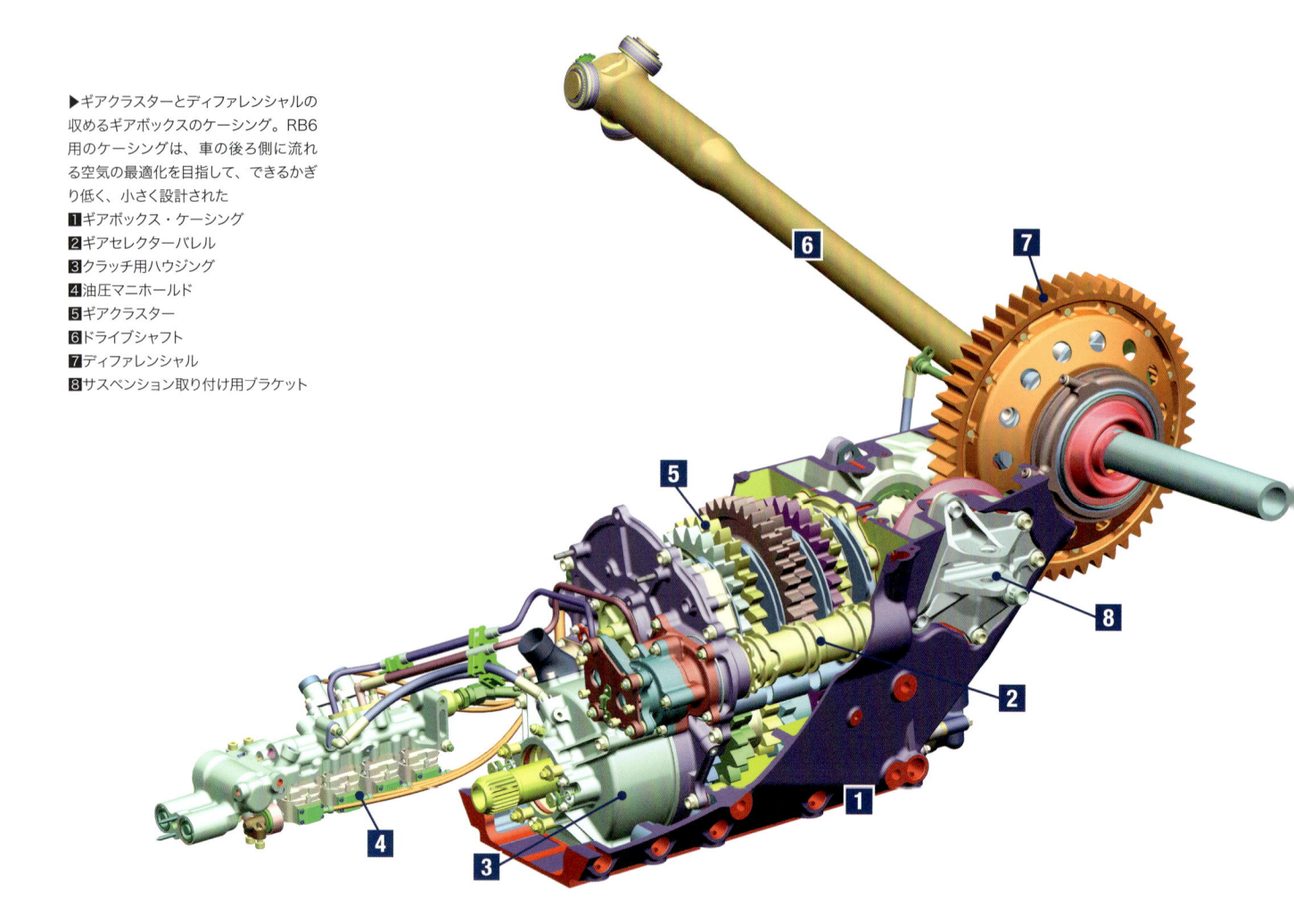

▶ギアクラスターとディファレンシャルの収めるギアボックスのケーシング。RB6用のケーシングは、車の後ろ側に流れる空気の最適化を目指して、できるかぎり低く、小さく設計された
1 ギアボックス・ケーシング
2 ギアセレクターバレル
3 クラッチ用ハウジング
4 油圧マニホールド
5 ギアクラスター
6 ドライブシャフト
7 ディファレンシャル
8 サスペンション取り付け用ブラケット

▶ギアボックス・ケーシングにあるサスペンション取り付け点：ウィッシュボーン型アーム類の取り付け点となるメタル製のブラケット。写真は、RB4用のもの

◀ギアクラスター：取り外し可能なカセットタイプ

▲ギアをリバースに入れられた状態：ソレノイド作動式アイドルギア（赤い矢印）がインプット側シャフトとアウトプット側シャフトの間に噛み合わされる

ギアクラスター

　ギアクラスターのレイアウトは、従来と同じ、ケーシングの縦方向を走る、インプット側シャフトとアウトプット側シャフトの、2シャフトタイプである。クラッチは、ギアボックスの前方側のインプット側シャフトの端に付く。駆動力は、アウトプット側シャフトの後方に位置するベベル（ピニオン）ギアから、アイドル・ベベルとクロスシャフト側減速ギア経由で、ディファレンシャルに伝わる。パワーロスの低減と共に強度と信頼性のため、ギアは全てストレートカットタイプである。乗用車用ギアボックスのほとんどは、音の低減を目的にヘリカルタイプのギアを採用。

　F1マシンのギアクラスターは、ギアレシオの変更を容易にするため、ディファレンシャルの後ろに長年位置していた。反面、重量バランスと空力の面で不利であった。現在、ギアクラスターをギアボックスの前側（エンジン側）に置くのが主流になっているため、ギアレシオの変更はギアボックスの取り外しを意味する。ギアクラスター（インプット側シャフト、アウトプット側シャフト共）は、取り外し可能なカセット内に収まり、車の後方から、ギアボックス／リア・サスペンション／リアウィングからなるアセンブリーが取り外された後に、取り外し可能となる。インプット側シャフト、アウトプット側シャフト共に、7つのギアを持ち（インプット側シャフトの一つのギアとアウトプット側シャフトのもう一つのギアからなる）、各ギアのペアは、求められるギアレシオに合わせて吟味される。FIAの規定により、シーズンを通して使用できるギアのペアは1台当たり30ペアに制限されており、シーズンの初レース前にその登録が義務付けられている。2010年用FIA規定では、ギアは全てスチール製で、1ペアの最低重量は600g、ギアの最低厚は12mmと定められている。

　FIAの規定により、全車リバースギアを持たなくてはならない。また、その操作はステアリングホイールにあるボタンを介して行われる。その仕組みは、インプット側シャフトとアウトプット側シャフトの間にアイドルギアを噛み合わせ、アウトプット側シャフトの回転方向を逆回転させる方法である。

　ギアレシオに関する詳細については、153ページを参照。

ギアセレクター機構

　ギアセレクター機構は油圧式である。油圧アクチュエーター自体は、ギアボックスを制御するシステムの指示に合わせて、電子で制御される。

　セレクター機構は、二輪車用ギアボックスのそれに類似する。アウトプット側シャフトの各ギアにセレクター・フォークが付き、選択されたギアをシャフトにロックする役割を果たす。アウトプット側シャフトのギアは全て、相手方となるインプット側シャフトのギアと常に噛み合っているコンスタントメッシュ式（常時噛み合い式）である。ロックされていないギアは、回転しているだけで駆動力を伝えない「アイドル」状態にある。

　セレクター機構は、セレクター・バレル、セレクター・フォークとセレクター・カラーからなる。セレクター・フォークに付いているペグは、セレクター・バレルの曲がり溝内でスライドする仕組みになっている。セレクター・バレルの回転に合わせてセレクター・フォークは動く。バレルの動きとその溝の形でセレクター・フォークの動きが決まる。セレクター・フォークは、アウトプット側シャフトと同軸で回転するカラーをアウトプット側シャフト軸の上でスライドさせる。

　ドライバーは、ステアリングホイールの裏にあるパドルを操作し、ギアをセレクトする。それを受けて、ギアボックスを制御するシステムは、クラッチを操作し、エンジンを制御するシステムに（アップシフトなのかダウンシフトなのかに合わせて）イグニッション・カット、あるいはスロットル・ブリップ（アクセルをあおる）指示を出し、インプット側シャフトとアウトプット側シャフトの回転速度をシンクロナイズする。そして、求められているギアをセレクトするため、セレクター・バレルを回転させる。油圧式アクチュエーターで回転するセレクター・バレルは、セレクター・フォークを誘導し、求められているギアをアウトプット側シャフトにロックする。セレクター・フォークの動きに合わせて、セレクター・カラーは、ギアのドッグに噛み合い、ギアをアウトプット側シャフトにロックし、ギアに入る。ドライバーがパドルを操作してからギアが入るまでの時間は、およそ0.05秒である。

　変速の速さと滑らかさは、ここ数年の間に飛躍的に良くなっている。マーク・ウェバーはこう説明する。「ドライバーにとって相当気になる点であり、ここ数年の間に変速制御の質は大きく進歩している。一昔前までドライバー自らが、ヒール・アンド・トウでエンジンとギアボックスの回転を合わせていた。それが今ではダウンシフト・レバーを引くだけ。ダウンシフトを連

▼ギアセレクター用バレル（1）を回転させ、セレクターフォーク（2）を動かし、アウトプット側シャフトに選択されたギアを噛み合わせる

続して要求しても、ソフトウェアとマッピングの指示する操作であるため大きなショックも無い。ダウンシフトもアップシフトも実に滑らかである。F1を運転する人ならだれでもギアボックスの扱いやすさに驚くに違いない」。

ギアの選択はセレクター・バレルで行われているため、ギアを「何段跳び」することはできない。加速時でも減速時でも、ギアボックスがギアを「シーケンシャル」式に必ず一つ一つセレクトして行く理由はそこにある。だが、変速の速さもあり、問題にはならない。

ピットレーン内で車を動かすには、ギアをニュートラルに入れる必要がある。ニュートラル・ボタンを押すと、ギアボックスを制御するシステムは、セレクター・バレルを回転させ、全てのギアがアイドル状態になる位置にセレクター・フォークを動かす。

ギアボックスの潤滑

ギアボックスの潤滑は、ギアボックスが直接機械的に駆動する高圧オイルポンプによる、強制潤滑方式を採用している。システムは、いわゆる「ドライサンプ」方式で、排油ポンプを用いて、ギアボックス・ケーシング内のオイルを吸い上げ、サイドポッドに収まるオイル・クーラーを経由してからギアボックス内を再び循環する。ギアボックスの潤滑に使われる潤滑油の油量は、およそ3.5リットルである。ギアボックスとその潤滑システムを設計する上で、パワーロスや部品の摩耗につながるフリクション（摩擦）の徹底的な最小化に余念はない。

ギアボックスの制御システム

ギアボックスを制御するシステムは、車の最も重要なシステムの一つである。システムの故障、または停止は、一瞬にしてギアボックスの破壊と車の停止を意味するからだ。制御システムは、ステアリングホイールにある変速用パドルとニュートラル・ボタンから指示を受けて、クラッチとセレクター・バレルを操作する。と同時に、エンジンを制御するシステムに、イグニッションタイミング、あるいはスロットルのカット／調整を指示し、ギアボックス内のインプット側シャフトとアウトプット側シャフトの回転をシンクロナイズさせ、確実な変速を実現させる。インプト側シャフトとアウトプット側シャフトの回転速度を感知する各センサーをはじめ、様々なセンサーが、制御システムのこの仕事を可能にしている。

コースマーシャルがギアをニュートラルに入れられるよう、シャシーの左側上部に「ニュートラル・ボタン」が設けられている。車がコース上で停止した場合、エンジンをかけ直すことなく、車を安全な場所まで押せるためである。このニュートラル・ボタンは、油圧系統・電気系統が故障しても作動する。

ディファレンシャル

コーナーを曲がる時、駆動輪（リア側）の回転速度は、コーナーの内側と外側で異なる。描く軌跡の違いから、コーナーの外側にある車輪は、内側車輪より走る距離が長く、内側車輪より速く回転する必要がある。そのため、F1マシンにはディファレンシャルを欠かすことはできない。ディファレンシャルを搭載しない場合、リア駆動輪の回転速度は同じになり、大きなハンドリングのアンバランスが生じ、厳しいタイヤの摩耗も招く。

通常（オープン、あるいはノン・リミテッド・スリップ＝スリップ制限なし）のディファレンシャルは、常に同じトルクを左右輪に伝達する。それに対して、リミテッド・スリップ・ディファレンシャル（LSD）は、左右輪に違うトルクを伝達できるため、コーナリング中、左右の各車輪に最適のトラクションをもたらすことができる。F1マシンは、遊星歯車（プラネタリー・ギア）を用いた超高性能ディファレンシャルを採用する。油圧式クラッチで左右ドライブシャフトの回転を制御し、ディファレンシャルを自在にロックしたり、スリップさせたりすることができる。コーナリングの入り口／旋回中／出口等、各状況に合わせて左右車輪に伝わるトルクをコントロールできる。このように、コーナリング中の各状況に合わせて車の挙動をコント

▲コースマーシャルがギアをニュートラルに入れられるよう、コックピット前方のシャシー上部に「ニュートラル・ボタン」（赤い矢印）が設けられている

▲代表的なディファレンシャル・ユニット。ケーシングの穴の間からプラネタリー・ギアが見える。後ろに伸びるパイプは、油圧用である

▼両端にトライポッドジョイントが付いた、ドライブシャフトのフル・アッセンブリー

◀トライポッドジョイント：乗用車で使われるものと同じ働きをするものの、かかる負担は遥かに高い

ロールできることから、旋回時の大きな助けとなる。

　左右輪のトルクの差を利用して、より曲がっていく方向に生かしたり、急加速時のトラクションに生かしたりすることができる。

　油圧制御システムで、あらゆるタイプの機械式ディファレンシャルの特性を同時に持たせることができる。機械式ディファレンシャルは、トルク反応型とスピード反応型（左右輪の回転スピード差に反応するタイプ）があり、油圧式ディファレンシャルで両タイプの特性を再現できる。車の挙動にある程度の影響を及ぼすには、ディファレンシャル側で比較的大きな補正が必要となる。ディファレンシャルの影響は、車のリア側車軸に留まる、リア車軸のセンターラインを軸に車を回転させようとするからである。

　ディファレンシャルのコントロールは、ステアリングホイールにある操作装置から行う。ドライバーの指示は、操作装置からディファレンシャル制御ソフトウェア経由で油圧アクチュエーターに伝達される。ムーグ社製サーボバルブ（ムーグ社製バルブについては、106ページの「ムーグ社製サーボバルブ」の部を参照）によって動く油圧アクチュエーターは、ディファレンシャルのロック状態を調整する。レース中、燃料搭載量が減り、車が軽くなっていくに合わせたり、タイヤの摩耗に対処したりするため、ドライバーは、ディファレンシャルの調整で車のバランスを変えることができる。ディファレンシャルの制御はまた、コースのある特定の部分における車のバランス調整にも使うことができる。

ドライブシャフト

　レーススタート時、あるいはレース中の高い回転トルクを受け止めるべく、ドライブシャフトはとても丈夫でなくてはならない。F1の歴史の中で、ドライブシャフト破損によるリタイアは数知れず。だが、今となっては稀である。RB6用のドライブシャフトは中空タイプである。内側／外側の各端にはディファレンシャル側とリア車軸側に繋がるトライポッドジョイントが付く。

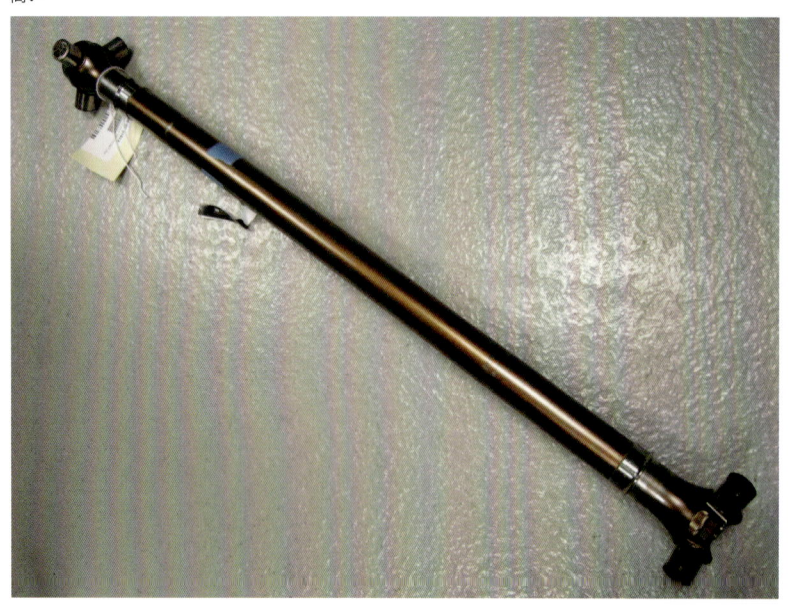

▲RB6用のホイールはOZレーシング製

ホイール
WHEELS

　言うまでもなく、ホイールは重要な役割を果たす。その設計にあたっていくつかの重要な要件・パラメーターを考慮する必要がある。
- タイヤの取り付けに必要充分なシール面
- 車のばね下重量を抑えるべく、できるだけ軽量であることの重要性
- ブレーキの高い熱を充分に放熱できる。また、ブレーキ冷却用の空気流を充分に提供できる
- 空気抵抗と車の周りの空気の乱れを最小限に抑える

　ホイールの寸法はFIAに規定されているものの、そのデザインは自由である。スポークの数、スポーク間の間隔等は、車の要件に合わせてデザインできる。
　ホイールの重量は、2kg以下である。リムよりもタイヤの方が重い。

タイヤの取り付け

　レース週末の間、チームはタイヤメーカーにリムを複数セット預け、タイヤを組んでもらう。
　タイヤとリムのシーリングをよくする特殊なペーストが使われる。市販車同様、タイヤ取り付け後、ホイールとタイヤの綿密なバランス取りが行われる。その過程で、必要に応じて、適切な重さの小さなウェイトがリム裏の適切な個所に張り付けられていく。
　リムにタイヤを組み、適切な空気圧の状態でタイヤメーカーからチームに戻される。

ホイール止め安全装置

　ホイールの裏側には、車軸に設けられた穴に収まるツメが付けられている。ホイールが車軸の上でスリップしないためである。ホイール自体は、一つのねじ山

91

▶ホイールの裏側：車軸に設けられた穴に収まるペグ（ツメ）、車軸の上での空転を防いでくれる

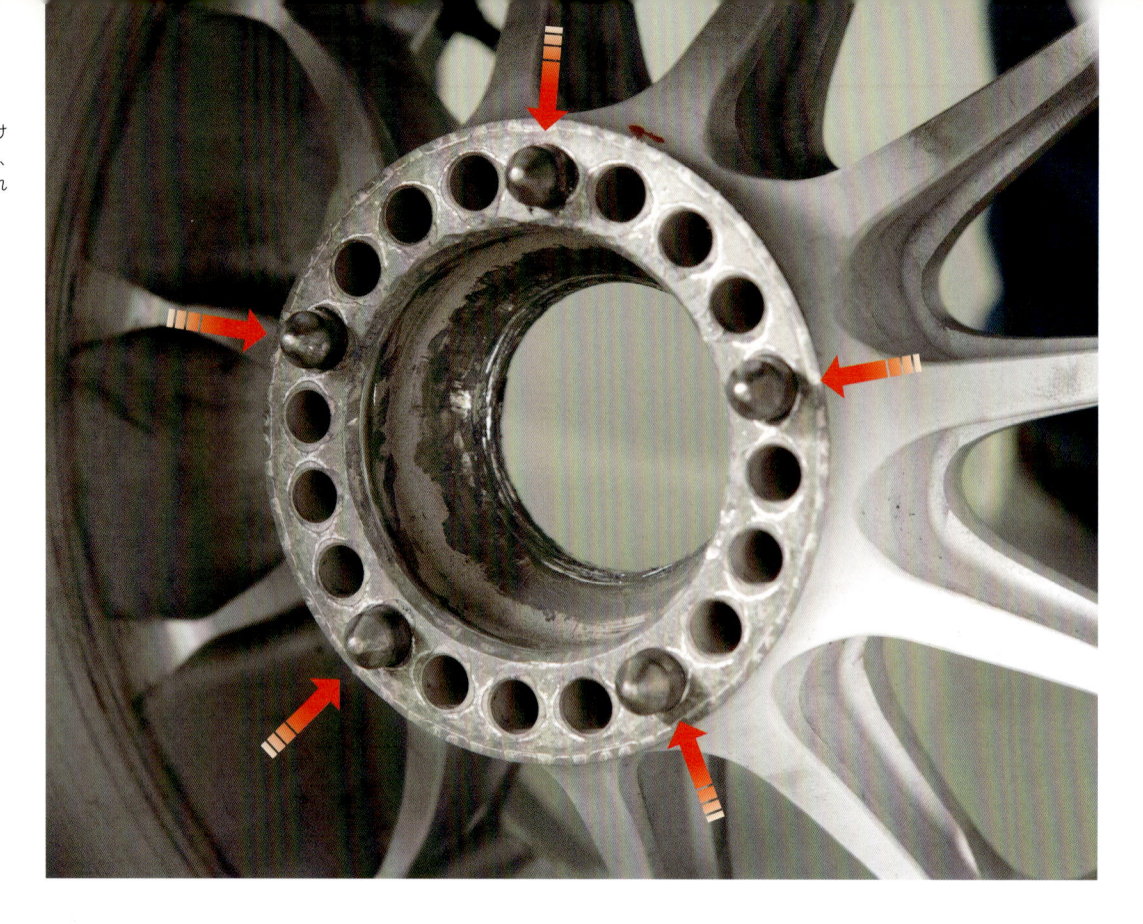

付きナットで車軸に取り付けられる。

　ホイールが車の左右のどの側に取り付けられるかによって、左回転と右回転用の二種類のホイール・ナットが用意される。ホイールの回転によるナットの緩みを防ぐためである。ホイール・ナットの締め付けトルクは正確に決められており、ホイール・ガンの締め付けトルクもそれに合わせてあらかじめ設定される。ナットの締め付けトルクが高すぎると、ピットストップ時の取り外しがし難くなる。締め付けトルクが不足している場合、ホイールが外れる危険性をはらむ。

　各ナットは、車軸側のねじ山付きボスにねじ込まれる。車軸側には、横に伸びる二つのばね荷重タイプのラグが設けられている。ナットが締められていく間は車軸側に収まる。ナットが最後まで締められ、ホイール・ガンが抜かれると外に飛び出し、ナットが緩んでも車軸から外れないようにする。ホイールを外す時、ホイール・ガンのソケットがラグを車軸側に押し戻すため、ナットを外すことができるのだ。

▶ホイール止め用ナット：車軸のねじ山にねじ込まれる。締め付けトルクは精確に決められている

▶▶ホイール・ガンのソケット上ラグ：ホイール・ナットの凹み部分にはまる

タイヤ
TYRES

　F1用タイヤは、車にかかる全ての空力的・機械的負荷を受け止める必要がある。ブレーキ時には縦方向に5G、コーナリング時には横方向に4G、最高速度領域では1tを超えるダウンフォース等、F1用タイヤにかかる様々な力は巨大である。

　2008年末まで、コーナリング速度の低減と追い越し機会の拡大、安全の向上を目的に、4つの溝が掘られた溝付きドライタイヤが使用されていた。だが、2009年シーズンからは、スリックタイヤが復活し、一段と高いグリップをもたらした。

　市販車用タイヤに比べて、F1のタイヤはわずかな走行距離しか走る必要がない。レース距離はおよそ300km（190マイル）であり、FIA規定で最低1回のタイヤ交換が義務付けられている。そのため、同じタイヤが200km（125マイル）以上を走ることは稀である。タイヤが摩耗する過程で、トレッドのゴムは、小さなビーズの形ではがれていく。それがレースラインの外側にタイヤかすとしてたまり、レースライン上以外の路面を滑りやすくしている。

　F1用タイヤは、一つのメーカーから全チームに提供され、タイプごとに全く同じスペックのトレッドパターンとゴムコンパウンドを用いる、いわゆるコントロールタイヤとなっている。2010年シーズンのタイヤはブリヂストン製であったが、2011年にはサプライヤーが代わり、ピレリ製となった。

　タイヤは巨大な力に耐えながら、可能なかぎり高いグリップ性能と軽さを目標に開発される。

　タイヤの働きはとても重要である。車の性能は、タイヤの性能をいかに引き出せるかにかかっているのだ。タイヤと路面の接地面積が一番大きく、タイヤの温度もベストの条件が揃ってこそ、タイヤの持つ最大のグリップ力を引き出せるのである。車の性能を決定づける最重要パラメーターの一つにタイヤの温度があげられる。最終的には、タイヤの摩耗とのバランス取りになるものの、タイヤを最適な温度で働かせるセットアップを求めてエンジニアは日夜奮闘し続ける。タイヤの比較的小さい変化でも、タイヤの性能と摩耗に大きな影響を及ぼすこともある。

▲タイヤは、車の性能を左右する決定的な要素である。タイヤがベストの形で機能できるように車はセットアップされる

タイヤに関する規定

2010年用FIA規定では、一つのレース週末の間に、各ドライバーが使用できるドライ用タイヤは11セット、その内6セットは「プライム」タイヤ、5セットは「オプション」タイヤに制限される。ここで言う「プライム」タイヤは、ハード側（硬い方）のコンパウンド（ゴム質）、「オプション」タイヤは、ソフト側（柔らかい方）のコンパウンド（ゴム質）となる。その使い方は以下の通りに定められている。

■金曜日のP1とP2の練習走行用にドライ用を3セット（プライムタイヤ2セット、オプションタイヤ1セット）使用することができる。P2前までに、プライムタイヤを1セット、タイヤサプライヤーに戻さなくてはならない。P3前までに、更にプライムタイヤを1セット、オプションタイヤを1セット、タイヤサプライヤーに戻さなくてはならない。

■レースイベントの残りでドライ用を8セット（プライムタイヤを4セット、オプションタイヤを4セット）使用することができる。最初の予選のQ1前までに、各仕様（プライムタイヤとオプションタイヤ）のタイヤを各1セット、タイヤサプライヤーに戻さなくてはならず、二度と使用はできない。

■Q1のスタート前にインターミディエートタイヤとエクストリーム・ウェットタイヤの使用が解禁されるには、レース・ディレクターによる、路面の「ウェット」宣言が必要となる。宣言後、インターミディエートタイヤ、ドライタイヤとウェットタイヤを残りの予選で使うことが可能になる。

■最後のQ3予選に参加した車は全車、グリッド順を決めた時のタイヤでレーススタートに臨まなくてはならない。このルールは、グリッド順を決めた時のタイヤがドライ用であり、レーススタートに臨むタイヤもドライ用である時に限る。

■レース中、各ドライバーは、ドライ用タイヤの各仕様（プライムタイヤとオプションタイヤ）をそれぞれ1セット使う義務がある。ただし、レース中にインターミディエートタイヤ、あるいはウェットタイヤを使用した場合は、その限りではない。

タイヤの構造

タイヤは、ラジアル構造である。それ以上の詳細は、企業秘密として、公表されない。タイヤは、軽さと強さを念頭に設計される。

耐久性、信頼性が求められる市販車用のタイヤは、スチール製のベルトを使用するカーカスを採用している。一方、F1用タイヤは、巨大な縦・横・前後方向の負荷に絶えるべく、軽量なナイロンとポリエステルを複雑に織ったカーカスを使用している。F1マシンが走るサーキットの路面は、比較的スムーズであるが、コース脇の縁石を乗り越える時の衝撃に耐えなくてはならない。モナコのような市街地サーキットでは、マンホールの上を走る衝撃等にも耐える必要がある。

タイヤのグリップは、粘着性と接地性から得られている。

粘着性は、タイヤの表面と路面の間に起きる一種の化学的相互作用の結果、タイヤを路面に吸い付かせる現象をいう。この粘着性を大きく変えるのは、レース週末の間、路面上に蓄積される（か、されないかの）ラバーの層である。レース週末が進行するにつれ蓄積するラバー層の効果でタイヤのグリップ力が増していく。ウォームアップラップのスタート時、自分のグリッド位置からホイールスピンをしながら発進するドライバーが見られるのは、そのためである。レースのスタートに向けて自分のグリッド位置に戻ったドライバーは、ホイールスピンでついたラバー層の位置に合わせて車のリア・タイヤを停め、高まった粘着性を利用して良いスタートを狙うのだ。

F1で言うタイヤの接地性だが、正確には、タイヤ自体の接地性よりもタイヤのトレッドコンパウンドの接地性と言うべきである。路面の凹凸の上を走るタイヤは、変形後もとの形に戻る。変形と元の形に戻るに要される時間には、タイヤの構造、内圧（空気圧）とトレッドのゴムのコンパウンド全てが関与する。

タイヤが路面の凹凸の上を走る時、トレッドのコンパウンドは、路面との接地面積を最大にするため変形する。路面との接地面積が増えれば、グリップ力も増える。その一方、タイヤの変形は、摩擦の増加等によるエネルギーのロスも意味するため、どこでバランスを取るかが重要になる。トレッドコンパウンドの「硬さ」は、その変形量に直結する。そのため、開発者の目標の一つは、早く変形した後、ゆっくり元の形に戻るタイヤ作りである。路面と接地する面積を増やし、それをより長く保つことでグリップ力をより長く維持して行く考えである。

タイヤトレッドの内側には、タイヤに必要な剛性を提供するプライ（ベルト）が重なっている。トレッドコンパウンド自体には多くの研究開発が注がれる。主となる化学成分は、カーボン、オイルと硫黄である。これら主要成分の割合と、一緒に使われるその他の成分の種類を変えることで違うコンパウンドが生まれるのだ。一般的に、オイルの比率が増えれば増えるほど、コンパウンドが柔らかくなる。

タイヤのカーカスを構成するプライの置き方・角度に合わせてタイヤは、「プライステア」と言われる特性を見せる。タイヤがロールするのに伴い、プライ毎にその角度に合わせて、力が働く。タイヤの作りによって、タイヤ自体を車側、あるいはその反対側に押す効果が生まれる。スリックタイヤも含めて、タイヤが車の左側用、右側用にマーキングされるのは、そのためである。

トレッドパターンとトレッドコンパウンド

　2010年に用意されたトレッドコンパウンドは、4種類（スーパーソフト、ソフト、ミディアム、ハード）であった。グリップ力、耐熱性、耐摩耗性と最適使用温度領域は、コンパウンドごとに異なり、ソフト側の両コンパウンドは、ハード側の両コンパウンドに比べて性能を発揮する温度領域は低く設定されている。

　天候に合わせて3種類のトレッドパターンが用意される。スリック（ドライ用）、インターミディエート（濡れた路面、或は小雨用）、エクストリーム・ウェット（大雨、大きな水たまり状態用）。スリックは、ドライ路面用であり、トレッドパターンが無い。インターミディエートはトレッド全体に浅い溝が掘られている。エクストリーム・ウェットには、深い溝が掘られている。水たまりを排水し、タイヤと路面の間に水膜ができないようにするためである。

　各レース週末に合わせて、タイヤメーカーは、4種類（スーパーソフト、ソフト、ミディアム、ハード）のコンパウンドから2種類を選び、全チームに提供する。暑い気候のサーキットでは、ミディアムとハードのコンパウンド、寒い気候のサーキットでは、スーパーソフトとソフトのコンパウンドが選ばれる傾向にある。レースの間に両コンパウンドの使用が義務付けているため、最低でも一度のタイヤ交換が必要となる。

タイヤの温度と内圧

　タイヤが性能をフルに発揮できるかは、タイヤの温度と内圧にかかっている。タイヤの温度が、比較的狭い指定幅の領域内にないと、タイヤは性能をフルに発揮できない。レーススタート時、タイヤ交換直後、あるいはセーフティー・カーの後ろで走っている時、タイヤの温度は、ベストの温度領域以下に下がることが多い。下がったグリップ力を受けて、車のハンドリングは悪化する。タイヤの温度が再び適温領域に戻るまで、ドライバーは慎重に運転しなくてはならない。マーク・ウェバーの説明によると、「セーフティー・カーが走るペースは比較的遅く、F1マシンにとっては良くない。エンジンの温度が上昇する一方、車の他の部分、とりわけブレーキとタイヤは逆に冷える。性能面でドライバーにとって大きな問題である。タイヤの内圧も下がり始める。その結果、路面の凹凸に対する車の反応も硬くなる。低速で走ることにより、様々な問題が出始める。空力的には大きな差はないが、冷えたタイヤでは、車の挙動が読み難くなる」。

　ガレージ内、あるいはピットレーン内では、タイヤの温度を適温領域内に保つタイヤウォーマーが使われる。タイヤウォーマーはできるかぎり最後まで付けられ、車がコースに戻る直前まで外されない。スタート前のウォームアップラップ、あるいは再スタート直前

▼インターミディエートタイヤ：濡れた路面、あるいは小雨の中で使われる

のセーフティー・カーの後ろで、車を左右に大きく振るドライバーの姿が見られる。

タイヤの温度を上昇させるためである。タイヤの温度が下がると、タイヤの内圧も下がってしまうからだ。

空気密度は温度と共に変化するし、タイヤの温度変化は大きな内圧変化をもたらすこともある。タイヤの内圧変化を抑える目的で、2010年にブリヂストン社は、乾燥した空気でタイヤを充填するようになった。

わずかなタイヤ内圧変化（たった0.2バール、すなわち2〜3psi）でも、ハンドリングへの影響は大きい。F1マシンのタイヤ内圧はおよそ1.1バール（16psi）である。それは、乗用車のタイヤ内圧の半分相当である。

テスト、レースやシミュレーションで得たデータの解析から、車が実際に走り出す前から特定のサーキットでのタイヤ性能と摩耗が予測できる。タイヤメーカーからのデータと合わせて、レース週末に向けた車のベースとなるセットアップが決められていく。

走行中のタイヤデータを得るため、温度センサーと内圧センサーが搭載される。各ホイールのバルブの裏側にワイヤレス式内圧センサーが付く。温度センサーは、タイヤの表面温度を測定する。フロント側の温度センサーは、バックミラーのハウジング内に収まる。リア側の温度センサーは、リアフロア上面に位置する。センサーから、チームのエンジニア達にデータが発信される。タイヤ性能のフォローを可能にすると同時、何らかの問題が発生した時、ドライバーへの素早い報告・警告発信が可能である。タイヤの温度センサーには、69ページで紹介したブレーキのそれと同じ、赤外線センサーが使われている。

タイヤの性能を最大限引き出す車のセットアップ方法については146〜155ページを参照。

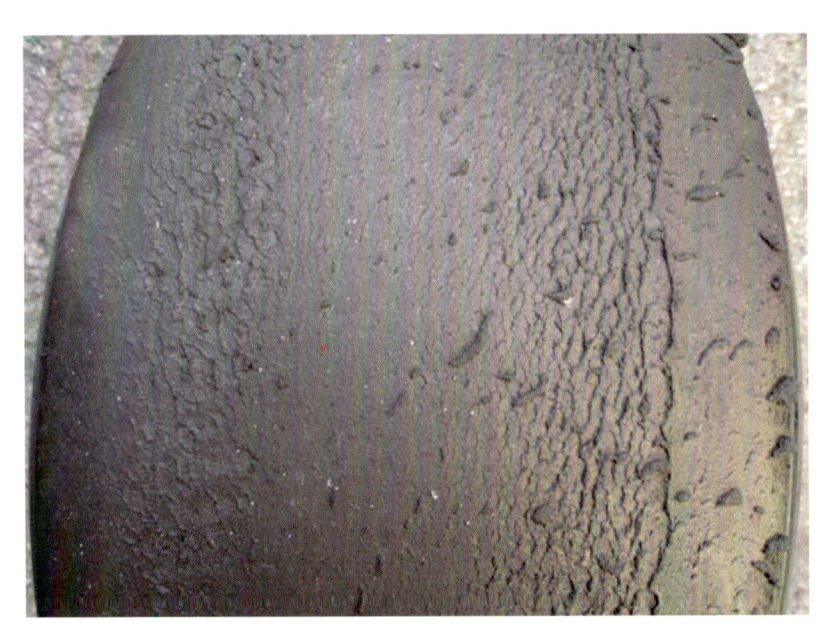

▲タイヤの温度が適温領域まで達するのに必要な時間を短縮するため、タイヤはあらかじめ電熱式タイヤウォーマーで暖められる

▶横方向にグレイニング現象を起しているタイヤ。コーナリング中の高い横方向の力に負けてコンパウンドの表面が横に波状に寄せられている

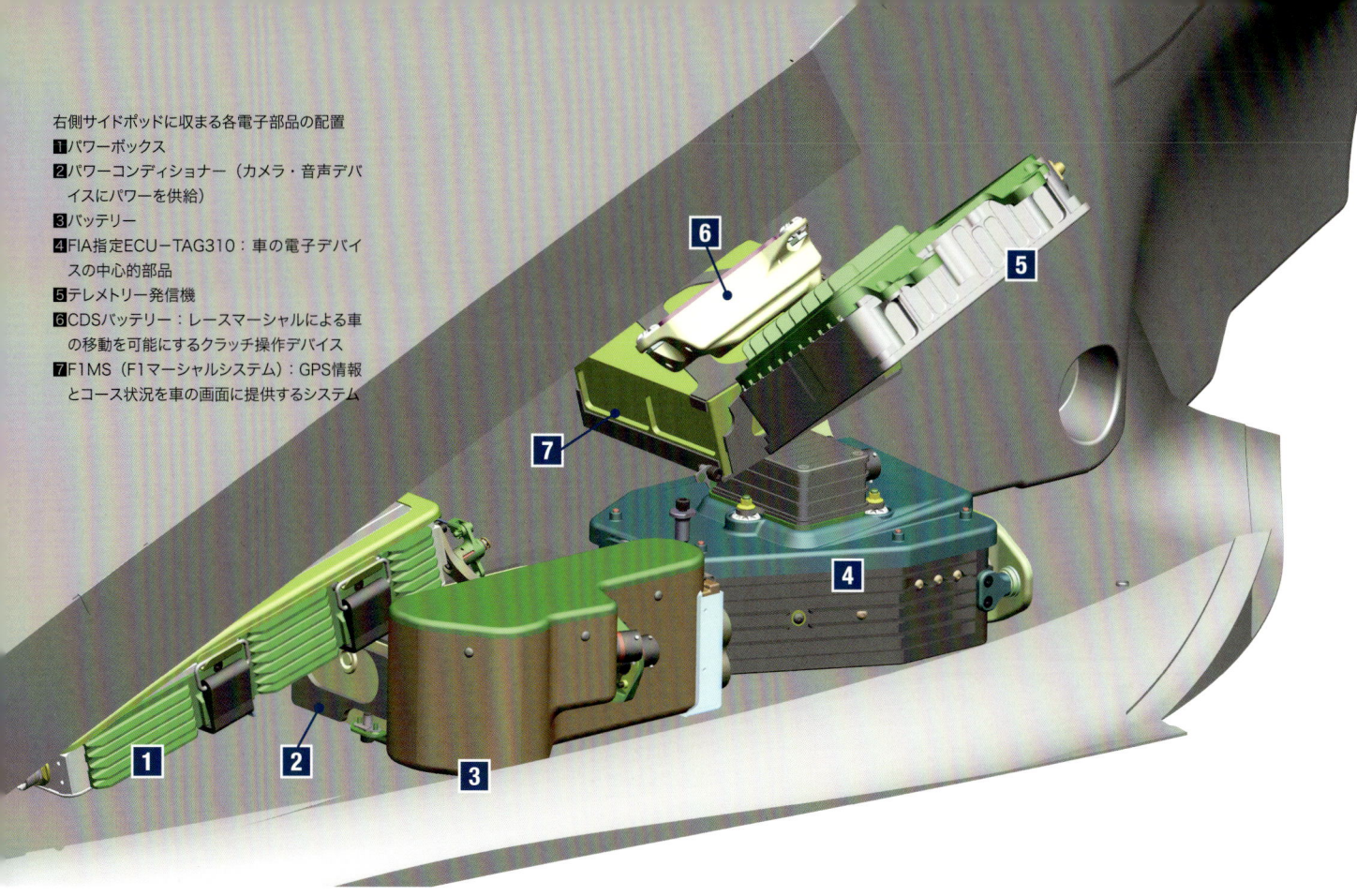

右側サイドポッドに収まる各電子部品の配置
1. パワーボックス
2. パワーコンディショナー（カメラ・音声デバイスにパワーを供給）
3. バッテリー
4. FIA指定ECU－TAG310：車の電子デバイスの中心的部品
5. テレメトリー発信機
6. CDSバッテリー：レースマーシャルによる車の移動を可能にするクラッチ操作デバイス
7. F1MS（F1マーシャルシステム）：GPS情報とコース状況を車の画面に提供するシステム

電子機器
ELECTRONICS

　電子機器は現代F1の命綱であり、電子機器無くしては、現代F1マシンを走らせることができない。電子機器は、何らかの形でほぼ全てのシステムに関わる。

　テレメトリーは、車からピットに向かう一方向のみが認可されている。ピットから車に向かうテレメトリーは禁じられている。よって、車載システム、あるいは車のセットアップの遠距離操作・調整はできない。

　電子機器、とりわけドライバーを支援するシステムに関するFIAの規制は厳しい。アンチロックブレーキ（ABS）とトラクションコントロールの使用は禁じられている。その規制を守らせるため、FIAは車に搭載されている電子機器・電子制御システムの全ての部品とソフトウェアにアクセスし、規定の目的だけでなく、その精神に反する「秘密裏のシステム」が含まれていないかをチェックすることができる。規定の文言ははっきりしている。ワイヤーに繋がる全てのもの（ECU、センサー、アクチュエーター等）は、FIAによる事前の確認と認可無くしては使用できないと明記している。これにより、FIAはデバイス・システム一つ一つの使用目的を全て把握している。

　車載の電気系統は12Vの電圧を持つ。RB6の電流は30〜40Aであり、充実した装備を誇るファミリーカーと変わらない。

▼車とガレージ内の電子機器を繋ぐ「へその緒」：写真左側に見える、車とその真上の「空飛ぶ円盤」型ガントリーを繋げる、ケーブルがそれである

▲様々な種類の電動スターターモーターが使われているが、皆、電動モーター、長いドライブシャフトとハンドル（写真の場合、一つの縦方向のグリップハンドルのみ）からなる

「へその緒」

ピット内ガレージ、ピットレーン、或はグリッド上の車は、「へその緒」の役割を果たすケーブルに繋がっている。車の右側サイドポッド内にあるコネクターと繋がるこのケーブルは、車載バッテリーに代わって車の各システムに電気を供給すると同時に、データのダウンロードと各システムの監視をも可能とする。車がガレージ内に収まっている時、「へその緒」は、車の真上にある「空飛ぶ円盤」型ガントリーに差し込まれる。

エンジンスターター

市販車にあってF1マシンに無い部品がある。それは、エンジンスターターである。エンジンを始動するには、別体の電動スターターを利用する。スターターは、車載の電気系統に含まれないものの、その操作方法をここで紹介しよう。

スターターは、高トルク型電動モーター、減速ギアボックスと長いドライブシャフトからなる。長いドライブシャフトは、ディフューザーを超えてトランスミッションの後ろに位置するシャフトに差し込まれる。スターターと大型で驚くほど重い24Vのバッテリーを繋げるのは、これまた太いケーブルである。バッテリーは、台車に搭載されているため、移動は思いのほか楽である。

スターターとバッテリーの高いスペックは、2.4リッターのV型8気筒エンジンを始動させるのに必要な巨大トルクと高い回転数に起因する。一般的な車のエンジンは、毎分1,000回転で回せばかかるようになっている。それに対して、F1用エンジンのアイドリングは最低でも2,500回転であり、エンジンを始動するために必要な回転数もそれに合わせて高いのだ。エンジンを始動させる役目は、ピットレーンの仕事の中で決して楽しい方の仕事とは言えない。暴れ回るスターターを力づくで抑えなくてはならない。しかも、トランスミッション側に差し込んでの話である。エンジンがかかった瞬間、ディフューザー経由で勢いよく流れてくる高温（およそ900℃）の排気ガスから逃げるように身を守らなくてはならないからだ！

バッテリーとオルタネーター

車の電気系統は、普通の市販車同様、12Vのバッテリーとオルタネーターから電力を得ている。市販車とF1での違いは、その部品のサイズと重量の差にある。市販車のバッテリーといえば、それなりに大きく、持ち上げるにも力を要する。それに対してRB6用リチウムバッテリーは、携帯型ビデオカメラのそれとたいして変わらない、手の平に簡単に収まるサイズだ。その搭載場所は、右側サイドポッドである。

オルタネーターは、エンジンのクランクシャフトの前側からギアでエンジン回転数の半分のスピードで駆

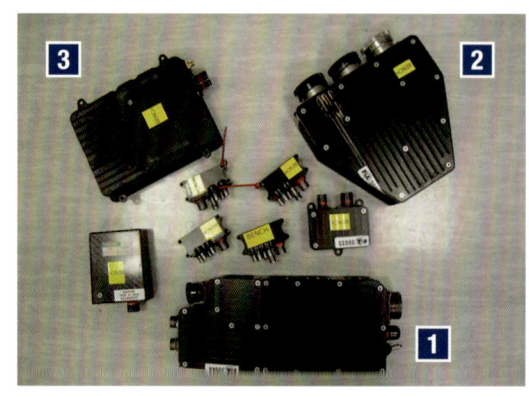

▶バッテリー（赤い矢印）は右側サイドポッドに収まる

▶超小型リチウムバッテリー：携帯型ビデオカメラのバッテリーよりわずかに大きい程度

▶▶車の主要電機装置
1 パワーボックス
2 FIA指定ECU
3 テレメトリー発信機

動される。軽量化とエンジン周りのパッケージングのため、オルタネーターもやはりとても小さくて軽くできている。

FIA指定ECU

FIAの規定には、「エンジン、ギアボックス、クラッチ、ディファレンシャル、KERS（2010年は使用されず）の全ての部品、更に全ての関連アクチュエーターの制御は、FIA指定のスペックに合わせて、FIA指定のサプライヤーで作られたECU（電子制御装置）を使用しなくてはならない。」とある。全てのチームに提供されている指定ECUは、現行の指定サプライヤーである、マクラーレン・エレクトロニック・システムズ社製である。

全チームとも、全く共通のECUとそれと一緒に提供されているソフトウェアで、車の全てのシステムを制御しなくてはならない。だが、独自のデータを利用してソフトウェアのアップグレードは可能である。チームのソフトウェア担当エンジニアたちが、禁止されているトラクションコントロールのような機能を秘密裏に設け、裏コードで制御できないよう、ソフトウェアに保護機能が設けられている。チームのデータロギング情報は全て、標準書式でECU内に記憶される。FIAはいつでもその情報を見ることができるようになっている。

オルタネーターとバッテリーから電源を受ける、規格化されたパワーボックスは、ECUを初め、車の電気系統全体に電力を提供する。パワーボックスとECUの車載位置は自由であり、RB6では共に右側サイドポッドに収まる。電気的干渉用シールドに守られ、振動吸収型マウントを介して取り付けられている。ECUには、三つの大型マルチプラグ用コネクターがあり、各コネクターのピンの数は100以上を数える。

無線通信（ラジオ）

ドライバーとそのエンジニアは、走行中に、車載無線機で会話ができる。音声の双方向のコミュニケーションは、レギュレーションで許されているものの、それ以外の通信は、一方向のみに制限される。

車載の無線器は、ステアリングホイールにある押しボタンを操作して、ドライバーが会話する仕組みである。他のチームに聞かれないように、音声は安全性の高い暗号化に守られている。一方、FIAが会話を監視できるよう、チームは、FIAに暗号コードを提供しなくてはならない。FIAの聞く音声データには若干の時差があるものの、全ての会話を聞くことができ、ドライバーとそのエンジニアの間で交わされている内容は全部把握できる。この音声データは、FIAからFOM（フォーミュラ・ワン・マネジメント）に提供され、テレビとラジオの各放送でも使われる。

レース中、無線通信は大きな武器になるものの、サインボードにとって代わるものではない。セバスチャン・ベッテルは、サインボードの重要性をこう説明する。「サインボードは毎周チェックする。ラジオの故障もあり得るからね。ラジオには頼りがちだが、サインボードを決して忘れてはいけない。また、現在の順位と残り周回数等、サインボードならではの情報もある。ラジオで会話をし過ぎるのもいかがなものだろうか。サインボードを見れば済むからね。いずれにしてもサインボードは毎周必ず見るべきだ。何台ものマシンと争っている場合、同時に多くのサインボードが出るので、周によって少し見にくい時もあるけど、それも慣れの問題だね」。

ドライバーは、エンジン音や風切音になるべく邪魔されないよう、耳に差し込んでテープで固定されているイヤホンで聞き、ヘルメット内のマイクで話す。エンジン音になるべく邪魔されないよう、マイクには、軽飛行機でも見られる雑音消去技術が使われている。

練習走行とレースの間、無線での会話は多いが、予算中のアタック・ラップの時は、逆に邪魔になる。セバスチャン・ベッテル曰く、「予選でのアタック中は、会話しないように決めている。その時だけ、自分とマシンだけになるんだ」。

無線交信用のアンテナは、ドライバーのすぐ前のシャシー上部の面にある。

▲ピットとマシンを結ぶ無線のアンテナは、モノコック上面のドライバーの前に装着されている

コックピット表示

詳細は114～115ページを参照。

99

ドライバーのドリンク装置

　熱い気候の、あるいは体力を消耗するサーキットでは、ドリンク用の装置が搭載される。ドリンクそのものは、ドライバー用にブレンドされる専用のスポーツドリンクになることが多い。ドリンクボトルには柔らかい袋タイプのものが使用され、コックピットの左側に設けられたケーシングに収まる。

　ドライバーが飲みたい時、ステアリングホイールに付いているボタンを押すだけで、シートの下に位置する電動ポンプが作動し、ボトル内のドリンクが吸い上げられ、ドライバーのヘルメットまで伸びるチューブを通って口元まで届く。

　レース前、満杯にされた袋式ボトルは、車内のケーシングを形取ったコンテナーに入れられ、フリーザーに入れられる。凍った状態のボトルはコックピット内のハウジングに置かれる。少なくともレースの初めのころには、口当たりのあまり悪くない状態が保てる。

　飲み物として最高とは程遠いものであるが、果たすべき役割は果たしている。マーク・ウェバーが説明する通り、「ブレーキングエリアでは、飲まないようにしている。だが、直線ではチャンスがあれば乾いた口の中を潤すと同時に、放出した水分を補給するために利用する。運転に体力を使うし、レーシングスーツ等で結構熱くなるから、ドリングが飲めるのは嬉しい。だが、冷蔵庫から出たばかりの冷たさとは程遠い。相当暖かくなっているから、口当たりが良いとは言えないが、水分を体に取り戻すだけでも重要な役割を果たしている」。

データロギング用装置とタイミングセンサー

FIAデータロギングとメディカル・ウォーニング・ライト

　FIAは、事故のデータを記憶するアクシデント・データ・レコーダー（ADR）、の搭載を義務付けている。取り付け位置は、ドライバーの真下である。直近2分間分のデータを記録する、「上書き」方式データロガーを含むこのADRは、サバイバル・セルのセンターライン上に搭載されている2つの加速度計と繋がって利用されなくてはならない。発生した事故の原因を究明する上での役割に加えて、安全上重要な役割をも果たす。

　ADRは、コックピット開口部の前に位置するメディカル・ウォーニング・ライトとも連動している。事故による衝撃パラメーターが一定の値を超えた場合、ブルー色のLEDからなるメディカル・ウォーニング・ライトが点滅し、それをマーシャルに知らせる。

　チームは、ADRに記憶されているデータに直接アクセスすることはできない。FIAにダウンロードされたデータは、FIAからチームに渡されることになっている。

チームによるデータロギング

　データ収集のため、チームはいかなるセンサーを車のいかなる場所に付けることができる。だが、それをレース週末で使用できる前に、FIAの検査を受け、認可を得なくてはならない。

　あらゆる種類のセンサーが、車のあらゆるパラメーターを測るために使われている。その内の代表的な例は以下の通りである。

■タイヤの内圧と温度のセンサー

■車高センサー（レーザーセンサーでフロント側、リア側のそれぞれの車高を測る）

■気流速度（ピトー管）

■エンジンの油温と油圧センサー、冷却液の温度とシステム内圧センサー

■トランスミッションの油温と油圧センサー

■サスペンションのプッシュロッドとプルロッドに付く歪みゲージ

▶▶シャシーの前方に設けられたピトー管で車のフロント側の気流速度を測定する

▶コースマーシャルに衝突の激しさを警告する「メディカル・ウォーニング・ライト」（赤い矢印）

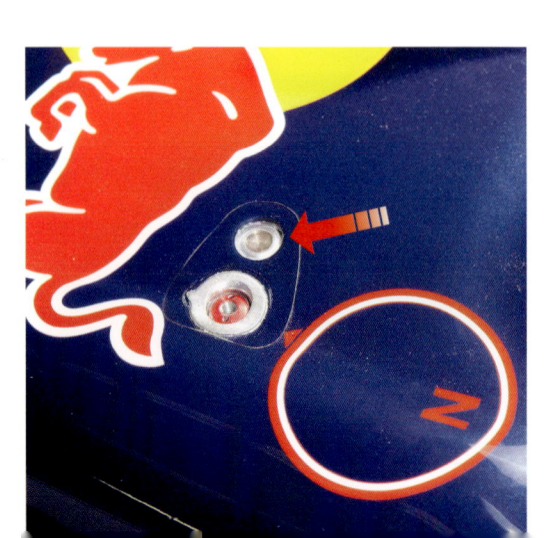

- ステアリング・トルクセンサー
- 複数のエンジンセンサー
- ギアボックスのインプット側シャフトとアウトプット側シャフトの回転速度センサー
- ブレーキの温度と摩耗センサー

車には、その他にも数多くのセンサーが使われ、走行中のデータは、絶えずピット内のチーム員に発信される。リアルタイムでデータを発信するに利用できる回線容量は限られており、それこそがチームの精確にモニターできるデータの量を制限している。

例えば、他のセンサーに比べて、サスペンション用トランスデューサーは、使えるデータを発信するには、大きな回線容量を必要とする。回線容量を他のセンサー用に残すため、データの送信頻度を抑えると、ピットで出てくるデータのトレースは、滑らかなカーブではなく飛び飛びになり、あまり役に立たなくなる。多くのセンサーから送信頻度を抑え、あまり役に立たない精度のデータで満足するか、限られたセンサーから、高い頻度で遥かに役に立つ精度の高いデータを選ぶかのどちらか一つである。

チームには、FIA共通ECUにデータを記録させ、それを走行後にダウンロードする選択もあるが、そのデータはFIAにもいつでもアクセスできることから筒抜けになる。

タイム計測用トランスポンダー

各車両に搭載されるトランスポンダーは、各サーキットでのFIAタイム計測機と連動するため、車両識別用の専用IDコードを持つ。車が路面に埋め込まれているタイム計測用のループを通過すると、タイム計測機は、それを記録する。ループはコースの何箇所かに埋め込まれており、区間タイムの計測と比較を可能とする。

トランスポンダーは、タイム計測用のループから、オンボードカメラとコックピット内の赤・黄色・ブルーのコースコンディション・ライトを操作するデータを受信することもできる。

メインとなるプライマリー（第1）トランスポンダーは、フロント・ホイールの車軸上に搭載されている。第1トランスポンダーが故障した場合に備えて、バックアップ用の第2トランスポンダーは、車の後方にある雨用ライトの下の衝撃吸収構造に搭載される。

配線とコネクター

F1マシンに使われる配線とそのコネクターは、厳しい環境に耐えなくてはならない。大きな振動にさらされるだけでなく、場所によっては高温にもさらされる。配線は、軽量化と電気的干渉対策を念頭に設計される。

配線は設計チームの意図通りに車体にフィットするため、高い精度と小さい公差に合わせてその車体専用に作られる。高い、航空宇宙品質グレードのみの配線とコネクターが使用される。

車載カメラ

テレビ放映用映像を提供するため、全てのF1マシンにカメラが搭載される。カメラが捉えた映像は、世界中のテレビ局に映像を配信する、フォーミュラ・ワン・マネジメント社（FOM）に送られる。

FIA規定により、F1マシンはロール・フープの上、エアボックスの左右、フロント・ノーズの左右、コックピット開口部の前方のシャシー部、そして左右リアビューミラー内の8箇所にカメラを搭載しなくてはならない。ミラーを除いて、各搭載位置にカメラ専用のハウジングが車体側に用意されなくてはならない。特定のレースで実際カメラを搭載していなくても、カメラ専用ハウジングは、全て車体側に取りつけられる。ハウジングの形状は、空力的なメリットをもたらさないよう、空力的に中立（プラスもマイナスももたらさない）にデザインされる。

FIA規定には、カメラ用ハウジングの寸法、形状と空気流に対する角度が指定されている。カメラのメインの水平軸と「基準平面」（モノコックシャシーの底

◀RB6のシャシーに付く配線とコネクター類

◀右側のサイドポッド上にあるFIA GPSシステムのアンテナ。これでこのマシンがコース上のどこにいるのかがわかり、このデータがレースコントロールに送られる

▶このT字型ハウジングには、2台のカメラが収まる。1台は前向き、もう1台は後ろ向きに搭載される。低い位置にもう一つの代わりのハウジングも用意されている

▶▶左右ミラー内カメラ取り付け場所（写真ではカメラは搭載されていない）（赤い矢印）

▶シーズン初旬のRB6：フロント・ノーズの左右にカメラ用ハウジンが設けられていた

▶▶イギリスGPから、カメラ用ハウジングの位置は、フロント・ノーズ下の、フロントウィングのメインプレーンのすぐ上に移動された

▼リア衝撃吸収構造に取り付けられている雨用リアライト

◀ 雨用リアライト：大雨の中でも、後続車両のドライバーに認識されやすいようにデザインされている

面を走る平らな面）の角度は、5度以内に規制されている。

　カメラは、用意されている搭載場所全てに搭載される訳ではない。カメラの入っていないハウジングには、カメラと同じ重量の重りが収まる。ロール・フープの上のT字型ハウジングに収まる、前向きと後ろ向きの2台のカメラは、全レースで搭載される。それ以外のカメラの搭載台数と場所は、各レースのオフィシャルの判断に委ねられている。

　車からFOMの受信機に向けてカメラ映像を発信している発信機とそのアンテナは、ロール・フープの上のT字型ハウジングに収まる。

　カメラ関連の全ての機材は、FOMからチームに提供される。

雨用リアライト

　全車、雨の中、後ろから車を認識しやすくする赤いLEDライトを搭載しなくてはならない。搭載位置は、リア衝撃吸収構造の後方側になる。ライトは、FIA認定のサプライヤーから提供される。2010年の認定サプライヤーは、マクラーレン・エレクトロニック・システム社である。

　ライトは、15個の赤い高輝度LEDとその制御部からなる。ライトオン時、1秒間に4回点滅するよう設定されている。操作は、ステアリングホイールにあるスイッチを介してドライバー手動である。前方に走る車の雨用リアライトの視認性についてセバスチャン・ベッテルはこうコメントしている。「どれだけの水しぶきと水量があるかによるね。空力の影響で車は、大量の水を吸い上げる。その中、雨用リアライトは必ずしも見えるとは限らない。水しぶきの方が見えている。一般的に、前の車に近づけば近づくほど雨用ライトは見易くなる。前の車を認識する、そしてそれとの距離を測る上で便利な道具になる」。

油圧系統
HYDRAULIC SYSTEM

▲油圧系統の油圧マニホールド：ギアボックスと一体で取り外し可能。油圧系統をその都度分解する必要はない

　油圧系統は、車の多くの主要システムを動かす、大変重要な役割を果たす。F1マシンの油圧系統は、市販車の電気系統と同様に、あらゆる車載システムを動かすに必要なエネルギーを提供する。市販車の電気系統が、ライト類、ヒーター、ワイパー、パワーウィンドー、集中ロック等を動かすエネルギー源であると同様に、RB6の油圧系統は以下のシステムにエネルギーを提供する：

■スロットル
■クラッチ
■ギアボックスの変速
■ディファレンシャル
■パワーステアリング
■フロントウィングの調整機構

　ブレーキも油圧式ではあるが、ブレーキ用の油圧系統は、車のメインの油圧系統と完全に独立している。

　アクチュエーターを電気や空気では無く、油圧で動かしている理由は、油圧のパワー密度にある。油圧アクチュエーターは、サイズの割に大きな仕事をこなせるため、電気・空気式のそれより、パッケージングや軽量化の面で有利である。また、油圧ポンプで高められた油圧は、省スペースで大きなエネルギーを蓄えることのできる、小型・高圧油圧式アキュムレーターで蓄積できるメリットもある。代表的な小型・高圧油圧式アキュムレーターの容量は300cc以下である。空気圧式システムは、油圧式のそれと同じ働きをするものの、遥かに大きいアクチュエーターを必要とする。更に、内圧も油圧式に比べて低いため、F1マシンの全てのシステムを動かすに必要なパワーを提供することができない。つまり、重量とサイズに対するパワー密度で油圧の右に出るものは無いのだ！

　RB6では、エンジン駆動の油圧ポンプを用いて、高圧アキュムレーターに作動液を提供する。その作動液

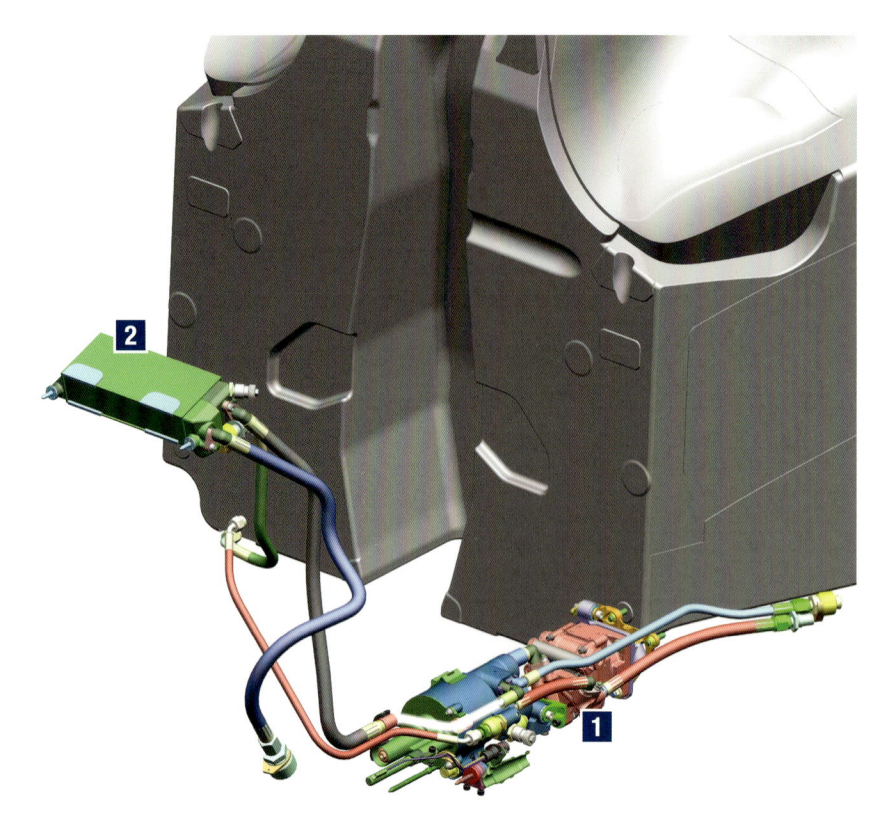

は、油圧マニホールドを経由してスロットル、クラッチ、ギアボックス、ディファレンシャル、パワーステアリングとフロントウィング調整機構を動かす各油圧回路に供給される。

該当するアクチュエーターの通過後、油圧作動液は、低圧回路を経由して低圧アキュムレーターに蓄積されていく。そこから油圧ポンプに再度送られ、再び使われる。

F1マシンにとって油圧系統の故障は、リタイアする最大の原因の一つのため、その信頼性はとても重要である。それは、F1に参戦してまだ日が浅いチームが、油圧系統の故障に悩まされた2010年で特に明らかであった。

油圧系統の置かれている環境は厳しい。厳しい振動と高温にさらされる。油圧作動液の温度は100℃を優に超える。そして、油圧系統の最大の弱点は、重いため、何かの時に使えるバックアップシステムが無いことだ。公差、合わせ建付け、部品の表面処理、シール類、フィルター類等、全てがとても重要となる。経験とともにチーム内のノウハウが蓄積され、問題になる元を未然に防ぐようになっていく。油圧系統の部品の多くは、製造に要する時間が長く、設計から部品を見直さなくてはならない大きな問題の解決は、良くても何日もかかる。

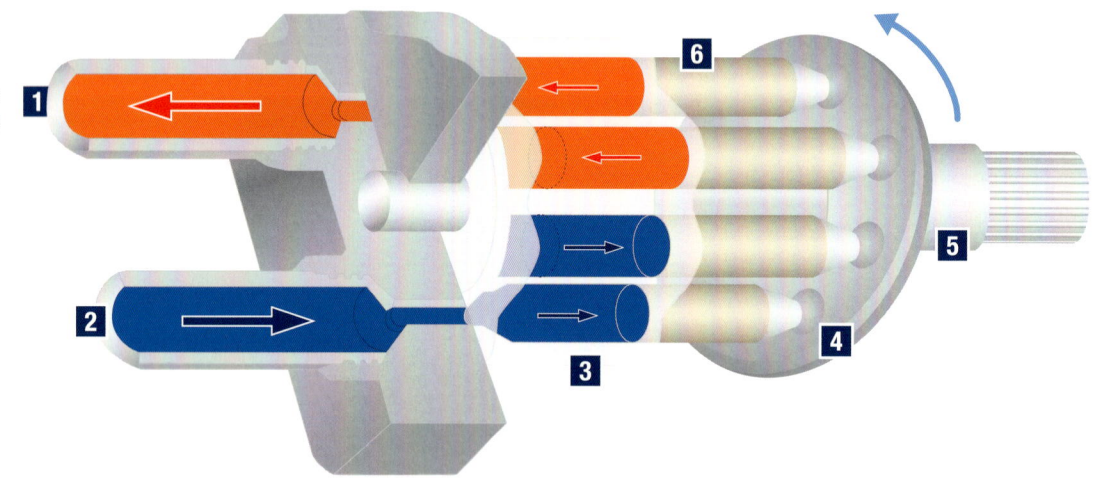

▲エンジン／ギアボックスに取り付けられる油圧系統の部品配置
1 油圧ポンプ
2 油圧作動油クーラー

▶スウォシュ・プレートを用いるポンプの作動原理を説明する概略図
1 出口側（アウト側）ポート
2 入り口側（イン側）ポート
3 シリンダーブロック
4 スウォシュ・プレート
5 ドライブシャフト
6 ピストン

■ 高圧側
■ 低圧側

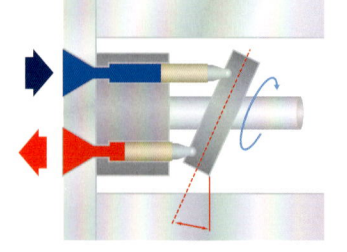

スウォシュ・プレートの角度：
最大＝排出量：最大

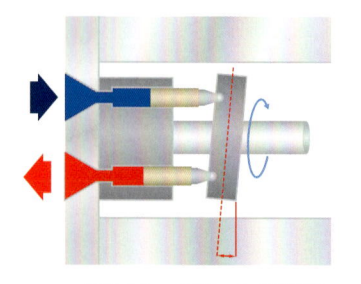

スウォシュ・プレートの角度：
最小＝排出量：最小

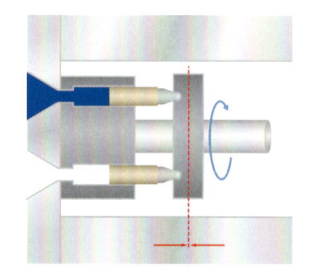

スウォシュ・プレートの角度：
ゼロ＝排出量：ゼロ

▶▶車から外された油圧ポンプ

◀ギア制御用油圧アクチュエーター

圧力ポンプ

　油圧ポンプは、シャフトを介してエンジンに駆動され、200バール（2,900psi）まで油圧系統の内圧を上げる。ポンプ自体は、スウォシュ・プレートを用いた可変排出量型ポンプである。スウォシュ・プレートの角度を変えることで、エンジン回転数とは関係なく、必要とされる油圧と油量を提供する。スウォシュ・プレートを用いるポンプの効率はとても高い。油圧と油量のコントロールは、ポンプ内部にある油圧コントロールバルブによって行われる。

アキュムレーター

　使われるアキュムレーターは、ダイヤフラム（隔膜）式高圧アキュムレーターで、たいていは、300ccの容量のものである。円筒型のアキュムレーターには、不活性ガス（普段は窒素が使われる）が入り、ゴム製ダイヤフラムを挟んで、油圧系統の作動液と繋がる。アキュムレーターの役割は、油圧系統の内圧を保ち、高負荷時に必要な量の作動液を提供することである。

マニホールド

　メインとなる油圧マニホールドは、ギアボックスに取り付けられている。ギアボックスを取り外す場合、油圧マニホールドはギアボックス側に残り、油圧系統をその都度分解する必要はない。ギアボックスの取り外しにあたって外される油圧ラインには、ドライブレークタイプのカプラーを使用する。

バルブ

　油圧系統の作動効率のカギを握るのは、電気入力信号で油圧アクチュエーターの作動を制御する、高効率ムーグ社製サーボバルブ（詳細は106ページを参照）である。代表的なムーグ社製サーボバルブは、10mA前後のわずかな電流で5馬力相当の油圧を制御し、作動液を高精度で制御する。ムーグ社製サーボバルブの特徴は、その効率だけでなく、コマンドに対する高速で高精度な制御にある。指示に対する反応速度は0.001秒以下で、バルブをフル閉じからフル開に必要な時間は、0.003秒以下である。

　システム、あるいはコンポーネントを正確に制御するには、ムーグ社製サーボバルブに、制御される側のコンポーネントの状態、あるいは位置に関する情報を提供する必要がある。例えば、ギアシフトの位置を制御するバルブは、今のギア（＝どのギアに入っているのか）を感知するセンサーからの情報が無いと機能できない。

フィルター類

　油圧系統の最大の敵は、空気とゴミである。油圧系統内に空気が侵入しないよう、各部品は、とても高い精度で作られ、シール類も合わせて高性能かつ高精度なものだけが採用されている。

　重要な部品・コンポーネントに対するゴミ、あるいは異物の侵入・混入、を防ぐために、システムのあらゆる場所で高性能フィルターが設けられている。使われるのは交換用のフィルターで、エア抜き作業ごとに交換される。

メインテナンス

　ゴミや異物の侵入・混入に対してデリケートな性質と、構成部品の信頼性の高さから、油圧系統の分解は稀である。フロントウィングの油圧アクチュエーターのノーズ上接続部、或はエンジンと繋がる各ポンプとの接続部のように、作業に伴って外さなくてはならない油圧ライン接続部がある場合、ドライブレークタイプのカプラーを使用することで、重なるエア抜き作業を防いでいる。

ムーグ社製サーボバルブ

　ムーグ社製サーボバルブは1950年代に生まれ、その開発と進化は今日に続く。その作動原理はとても巧妙である。

　バルブ（弁）は、自らが制御している作動液の圧力を利用して操作される。そのため、わずかな消費電流で大きな力を制御できる。ムーグ社製サーボバルブの作動原理は以下の通りである。

■ムーグ社製サーボバルブは、向かい合う位置にある2つの小型ノズルの中に、微量の作動液が常に通るようにしている。2つのノズルの間には、その上に位置するトルクモーターのローター部から下がる、小さなフラップ弁が位置する。トルクモーターは、電気モーターに似るが、コイルの発する電磁場を受け、電気モーターのローターが回転するのに対して、トルクモーターのローターは、わずか（最大2度）にねじれるだけである。

■ローターがねじれると、それに下がっているフラップ弁が動き、2つのノズルの内の片方の作動液の通り道を部分的に塞ぎ、当該ノズル内の内圧上昇を招く。その結果、もう一つの、塞がれていないノズルの内圧との間で内圧間の差が生じる。

■両ノズルは、サーボバルブのボディーにある作動液用通路を通じて、いくつものバルブポートが設けられている、円筒内に行き来するスライド式（スプール）バルブの両端、と繋がっている。ノズル間で生じている内圧の差は、円筒内のスプールバルブを当該の方向にスライドさせる。その過程で、円筒内のメインとなる圧力供給ポートを、最初は部分的、最終的には、完全に開く。こうして開かれたメインとなる圧力供給ポートから流入する作動液の一部は、スプールバルブに直接力を加える。他方では、作動液の違う一部は、出口側（アウト側）ポートから、円筒の外に流れ出ていく。この出口側（アウト側）ポートはまた、ムーグ社製サーボバルブと繋がっているアクチュエーターに、アクチュエーターが必要としている制御用圧力を与えている。

■フラップ弁の一端は、トルクモーターのローター側に固定されている。もう一端は、フィードバック・スプリングに繋がっている。ムーグ社製サーボバルブにその精確性と制御精度をもたらすのは正にこの、フィードバック・スプリングなのだ。フィードバック・スプリングは、先がボール状になっているフレキシブルアームでできている。ボール状になっている端は、スプールバルブに掘られた溝にはまっている。スプールバルブが円筒内でスライドすると、フィードバック・スプリングは、それにつられフラップ弁とローターの動きに抵抗する働きをする。フィードバック・スプリングの働きを通じて、相反するスプールバルブ側の力と、フラップ弁とローター側の力が均衡点に向かう。それによりスプールバルブの位置が定まり、メインとなる圧力供給ポートから流入する作動液の流入量も安定する。こうして、ローターに対して、わずかな電気入力信号の変化で作動液の流れとアクチュエーターの動きを精確に制御できる。

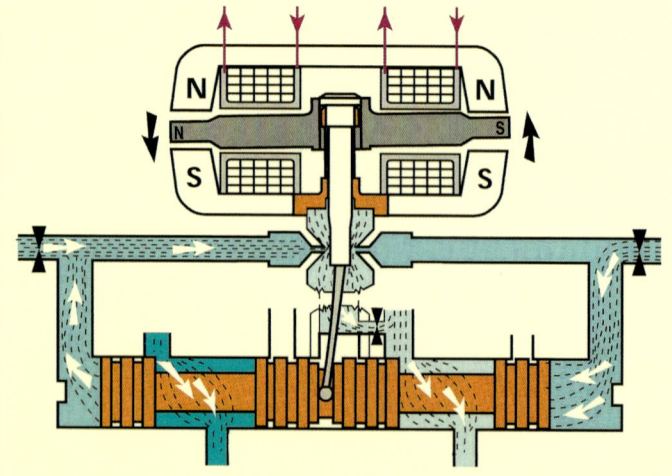

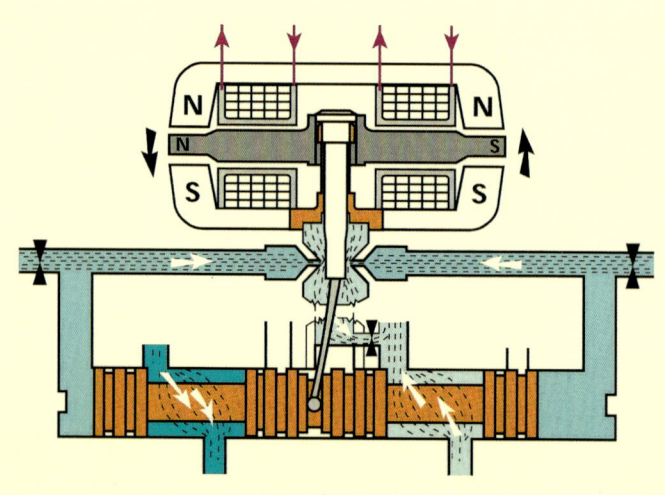

電気信号の変化に応じるバルブの動き。

レスポンス後のバルブ状態。

安全装備
SAFETY EQUIPMENT

▲安全装備の最も分かり易い例：ドライバーのヘルメット

　安全は、F1の最重要課題である。ここ数年間で、F1の安全性は格段に上がっている。1994年のアイルトン・セナの悲劇的な事故死の後、サーキットのコースと車両において、様々な安全対策が導入された。そして今も、更なる一手を目指して安全は常に議題の対象となっている。F1を100％安全にすることはできないかもしれないが、現在導入されている安全対策のおかげで、重傷を伴う例は稀である。バレンシアで開催された2010年のヨーロッパGPで見た、ヘイキ・ヨハンネス・コバライネンのロータスに追突するマーク・ウェバーの恐ろしい事故は、F1の安全対策の有効性とRB6の丈夫さを物語っている。マシンが宙に舞い、逆さまに着地した後再度上向きに戻り、そのままタイヤバリアに突っ込んで行った。が、ウェバーは、平気な顔でシートベルトを外し、傷一つなく車から離れていった。

サバイバル・セル

　車の最も重要な安全装備の一つは、サバイバル・セルである。シャシーと一体構造になっており、事故にあった場合、ドライバーを大きな怪我から守るよう設計されている。FIA規定により、サバイバル・セルは燃料タンク、コックピットとその間に設けられているバルクヘッドを含む、一体型の閉断面構造でなくてはならない。サバイバル・セルの一部寸法の最小値、さらには側面の衝撃吸収構造の寸法と位置は、規定に定められている。

　シャシーはFIAの型式認定を必要とする。その過程で、サバイバル・セルは様々な衝突テストや圧力・圧縮テストに合格する必要がある。全てのテストを経てメイン構造に傷一つあってはならないのだ。全てのテスト項目に合格して初めて、シャシーの型式認定が得られ、そのシャシーを使った完成車がレースに出ることができる。テスト要件の詳細に関しては、174〜175ページの「FIA衝突テスト」の部を参照。シャシーとサバイバル・セルの設計と構造の詳細に関しては、24〜30ページの「シャシー（タブ）」の部を参照。

ロール構造体

　シャシーは、ドライバーの前後に、2つのロール構造体を含まなくてはならない。事故で転覆した際、ドライバーの安全を確保するためである。リア側ロール構造体は、ドライバーの頭の後ろに、フロント側ロール構造体は、ドライバーの前のシャシー上部に、それぞれ設けられている。ロール構造体の詳細に関しては29ページを参照。

▲ RB6の衝撃吸収構造体（赤色）の位置を示す概略図。側面側の衝撃吸収構造体は、サイドポッド内に収まる

▼コックピット内の側面と後方の保護材：ドライバー頭部の保護に余念はない

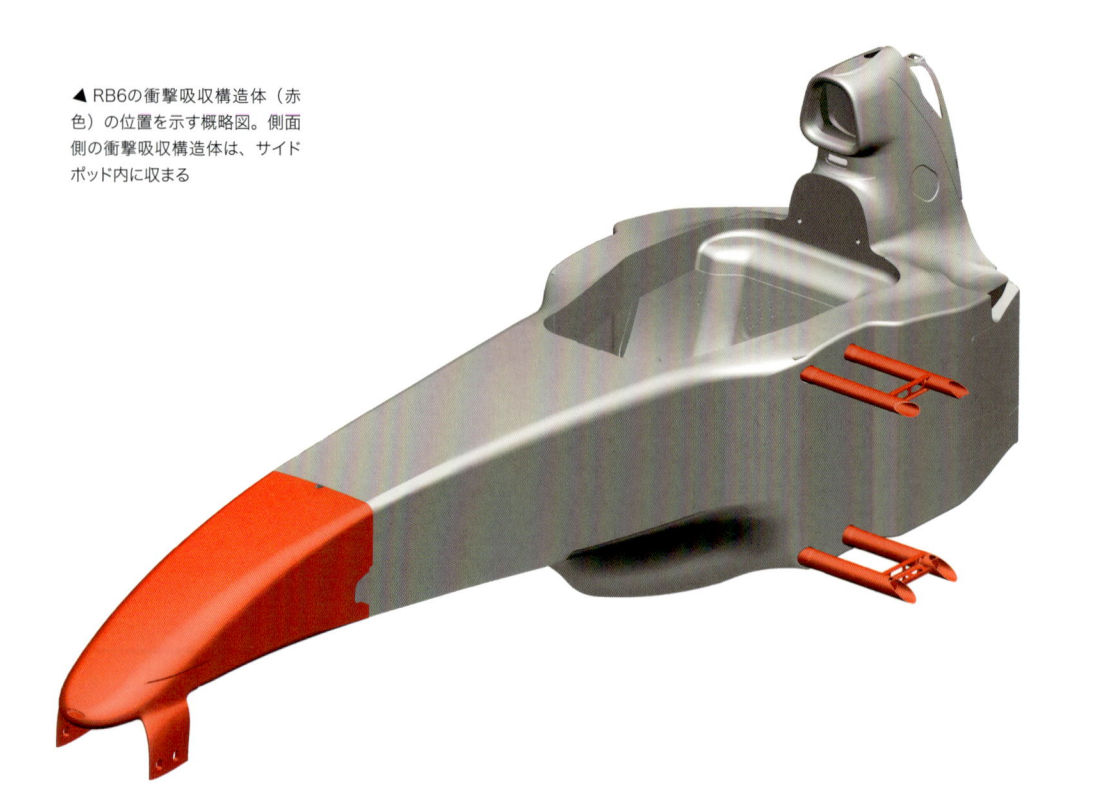

衝突吸収構造体

　FIA規定により、衝突時のドライバー保護用に車両のフロント側、リア側、左右両側に衝撃を吸収する衝撃吸収構造体を、以下の通り設ける必要がある。

　フロント側の衝撃吸収構造体は、サバイバル・セルと一体構造でなくてもよいものの、その取り付けは頑丈でなくてはならない。他の車両同様、RB6のフロント側衝撃吸収構造体は、ノーズに含まれる。

　リア側の衝撃吸収構造体は、ギアボックスの後ろに位置しなくてはならない。

　左右側の衝撃吸収構造体は、前後ロール構造体の間に、サバイバル・セルの左右に位置し、サバイバル・セルにしっかりと取り付けられなくてはならない。

　衝撃吸収構造体は、衝突時の衝撃を吸収するよう設計される。市販車の衝撃吸収構造体は、潰れていきながら衝撃を吸収する。それに対して、F1に採用されているカーボンファイバー製衝撃吸収構造体は、粉砕していきながら衝撃を吸収する。激しい衝突時にマシンがカーボン・ダストの雲に包まれるのもこのためである。

頭部保護

　ドライバーの頭部を更に保護するため、コックピット開口部に、取り外し可能な発泡剤製サイドプロテクター付きヘッドレストが付く。このサイドプロテクター付きヘッドレストは、一体構造で発泡剤とケブラー繊維の層からなる。リア側は、ドライバー頭部の後ろの2つのペグに収まり、フロント側は、ドライバーが簡単に外せる、前方左右側の回転式ファスナーで固定される。

　衝突時、ヘルメットが車体構造に当たらないよう、サイドプロテクター付きヘッドレストは、潰れながら衝撃を吸収する。

　乗り降りの際、サイドプロテクター付きヘッドレストは取り外される。ドライバーのヘルメットを近くから囲むため、ドライバーの肩の上まで伸びているからだ。ドライバーが車に乗り込み、ベルトが締められた後に、ピットクルーによってサイドプロテクター付きヘッドレストが付けられる。それが終わって初めて、コースに出て行くことができるのだ。

脚部保護

　衝突時の怪我を防ぐべく、シャシー内側のドライバーの脚部周りにパッドが貼られている。

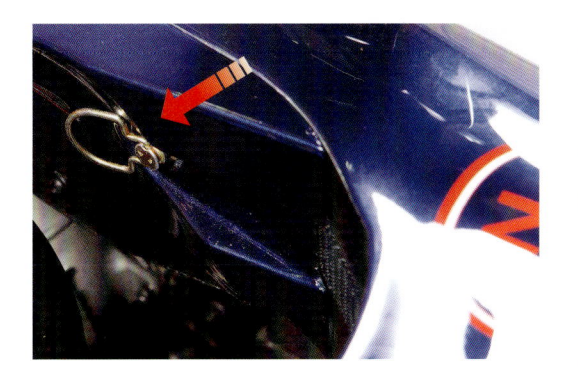

▶▶サイドプロテクター付きヘッドレストの回転式ファスナー（赤い矢印）

▶車体から取り外されたサイドプロテクター付きヘッドレスト

▲サイドプロテクター付きヘッドレストを外した状態のコックピット後方。サイドプロテクター付きヘッドレストの受けとなるシャシー側の窪みがわかる

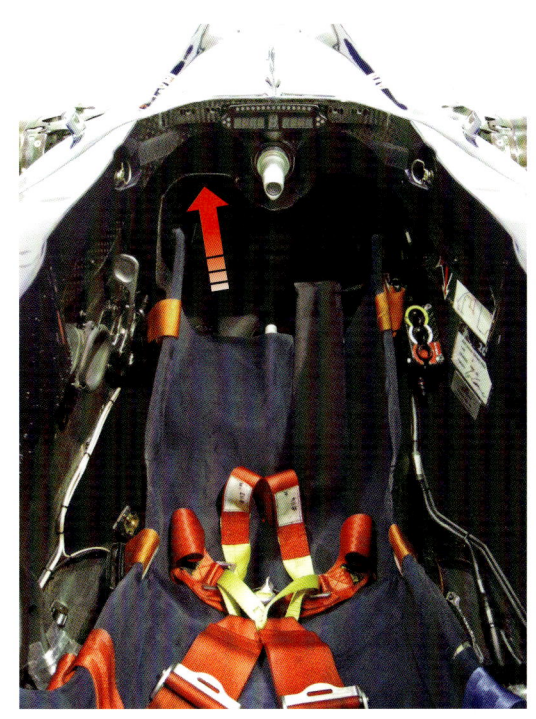

◀ドライバーの脚部を保護するパッド部（赤い矢印）

▲車から取り外されたドライバー脚部保護パッド

ホイール用テザー

　衝突時、ホイールが飛んで行かないよう、ホイールにはテザー（飛散抑止索）が付く。ホイールが外れても、ドライバーの頭部に当たる可能性を大きく下げる役割も果たす。

　ホイールテザーは、フロント・サスペンションのアップライトをシャシーに、リア・サスペンションのアップライトをギアボックスに、それぞれ繋げている。ホイールテザーは、合成高分子製のロープである。カーボンファイバーに類似した強度を持ちながら、長いらせん構造に織ることができる特徴を持つ。RB6に使われるテザーは、ウィッシュボーンの内側を通っている。衝突時、テザー自体を守る、と同時に空気の流れを乱さないためである。

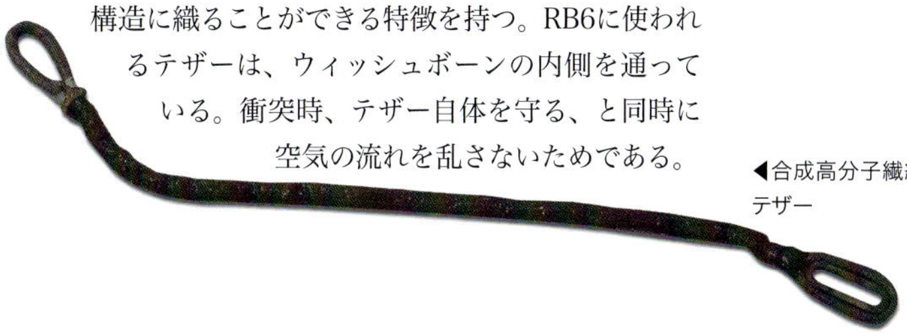

◀合成高分子繊維製のホイールテザー

109

燃料タンクとフューエルライン

　燃料タンクは、サバイバル・セル内に位置する。燃料タンクとドライバーの間には、バルクヘッドが設けられている。衝突に加え、引き裂き・貫通・えぐり等にもとても強い。燃料タンクの詳細に関しては、30ページを参照。

　衝突時に燃料の漏れを防ぐドライ・ブレーク・タイプのコネクターを使用するフューエルラインは、燃料タンクを直接、燃料ポンプとエンジンに繋いでいる。フューエルラインとエンジンを結ぶコネクターはワイヤーでエンジンに取り付けられている。衝突時に、エンジンがシャシーから外れても、コネクターのところでフューエルラインが遮断され、燃料漏れと火災の可能性を低減するためである。

消火器

　FIA規定により、コックピットとエンジンに向けて消火剤を噴射する消火器システムの搭載が義務付けられている。

　使用されるのは、ドライバーの脚の間のコックピット床面にある消火器一本である。消火器から、コックピット、シャシーリア側バルクヘッドの後方面、エンジンルーム内のフューエルライン用コネクター／エンジンのフューエルレールに向けた各消火剤排出口が伸びている。消火器の作動テストと充填は外部からできるため、消火器本体を車から外す必要はない。消火剤は液体タイプで、消火器本体の上部にある噴射用ガスの小型ボンベから噴射に必要な圧力を得ている。

　規定により、消化器系の部品は、全てサバイバル・セルに収まる。また、消火剤の95％を最少10秒、最大30秒間一定の勢いで連続噴射するよう義務付けられている。

　システムの作動は、三つのいずれかのスイッチで行える。1つは、コックピット内の右手パネルにある、ドライバー操作用スイッチ。残りの2つは、左右のサイドポッド上部のリア側ロール・フープの根元に位置する。この車外のスイッチは、事故後や火災時に、レースマーシャルの手が届かない場合に、フックを引っかけて操作できるように環状のツマミにされている。

キルスイッチ

　車には、電気の供給を止める3つのキルスイッチが付けられている。ブレーカーを用いてイグニッション、燃料ポンプと雨用リアライトへの電気の供給を遮断する。このスイッチは、上述の3つの消火器用スイッチと兼用になっている。

FIAアクシデント・データ・レコーダー（ADR）とメディカル・ウォーニング・ライト

　詳細については100ページを参照。

▶消火器は、ドライバーの脚の間の、コックピット床面にある。赤い矢印は、噴射用ガスの小型ボンベを示す

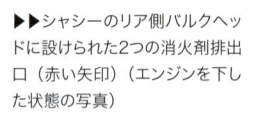

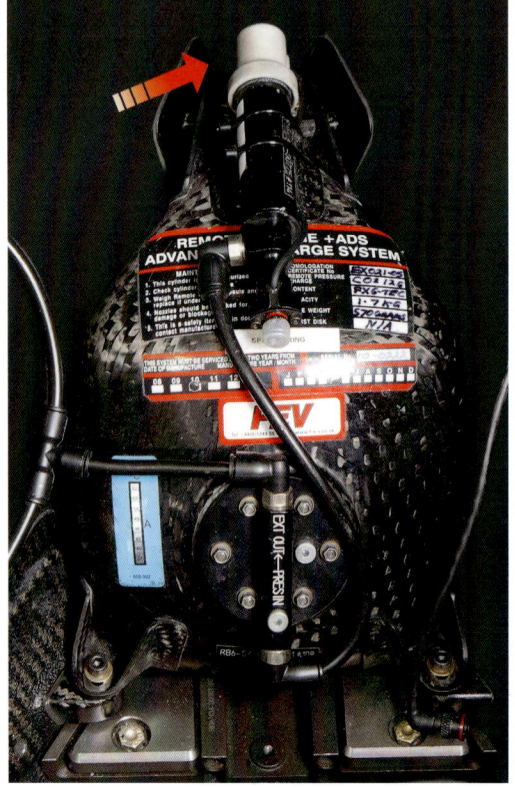

▶▶シャシーのリア側バルクヘッドに設けられた2つの消火剤排出口（赤い矢印）（エンジンを下した状態の写真）

▶車の両サイドに消火器用スイッチ（赤い矢印）が設けられている（写真は右側のスイッチ）

ドライバー用シートベルト

　ドライバーのシートベルトは、クイックリリースタイプの六点式シートベルトである。肩用ストラップの2本、骨盤用の1本、股用の2本の各ストラップをクイックリリースタイプのバックルで留める。シートベルトはきつく絞めるために、ドライバーが乗り込んだ後にピットクルーの一人が絞めていく。RB6のシートベルトは、サベルト社製である。回転式クイックリリースは、左右のどちらの方向に回しても開く仕組みである。回転式リリースレバーが下向きの時に、各ストラップの先にあるバックル用プレートをバックルに押し込み、ロックすることができる。

　シートベルトの取り付け点は、シャシーに接着剤とボルトの二重留めになっている。激しい衝撃の時でも外れないためである。

　シートベルト用の部品（繊維の帯の部分も含めて）は、全てFIA認定のもの使用し、厳しいテストと検査に合格していなくてはならない。

ドライバー用シート

　シートは、ドライバーの体に合わせてモールドされる、そのドライバー専用のものである。カーボンファイバー製のシェルに急結発泡剤を敷き、プラスチック製のシートでそれを被う。レーシングスーツを着たドライバーは、急結発泡剤の中に座り、正しく座った体形・姿勢で固まっていくのを待つ。

　事故後、メディカル・スタッフの監視のもと、ドライバーをシートごと車から出せるよう、シートは、取り外し可能である。シートの後ろには、FIA認定の頭部固定用デバイスの取り付けスロットが設けられている。このFIA認定頭部固定用デバイスは、F1の全救出チームの持つ「FIA救出器具セット」の一部である。

　シートは、車体のフロアに設けられている2つのツメで位置決めされる。シートベルトを外せば、シートを車から引き上げる時、骨盤用のストラップがシートの横に落ちて行くようデザインされている。同じように、股用の各ストラップは、シートに設けられている穴から抜けて行く。シートベルトのバックルは、肩用ストラップの片側に残るようデザインされている。

　シートには、FIA指定のストラップが使用される。救出のため、車からシートを取り出す場合、FIA器具道具セットのストラップと合わせて使用できるようになっている。

　シートのストラップに、引き上げようストラップをスナップ式フックで直接繋ぎ、ドライバーをシートごと、車から引き出す。

◀コックピット内に収まるドライバー用のシートと六点式シートベルト

▼車体から外されたセバスチャン・ベッテル用のシート：FIA指定の引上げ用ストラップがわかる（赤い矢印）

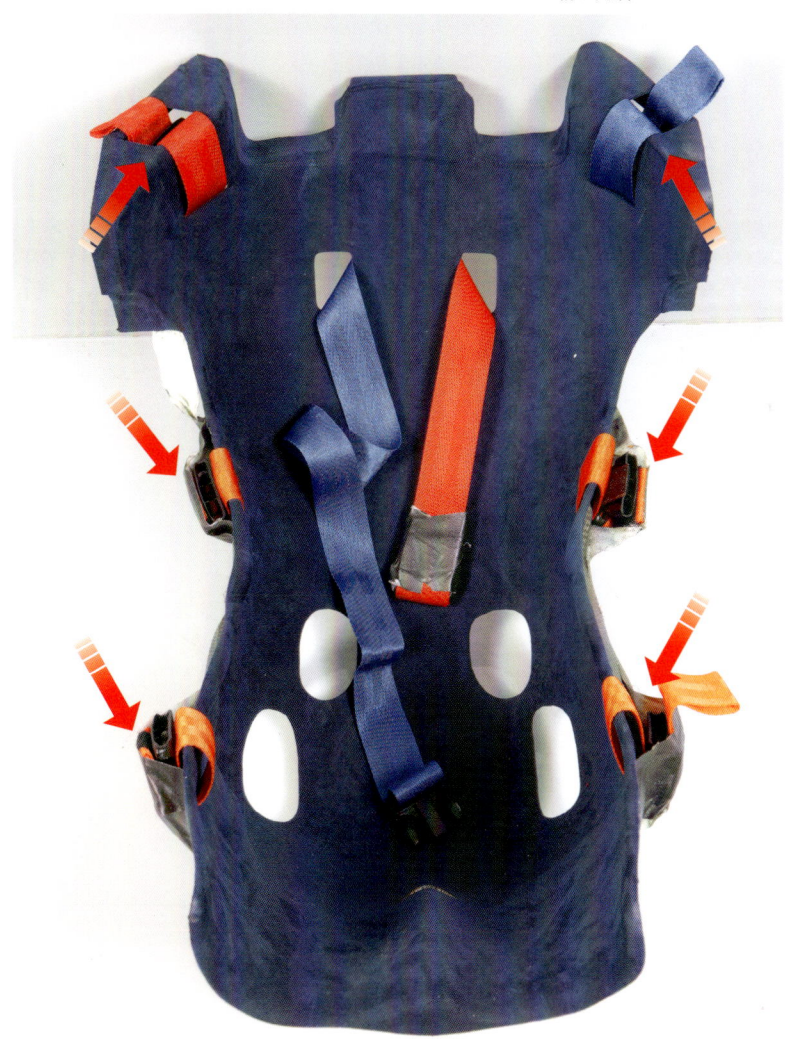

▶ドライバーの肩に乗るハンス・デバイス：車のシートベルトストラップで肩の部分を抑え付けて固定する

▼マーク・ウェバーのハンス・デバイスの後ろ側：ヘルメットの両側に繋がるストラップがよくわかる

ハンス・デバイス

　衝突時に頭部と頸部を保護する、ハンス・デバイス（Head And Neck Support＝HANS）の着用が全ドライバーに義務付けられている。ハンス・デバイスの役割は、衝突時のドライバー頭部の、体に対する振れ（むち打ち）を抑制し、場合によって死に至る損傷を防ぐことにある。

　ハンス・デバイスは、ドライバーの両肩にかかる「ヨーク＝くびき」とヘルメットの左右を留める2つの「テザー」からなる。ドライバーの肩に乗り、シートベルトのストラップで肩の部分を抑え付け、（シートや車体側ではなく）ドライバー側に固定される。

　ハンス・デバイスはカーボンファイバー製で、FIAの認定を受けなくてはならない。

ドライバーのウェアー

　ドライバーは、自分の体を火から守ってくれる難燃性に優れたウェアーを着なくてはならない。ノメックス製のウェアーは以下のアイテムからなる：

■レーシングシューズ
■レーシンググローブ
■バラクラバ（フェースマスク）
■下着（長ズボン、長袖シャツ）
■3レイヤー（層）構造レーシングスーツ

レーシングスーツは、軽さと同時に、レース中のドライバーの汗対策に優れた「通気性」を両立しなくてはならない。レーシングスーツ同様、スポンサーロゴから、縫い糸までも、耐火性に優れた素材が採用される。チャックも、火災時の高温で解けないようにデザインされるだけでなく、レーシングスーツを通してドライバーに熱を伝えないようにできている。必要に応じて、ドライバーを車から引っ張り出せるよう、レーシングスーツの肩に肩章留め（ハンドル）が付いていなくてはならない。

　特殊なノメック製素材からなるレーシングスーツは、30cmの距離から300℃―400℃の裸火にさらされるテストを受ける。火にさらされても、最低10秒間引火しないでいられなければならない。

　ペダルを操作する時の感触と、ソールとペダル間の高いグリップ力を確保するため、レーシングシューズのソールは通常の靴のそれより薄い。ステアリングホイールからのフィードバックと、コックピット内の操作類を操作する時の感触をよくするため、グローブも同様に、薄く、柔らかくできている。

ヘルメット

　ヘルメットは個人的なアイテムであると同時に、FIAの厳しい安全規定にも従うものになっている。ヘルメットは、空気抵抗を最小限に抑えると同時、車の周りに流れる空気流をできるだけ乱さないようにもデザインされる。無線通信ラジオのマイクと、ドライバーのドリンク装置チューブ用の穴も設けられている。

　F1で使用されるヘルメットは、厳しいテストに合格しないと型式認定を取得できない。

　衝突テスト、貫通テスト、圧縮強度テスト、ハンス・デバイス用バックル強度テストを含む様々なテストが行われる。

　装着感と安全性の両面で、ヘルメットは、できるかぎり軽くなるように求められている。軽いヘルメットは、Gフォースによりドライバーの頭頸部にかかる力を軽減する。F1用ヘルメットの重量は、およそ1.2kgである。

　ヘルメット内部には発泡剤製のパッドが装着され、心地よいフィット感と同時にドライバーの頭部を守る役割を担う。このパッドは、耐熱・難燃性に優れたノメック製の素材でカバーされている。ヘルメットのシェルは、二層からなり、外側層はカーボンファイバー製で、内側層は衝突に強く強度の高いケブラー製である。カーボンファイバー製の外層には強化樹脂を上塗りし、滑らかな仕上がりを実現している。

　ヘルメットには、ヘルメット内の空気の流を促す通気口が設けられている。タイヤラバーの細かい粒子等の侵入を防ぐフィルターも備わる。

　バイザーには、衝突保護性と視界に優れたポリカーボネート材が使用される。バイザーの上に、汚れるたびに剥がしていけるティアオフシールドを複数枚張ることもできる。

▲火災時にドライバーを守る、耐火性に優れたアンダーウェアーとバラクラバ（フェースマスク）

コックピット内の操作類
COCKPIT CONTROLS

▲コックピット内は実に機能的である：操作類は全て使いやすい位置にある

▼コックピット開口部の前方に付く多機能LEDディスプレー

　現代F1の操作はとても複雑である。ドライバーは、ステアリング操作、加速、変速、減速、コース上の他車との位置関係からなる「操縦」に加えて、車載のいくつものシステムをチェック・操作しながらマシンのポテンシャルを引き出さなくてはならない。

　このレベルの多重タスク処理（マルチタスキング）は、軍用ジェット機のパイロット並みである。ドライバーの負担を少しでも軽くするためにも、コックピット内の操作類を、いかに操作しやすくし、いかに手が届きやすい配置にできるかが重要である。

　レース中、頻繁に操作される重要な操作類は、ステアリングホイールに付く。操作類の動きは、ドライバーの好みに合わせられるものの、そのレイアウトは、同じチームのマシンではなるべく共通の位置になるように決められる。エンジニアとメカニックの混乱を招かないためである。

コックピット内のディスプレー

　コックピット内の計器類は、最小限に抑えられている。RB6では、コックピット開口部の前方に付く多機能LEDディスプレーが採用される。このレイアウトは、比較的例外的である。多くのチームは、ディスプレーをステアリング内に収める傾向にあるからだ。

　ドライバーは、画面上に表示されるデータを選ぶこ

とができる。エンジン回転数、エンジン関連の温度／油圧、ギア表示、ラップタイム、区間タイム等から選べる。セバスチャン・ベッテルは次のように説明する。「ソフトウェアは多くのオプションの画面表示を可能にするので、選ぶのはドライバーである。自分は、たいていギア表示、車速、ラップタイムと最速タイムとの差を表示している」。

メインディスプレーの上に設けられている一連のシフトインジケーターライトは、適切なシフトアップのタイミングを示してくれる。これはエンジンから最大の性能を引き出すのに重要である。マーク・ウェバーは、こう説明する。「一連のインジケーターは周辺視野のなかにある。確かに音でもシフトアップすることもできるが、回転数をぴったり合わせてエンジンの力をフルに引き出すには、インジケーターは不可欠である」。

メインディスプレーには、その他にも赤、黄色、とブルーのライトが付く。これは、FIAのコントロール下にあるデータシステムから、受信した情報を表示するためである。内容は、コース上のライトとコースマーシャルの振る旗と同じである。赤ライトは、赤旗と同じ「レース中断」、黄色ライトは、「走行注意」、そしてブルーライトは、「後ろから優先権のある速い車が追い越し体制にある」の情報をドライバーに知らせる。

ステアリングホイール

ステアリングホイールは、車の最も重要なコンポーネントの一つである。ドライバーと車の重要なインターフェースである、ステアリングとフロント・サスペンションからの情報伝達を担う。それと同時に、車の主なコントロールのプラットフォームをも提供している。

ステアリングホイール本体は、カーボンファイバー製である。その中に、ステアリングホイール上に連なるスイッチ類から、当該システムに指令を配信する ECU（電子制御ユニット）、が組み込まれている。ステアリングホイールを取り付けると、ステアリングホイールの裏に位置するマルチピンが、ステアリングコラム側のマルチピンに差し込まれ、車とのコネクションができあがる。

ドライバーによる脱着作業を容易にするため、ステアリングホイールのロック機構は、クイックリリース式である。その必要性は、ドライバーの乗り降りにはステアリングホイールを外さなくてはならないところにある。ステアリングホイールは、ステアリングコラムの先端にロックする。ドライバーは、ステアリングホイールのハブの後ろに位置するクイックリリース式ロック機構のカラーを後ろ側に引き、ステアリングホイールを外す。取り付ける時は、ステアリングホイールをハブ側に差し込み、ロック機構がロック状態になるまで押し込むだけである。

F1用ステアリングホイールは、とてもデリケートである。また、ステアリングホイールの回転がロック・ツー・ロックで4分の3回転程度にとどまるため、ス

▲ステアリングホイールは車の最も重要なコンポーネントの一つである。と同時にクラッチ、変速用パドルを含む多くの重要な操作類をも搭載する

◀◀ステアリングホイールの取り外し（その1）：ステアリングホイールの裏にあるカラーを後ろ側に引く

◀ステアリングホイールの取り外し（その2）：そしてステアリングコラムの先端に位置するボスからステアリングホイールをスライドさせて外す

115

テアリングホイール自体は、円形でなくても問題ない。そのため、F1用ステアリングホイールは、飛行機のそれに似る。左右に握るための取っ手があり、その上と下は大きくえぐられている。

　ステアリングホイール上に並ぶ操作類の動きは、ドライバーの好みに合わせるものの、そのレイアウトは、同じチームの車の間でなるべく共通の位置になるように決められる。車に携わるエンジニアとメカニックの混乱を防ぐためである。最も頻繁に操作されるシステムの操作類は、ドライバーがステアリングホイールから手を動かすことなく、簡単に操作できる位置に置かれる。

　ステアリングホイール上に並ぶ操作類に関して、マーク・ウェバーはこうコメントする。「操作類の位置を決めるのは人間工学的な理由が70％で、これはチームがドライバーに求める部分。残りの30％が我々ドライバーの好みとなる。例えば、ドリンク用ボタンの優先順位は低い。ドリンク機能は重要だが、ボタンの位置は、そうではない。それに対して、ピットストップの確認ボタン、ニュートラル用ボタン、あるいはラジオの操作ボタンの優先順位は高く、使用頻度も高い。だから、すぐ操作できるよう、指先の近くに置きたい。ステアリングホイール上操作類のレイアウトは、毎年若干変わるものの、その度合いは小さい。踏襲される要素があり、ステアリングホイールには必要でないものは無いからね」。

　RB6用ステアリングホイールの裏側には、4つのパドルがある。後ろに引いて操作する。左上のパドルは、アップシフト用で、右上のパドルは、ダウンシフト用である。下のどちらのパドルもクラッチ操作用になる。

▼ステアリングホイール上に並ぶ操作類

N：ニュートラル用ボタン
−1：表示メニュースクロールダウンボタン
RADIO：ドライバー／ピット間無線機用トグル式スイッチ（オン／オフを示すライト付）
OIL：潤滑油移送用ボタン（予備タンクからメインタンク）
PC：ピット確認（ピットイン確認）用ボタン
BBAL：ブレーキバランス表示ボタン
DRINK：ドリンクシステム操作用（ドリンク用ポンプ作動用）ボタン

RAIN：ウェット路面時のエンジンマップ／雨用ライトの操作スイッチ
MIX：燃料混合比調整用スイッチ
MULTI：マルチ機能用スイッチ
F.WING：フロントウィング角度調整用スイッチ
ENG：エンジンのマッピング切り替え用スイッチ
PIT：ピット内自動スピード制限用ボタン
＋1：表示メニュースクロールアップボタン

FAIL：メニューオプション解除用ボタン
OK：メニューオプション選択用ボタン
WING：フロントウィングの角度を下げるボタン（ダウンフォースと空気抵抗を削減）
REV：バックギア用
WARM：タイヤの温度上昇を早める、最大ホイールスピンモード用ボタン（フォーメーションラップ等に使用）

▲裏から見たペダルアッセンブリー：各リンケージがよくわかる。この絵ではアクセルペダルは左側になる

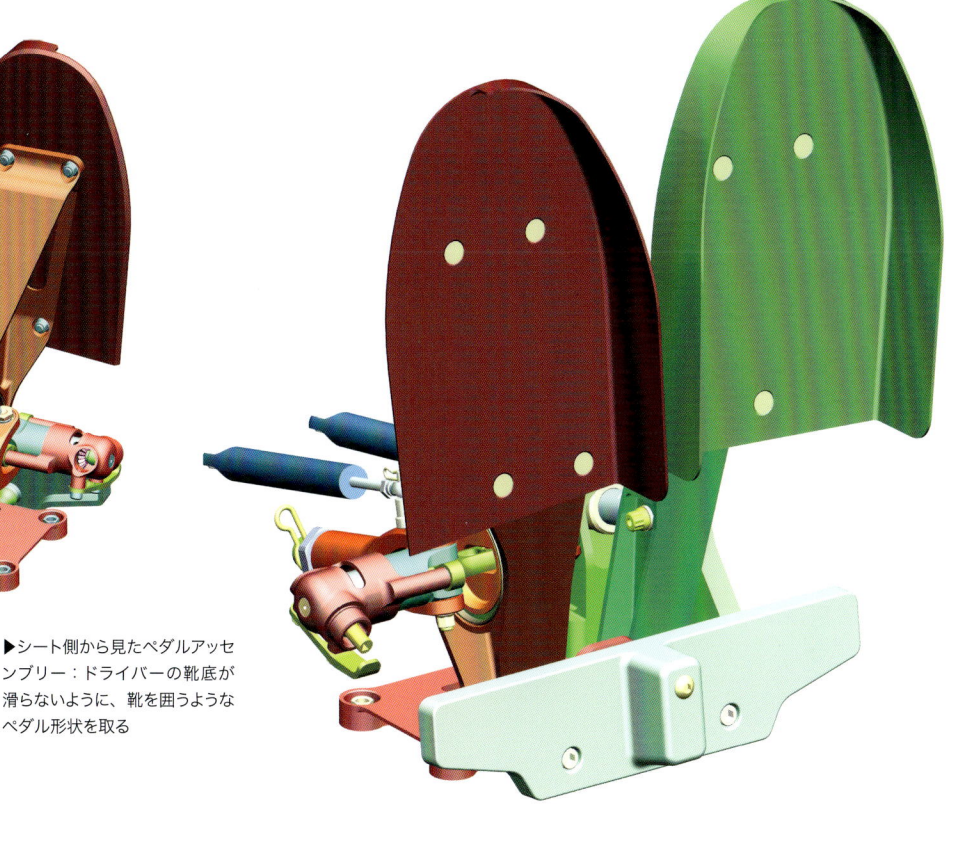

▶シート側から見たペダルアッセンブリー：ドライバーの靴底が滑らないように、靴を囲うようなペダル形状を取る

ペダル類

F1車には、アクセルとブレーキのふたつのペダルしかない。前にも説明したように、クラッチ操作は、ステアリングホイール上のレバーを用いるからである。

ドライバーは、左足でブレーキし、右足でアクセルを操作する。足を片方のペダルからもう片方のペダルに移す場所もなく、脚の間にステアリングコラムが通るからだ。

バンピーなサーキットでは、靴底がペダルから滑らないように、靴を囲うようなペダル形状が採用される。それについて、マーク・ウェバーは以下の通りコメントしている。「モナコなど、バンピーなサーキットで使う。ペダルを踏み込む瞬間、正しいペダルを確実に踏んでいるという安心感は大きい。」

その他のコックピット内操作類
ブレーキバランスアジャスター

ブレーキの前後バランスを調整するレバーは、コックピット内の左側に位置する。詳細については、153〜154ページを参照。

Fダクト

説明については、51〜52ページを参照。

イグニッション、消火器、キルスイッチの各操作類

コックピット内の右側、ドライバーの脚のすぐ横に、3つのスイッチからなるパネルが設けられている。一番下の赤いボタンは、消火器・キルスイッチ用である。残りの2つのスイッチはイグニッション用である。

「P0−P1」スイッチは、市販車で言う、AUXオンに相当し、エンジン系を除き、車の全てのシステムを作動状態にする。「P1−P2」スイッチは、エンジンのイグニッションをオンにする。別体スターターを用いてエンジンに火を入れる時に使うスイッチである。

▼コックピット内の右側に収まるスイッチパネル
1 全ての補助装置を作動状態にするスイッチ
2 イグニッションオンスイッチ
3 消火器用スイッチ

117

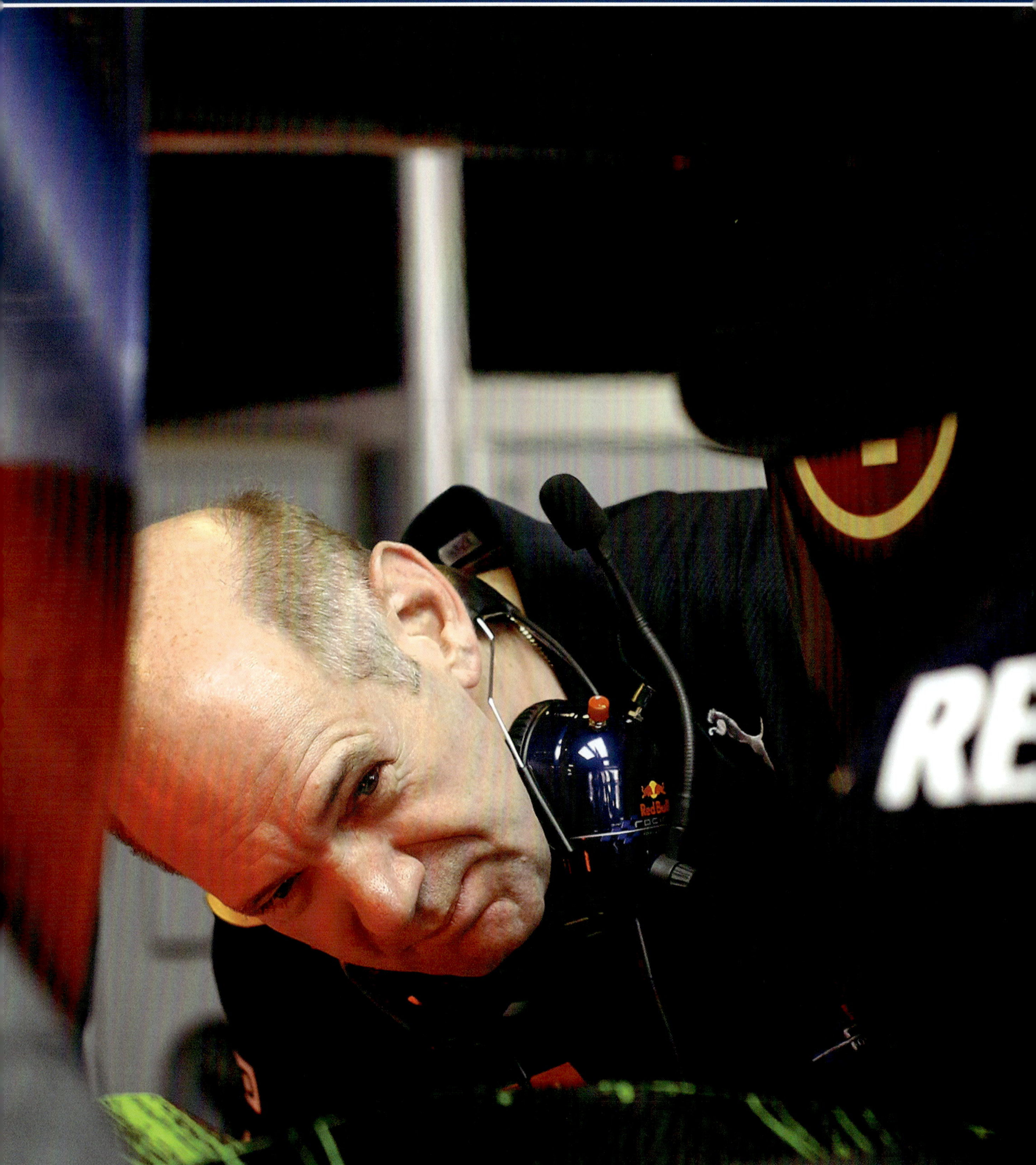
RE
Red Bull

デザイナーの見解

THE DESIGNER'S VIEW

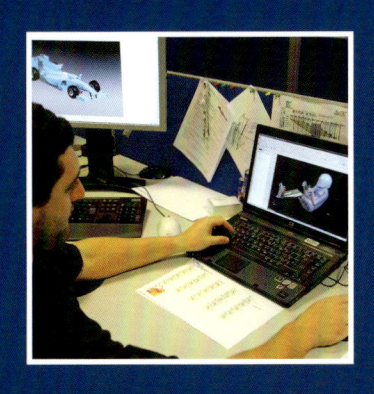

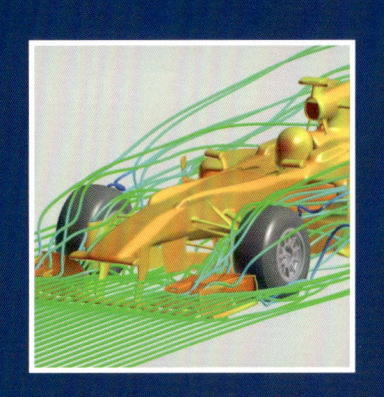

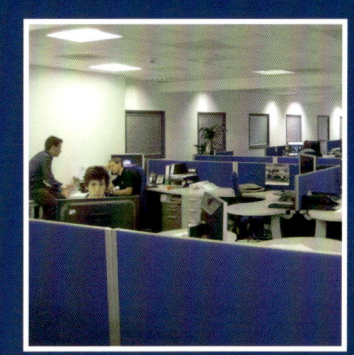

「規定の変更は、楽しみである。なぜなら、白紙に戻って、原理原則から新しいアイデアを考えるチャンスであるからだ。」

エイドリアン・ニューウィー

レッドブル・レーシング

チーフ・テクニカル・オフィサー

前書き
INTRODUCTION

▲勝利へのデザイン：2010年シーズンに向けてRB6の発表会用スタジオ写真

　F1デザインの進歩の速さ、技術レベルとチャレンジの高さは、軍事と航空産業を除いて、他に類似を見ない。F1デザインの進歩の速さは、他のどの平和利用技術フィールドよりも遥かに速いのである。勝てるF1マシンをデザインするには、多くの複雑な技術分野での高度な理解、そしてチーム一人一人からとてつもない努力とコミットメントを要求する。もちろん言うまでもないが、多くの革新的アイデア・考え方は、欠かせないのである。

　設計は、チームワークである。いくつかの開発グループに分かれる開発のスペシャリストが一緒に、優勝できる車を作り上げていく。しかし、彼らには、想像力を刺激し、方向性を示し、そしてモチベーション維持向上を助けてくれるリーダーが必要である。レッドブル・レーシングのその男は、他でもない、チーフ・テクニカル・オフィサーのエイドリアン・ニューウィー、その人である。ワールド・チャンピオンのセバスチャン・ベッテルは、エイドリアンがF1で最も成功を収

▶2010年2月10日、ヘレス・サーキットにて：マーク・ウェバーによるRB6の初走行

めている人物の一人である理由をこう説明する。「エイドリアンは、自動車レースに情熱を燃やしている。レーシング・ファンであり、モータースポーツを初め、F1、そしてF1マシンの開発を愛してやまない。言わば、車気違いである。そして、とてつもなく速い車を作る"マジックハンド"の持ち主である。言うまでもなく、チームのキーマンの一人である。また、とても"ナイスガイ"なのだ。野心的であり、ドライバーを含むチーム全員が更に頑張れるモチベーションの源である。これも、彼がチームのキーマンの一人である大きな理由なのだ」。

ベッテルはまた、RB6のどこも変える必要のない理由について、「最終的にはワールド・チャンピオンのタイトルを獲得できた。とても良い車と、とても良いチームに恵まれたので、変える理由はなにも無い。信頼性に悩まされたものの、それもまたシーズン後半の我々を一段と強くしてくれた」。

F1でレッドブル・レーシングは、たった6年と言う短時間で、苦戦続きのジャガーF1から生まれ変わり、2010年のコンストラクターとドライバーのダブルワールド・チャンピオンシップタイトルを獲得している。2010年シーズンを通して、RB6は、RB5の成功を元に、クラストップの速さを見せ、まさに速いF1マシン作りのお手本となった。

レギュレーション（規定）

FIAの規定は、デザイン上許されるものと、許されないものとを定義している。寸法、レイアウト、使える素材を規定で厳しく定めている。

しかしここ数年、開発エンジニアは規定の新たな解釈のしかたを見つけ、ダブルディフューザー、ブロウン・ディフューザー、Fダクト、チューンドダンパー、シームレスシフト・ギアボックス等の新システムを世に送り出している。

2010年向け規定変更

2010年に向け、いくつもの規定変更が導入され、2009年までの車に対して大きな設計変更をもたらした。

車の設計に影響を及ぼす2010年の規定変更は、主な項目は以下の通りである。

- レース中の燃料補給は禁止となった。そのため、レースの最後まで走れるだけの燃料をレース前に積まなくてはならなくなった。
- サバイバル・セル、ロール構造体、衝撃吸収構造体とホイールは、シーズン前にFIAの認定を取得しなくてはならない。明らかな安全対策、信頼性向上を理由とする変更を除いて、認定後の変更は一切認められない。
- 車両の最低重量は、605kgから620kgに引き上げられた。
- フロント・タイヤの幅は、270mmから245mmに変更された。
- 予選のトップ10は、最後のQ3予選でグリッド順を決めた時のタイヤで、決勝をスタートしなければならない。

規定に沿った開発の仕方

ルール化される前に、検討されている規定変更の詳細は、FIAから、F1に参戦するチームの団体であるFOTA（フォーミュラ・ワン・チーム・アソシエイション）のテクニカル・ワーキング・グループ（TWG)に提出され、検討会が開催される。TWGは、各チームを代表するトップの技術陣で構成される。レッドブル・レーシングの代表者は、車両開発のトップである、ポール・モナハンとなる。チームは、規定変更の内容を吟味し、FIAにフィードバックする。TWGは、シーズンを通して、検討されている規定変更の情報・知らせを随時に受ける。

規定変更のルール化が決定されると、レッドブル・レーシング開発チームの上層部は、その詳細を検討し、その影響を評価する。同様に、デザインチームが革新的なアイデアを思いついた場合、規定違反になっていないかを吟味する。

チームが、規定のこれまでにない解釈の元で、新しいシステムや部品が開発されていると思った場合、チームは、当該システム・部品の詳細をFIAと話し合い、その合法性を確認する。もちろん、チームにとって革新的なシステム・部品が「合法」であると断定されることは、とても重要である。規定違反と判断されれば、それに費やした多くの資源が無駄になるからである。

デザインチーム
DESIGN TEAM

▲2010年2月10日、ヘレス・サーキット：RB6の発表会に参加するチームの関係者。左から、ロブ・マーシャル（チーフ・デザイナー）、エイドリアン・ニューウィー（チーフ・テクニカル・オフィサー）、セバスチャン・ベッテル、マーク・ウェバー、クリスチャン・ホーナーとピーター・プロドロモウ（空力部門トップ）。

もちろん、F1チームによって、その開発組織の構造は異なる。レッドブル・レーシングの開発チームは、以下の開発分野に精通している開発グループに分かれる。

機械的デザイン開発

■複合材料関連部門

シャシー、ウィング、ボディーカウル、衝撃吸収構造体、ギアボックス関連の複合材料開発を担当。複合材料から出来ている構造体と部品のFIA認定取得も担当する。

■メカニカル関連部門

サスペンション・ステアリング系部品、ペダル、ホイール、ブレーキ・ダクト、ドライバー居心地関連の開発を担当。

■システム関連部門

エンジン搭載、燃料系統、電気系統（ワイヤーハーネスの設計を含む）、エギゾースト系、エンジン・潤滑油・油圧系統の各冷却システムの開発を担当。

■トランスミッション関連部門

ギアボックス・ケーシング、ギアボックス内部の部品、ディファレンシャル、クラッチ、ドライブシャフトの開発を担当。

■油圧系統関連部門

ギア変速器、パワーステアリング、角度変更可能フロントウィング（2010年）

■ストレス解析部門

FEA（有限要素応力解析）ソフトウェアを用いた、部品のストレス解析とストレス計測を担当

■R&D部門

実物確認、疲労・規定適合性・衝突実験／試験を通して、全システム・部品のデザインの検証を担当。

空力デザイン開発

■空力開発部門

風洞・CFD（数値流体力学解析）・実走を用いて空力コンセプトの開発とテストを担当。

■空力デザイン部門

空力コンセプトを風洞実験用モデル部品に置き換え

る。風洞実験用モデルに必要な機械的システムの開発、レース車両用部品の設計、実走空力テスト用機械・設備・道具の設計を担当。
■空力製作部門
　メタル、ラピッドプロトタイピング、カーボンファイバーを用いた風洞実験用モデルの部品製作・装着を担当。
■空力性能部門
　レース車両の空力性能に関する戦略・方向性立案とツールの製作を担当。空力デザイン開発チームとレースチームの窓口をも担当。
■空力技術部門
　風洞・実走テストでの空力開発に必要なシステム・ソフトウェア・技術・技量の開発と維持を担当。
■ラピッドプロトタイピング部門
　あらゆる素材を用いた、風洞実験モデル用、レース車両用のショートリード部品の製作を担当。

　この他にも、車の開発と運用に多くの技術スペシャリストとエンジニアが関わっている。彼全員、ミルトン・キーンズ本部にある大部屋で働いている。その部署は:
■シミュレーション
■車両ダイナミックス
■信頼性エンジニアリング
■レースエンジニアリング
■車両性能グループ
■材料技術
■技術運用
■マネジメント

　チーム・グループ同士の交流は常に行われ、最高のレース車両に向けたベスト案を求めて、デザイン開発中のデータ・アイデアの共有が進められている。

デザインチームの組織構造

　チーフ・テクニカル・オフィサーのエイドリアン・ニューウィーは、機械的デザイン開発と空力デザイン開発を統括している。新車両に求められる空力的・機械的総合性能を設定し、関連するコンセプトを空力開発のトップであるピーター・プロドロモウとチーフ・デザイナーのロブ・マーシャルと話し合い、発展させていく。それを受けて、プロドロモウとマーシャルは、作業内容を展開し、互いに必要なフィードバックと話し合いが行われるよう、空力と機械的要素を担当する各チームのメンバーを監督していく。
　その間にも、車両性能グループを初め、多くのグループで、前年度の車両の強みと弱みを分析するに必要な多くのデータを収集し、新しい車でどの部分を改善すべきかの検討に向けて仕事が進められている。
　シャシー設計、サスペンション設計など常設されているグループもいれば、開発中の新しい特定の部品・システムがあれば、プロジェクトの管理に当たるそれ用のワーキンググループが創設されこともある。
　言うまでもなく、F1では全チーム、他チームの動きを厳しくチェックしている。他車で見るアイデアを新型車用に検討・評価するのは当然のことである。
　全員が、他のところで進められている仕事が自分の仕事にどう影響するかを把握できるよう、各開発グループのメンバーを交えたミーティング、各グループのリーダーを交えたミーティングが定期的に開催されている。

▲レース車両の機械的設計を統括する、チーフ・デザイナーのロブ・マーシャル

▼空力デザイン開発を統括する、空力部門のトップ、ピーター・プロドロモウ

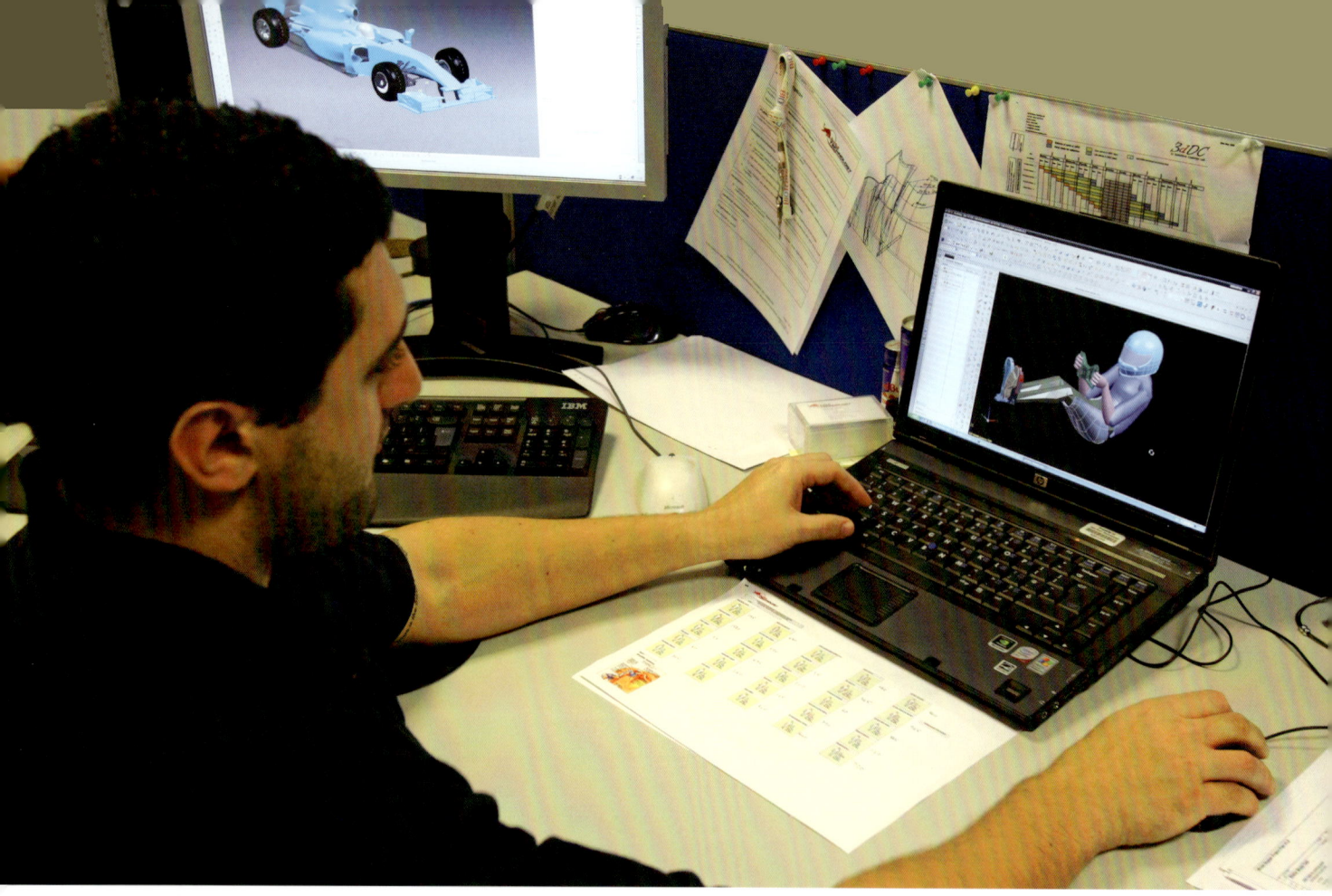

デザイン開発のプロセス
DESIGN PROCESS

▲設計の全ての領域で使われる3DのCAD（コンピューター支援設計）ソフトウェアー

前述のように、新型車の設計は、チーフ・テクニカル・オフィサーのエイドリアン・ニューウィーによるアイデア立案とコンセプト作りから始まる。F1で他に類を見ないことだが、エイドリアン・ニューウィーは、昔の製図工と同じ方法で、車1台分の図面を全て手で引いている。こうしてできあがった図面は、空力部門の専門グループでデジタル化され、3D CAD（3次元コンピューター支援設計）システムに落とされて行く。エイドリアンの図面から作られたCADモデルは、CFD解析（数値流体力学解析）、風洞実験用モデル製作、デザインチームのフルサイズコンセプト製作のために、それぞれの専門グループに引き渡される。

3D CADシステムは、全F1チームで、車の全ての領域にわたって、使われている。最も使われている3D CADソフトウェアは、航空機産業で幅広く使われている、ユニグラフィックス社（Unigraphics）のNXとダッソーシステムズ（Dassault Systemes）のCatia V5である。このCADソフトウェアは、空力設計、フルサイズ車両設計の全ての領域、ツール製作、治具製作、試験テスト用リグ、ガレージ・ピット用設備と多くのその他のコンポーネント作りに使用される。

部品のほぼ全ては、CADデータから直接作られている。製作・製造過程で使われる工作機械もCADデータを元に制御される。部品の一部は、従来の方法で作られることもある。全部品の詳細図面が用意され、その用途は、検査、組み立て作業、そして、部品の製作が外部に出される場合、外部下請会社の見積用等、幅は広い。

新しいコンセプトとその関連部品は全て、レッドブル・レーシング内で管理され、製作される。機密レベルの低い部品の場合、社内製作より外部のコストが低い、あるいはその製作に特殊な設備・製造工程が必要な場合、専門メーカーに製作を依頼することもある。

コスト／人件費制約

2010年に向けて、FOTA（フォーミュラ・ワン・チーム・アソシエイション）は、コスト削減の一環として、外部に払う委託費用と人件費を制限する同意に辿り着

いた。この同意の対象は、レースチームだけでなく、設計と製作・製造、即ちF1チーム全体の運営に及ぶ。その一つの例が、レース週末に参加できる総人数制限である。

この同意では、外部に払える委託費用はチームの総人数によって決まる。チームの総人数が多ければ多いほど、外部に払える委託費用は小さくなる。チーム自ら外部委託費用を制限することはできる。しかし、全ての工程を内作にするのは非現実的である。そのため、優先順位を吟味した上で、車の性能に最も貢献する内外比率を決定する必要がる。

同意のなかでは、GP開催カレンダーに合わせて、8月の2週間にわたる全チームの活動停止も義務付けている。その間、設計と車両運営に関わる全従業員は、ラップトップを初め、仕事関係の全てをチームの本部に提出しなくてはならない。チーム内の工作機械も停止し、外部委託の会社もチームの仕事に手を付けることはできない。

▲レッドブル・レーシング内の設計のオフィス：ミルトン・キーンズの本部にあるこの大部屋で開発チームの各スペシャリスト・エンジニアーは、アイデア交換をしながら車の設計を進めている

▼CAD（コンピューター支援設計）ソフトウェアで見る、RB2用ギアボックスとディファレンシャルのアッセンブリー

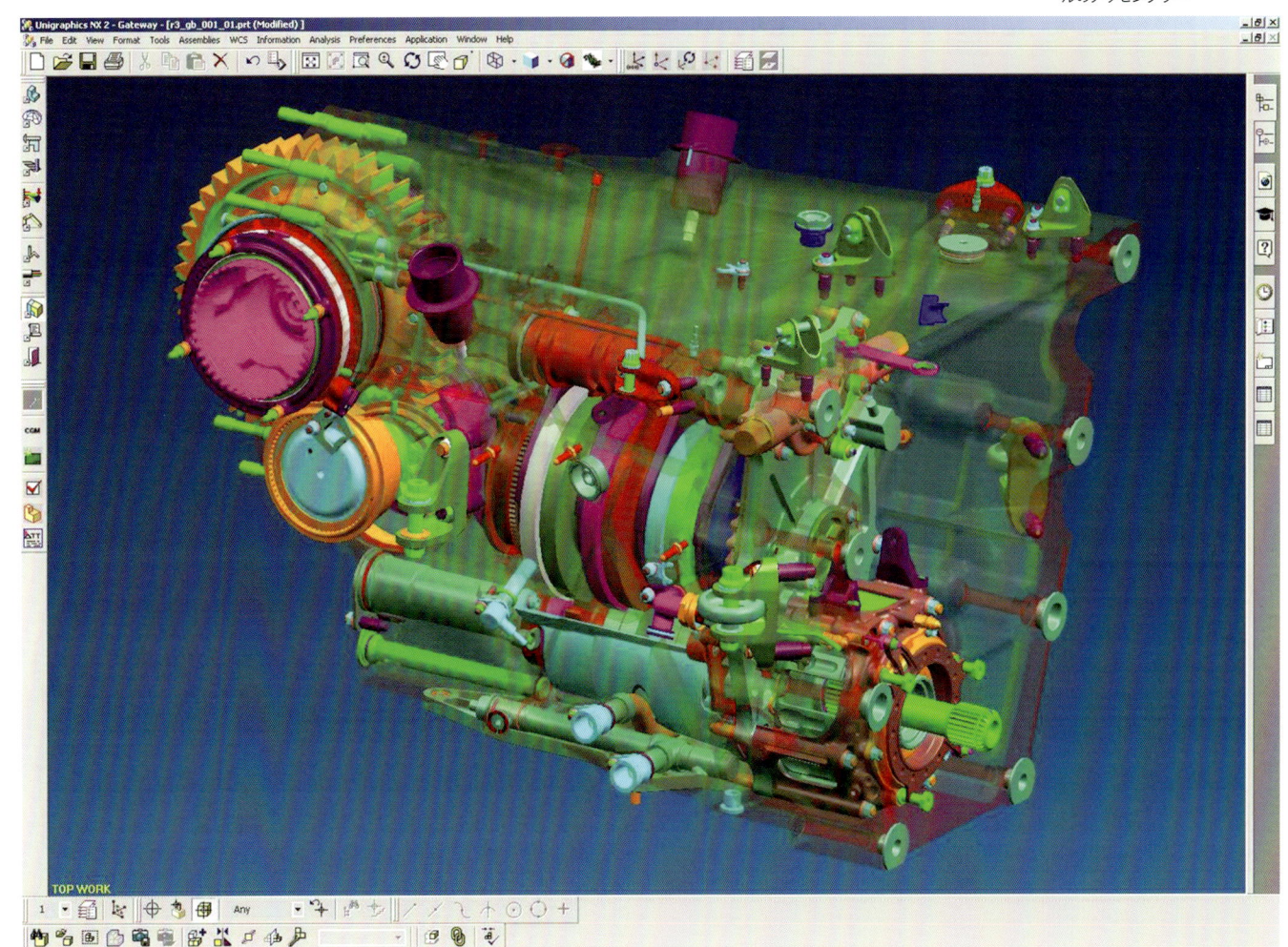

▲2009年のシルバーストーン：RB5を操縦するセバスチャン・ベッテル。RB6は、RB5の強みを生かして開発されている

設計の出発点

設計を始めるに当たって、技術陣は以下の点を考慮する。
- 前車の強みと弱みを充分理解し、強みを伸ばすと同時に弱みを無くすようにする。
- 他のチームの動き：他チームの車をよく観察し、その速さを見極める。他車の特徴をよく検討・評価し、場合によっては、その特徴を自車の設計に取り込む。
- 翌シーズンに向けた規定の変更とそれに伴う、変更すべき点
- 次の車で採用したい設計チーム独自の革新的技術

設計に入る段階で、上述の全ての点は解析・評価・議論され、車のその他のパラメーターと合わせて考量される。例えば、2010年から（レース中の燃料補給が禁止されたため）レースを最後まで走り切れるだけの燃料を積んでレーススタートに臨まなくてはならなくなった。その結果、レース中の車両重量はこれまで以上に変化する事となった。開発陣は、その大きな変化を充分考量して、ガソリンの搭載量が満タンである時と空に近づいている時の両方に合わせて性能の最大化を考える必要があった。

設計部門の目指す目標は、前の車（速い車であったならばの話だが！）をベースに、車の全ての領域で性能を最大に伸ばし、目立った弱点を無くすことに尽きる。RB6の開発は、その理想を正に実現した典型的な例と言えよう。2009年型RB5の強みであった優れた空力性能とメカニカルグリップを更に伸ばす一方、RB5の弱点であった、ダブルディフューザーを考慮していない基本設計を克服した。レース中の燃料補給を禁じる規定変更への対応と共に、ブロウン・ディフューザーという革新的なアイデアも導入した。

設計における重要なパラメーター

F1マシンを設計する上で最も重要視しなくてはならない、F1マシンの性能を決定づけるパラメーターがある。それは、車の重心と車固有の圧力中心点である。重心は、車両重量を一つの仮想点に集中させた中心点のことをいう。圧力中心点は、車にかかる全ての空力的力を一つの仮想点に集中させた中心点のことをいう。

重心の位置は、車の重量の分布によるものである。同じように、圧力中心点は、車にかかる空力的力の分布によって決まるものである。車の安定を目指す上で、理論上、重心は圧力中心点より前側に来るべきである。

車の重心は、車の前後（縦）方向と、車の垂直（高さ）方向から見ることができる。

上下方向から見て、車の重心高をできるかぎり低く抑えたいのが開発陣の心情である。コーナリング中、車にかかる横の力の影響を抑えることができ、車の安定性が増すからである。重心高が高い位置になればなるほど、車のロールが増し、コーナー内側のタイヤを浮かせる力が増す。設計する上で、重心高を抑えるには、車両重量をできるだけ軽くする必要がある。なぜなら、車両重量を規定の値まで上げるのに、車体のより低い位置により多くのバラストを積むことができるようになるからだ（30ページの説明文を参照）。

一方、重心の前後（縦）方向の位置は、車の重量配分を定義づける。それは設計上、フロントとリアの車軸とシャシー・エンジン・ギアボックスの位置関係で決まる。重心の前後（縦）方向のベストの位置は、必ずしも車の中心に来るとは限らない。比較的偏った重心の前後位置が、車のタイヤ摩耗とハンドリング特性に有利に働くこともあり、設計スタッフたちは、思いのほか前側、あるいは後ろ側に大きく偏った重心の前

126

後位置を意図的選ぶことがある。車が完成してから、バラストの搭載位置で調整することができても、車両の基本的重量バランスは、設計の段階で決定している。2010年中までは、チームの思惑に合わせて前後重量を決めることができた。だが、2011年のFIA規定により、前輪にかかる重量は車両総重量の最大46％（プラス・マイナス0.5％）に定められている。

一方、圧力中心点は、車の空力デバイスの形と位置によって決まる。分かりやすく言えば、フロント側（リア側）のダウンフォースが増せば、圧力中心点は前側（後側）に移動する。

F1マシンを設計する上で考えなくてはならないパラメーターは、その他にもたくさんある（設計の詳しい説明だけでこの本に相当する文量になってしまう！）が、もう二つあげるとしたら、一つはタイヤ性能、もう一つは車にできるだけ予測可能で分かり易いハンドリングを与えることである。後者は、車を「信用する」という意味で、ドライバーの心理に大きな影響を及ぼす。

タイヤの性能は、とても大事な要素である。タイヤの性能を引き出す。それは、タイヤをいかに最適な温度領域内に保ち、タイヤの摩耗を最小限に抑えるかにある。

ドライバーがより長く、車の限界ぎりぎりで運転できるようにするには、車がドライバーの入力に精確に、かつ予測通りに答える必要がある。

車の主要部品である、シャシー、エンジン、ギアボックス。認定を取得し、製作・製造されたものに対して、後からの変更は大変難しい。そのため、開発陣は、素性の良い車、すなわち「正しい設計」に最初から辿り着く必要がある。例えば、ホイールベースは、重量バランスに多大な影響を及ぼす。そのため、設計の初期段階で検討される最も重要なパラメーターの一つになる。理論的には、車ができあがってからホイールベースの多少の変更は可能だが、それに伴う設計のし直し・変更は、ほぼ確実に認定の再取得を意味し、それを考えると大事である。

パッケージング変更に伴い、考えなくてはならない要素は大変多い。その最も良い例は、2010年に導入されたレース中の燃料補給禁止である。それに伴う燃料タンクの大型化は、正にパッケージング、すなわち、長さと幅の問題であった。エイドリアン・ニューウィーはこう説明する。「搭載しなくてはならない追加の燃料を受け入れるには、シャシーを伸ばすか、その幅を広げるかにある。本来なら広げる方向で行きたいが、それはラジエーターの小型化を余儀なくし、冷却性能を犠牲にすることになる。この点でRB6では妥協せざるを得ず、ラジエーターを少し小さく、そしてシャシーを少し長くした」。

シャシーを少し伸ばすことによって、冷却の問題を避けることができた。その上、大きくなった燃料タンクを後ろ側に伸ばし、重量バランスを後ろに移動させた。その結果、フロント・タイヤにかかる重量を減らすことができ、ハンドリングのバランスの改善に成功した。

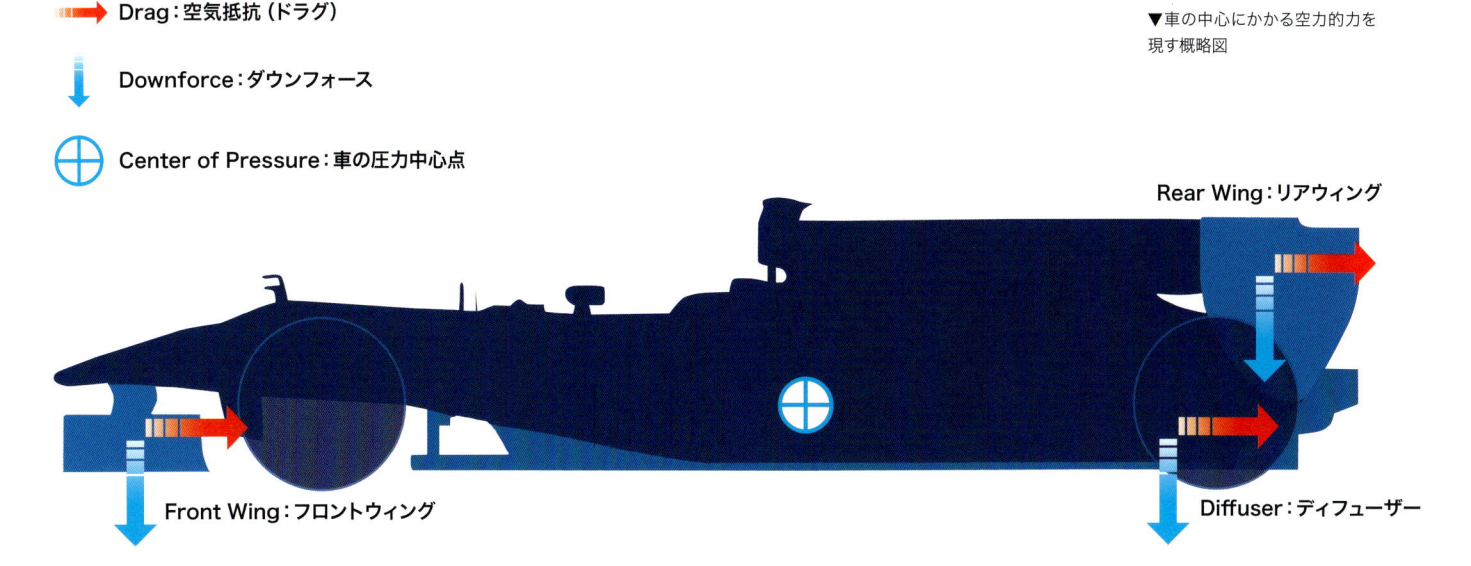

- **Drag**：空気抵抗（ドラグ）
- **Downforce**：ダウンフォース
- **Center of Pressure**：車の圧力中心点
- **Rear Wing**：リアウィング
- **Front Wing**：フロントウィング
- **Diffuser**：ディフューザー

▼車の中心にかかる空力的力を現す概略図

パッケージ
THE 'PACKAGE'

▲競争し合う二人のドライバーは、2010年用RB6の「パッケージ」の大きな要素となった。写真は、シルバーストーンでのバトル

ドライバー、エンジニア、解説者は、「パッケージ」と言う言葉をよく口にする。その言葉の裏に隠れているのは、速い車に必要不可欠な要素である。パッケージは、自ずと妥協の塊である。その中で、デザイン開発陣の仕事は、弱点をできるかぎり小さくすることにある。

カギとなる要素

設計において、パッケージのカギは4つある。この4つのカギがベストの状態で噛み合って初めて速い車が実現する。
- ■空力的効率
- ■機械的効率
- ■エンジン
- ■ドライバー

レッドブル・レーシングのチーフ・デザイナーであるロブ・マーシャルはこう指摘する。「優れた空力に残り三つの内二つ加えることができれば、優れたパッケージができあがる。全ての要素が揃えば、無敵である！」

一昔前までは、タイヤもパッケージに入る要素であったが、全車が同じ「コントロール」タイヤを履く今日では、タイヤ開発を車の性能向上に使うことは出来ない。

実際、全ての要素が揃って、最高の貢献度をするのは稀である。一方、一つの要素において大きな弱みを抱えるとなると、パッケージとして駄目である。

RB6の長所を説明するセバスチャン・ベッテルも指摘するように、高いダウンフォースは、速いラップタイムに欠かせない。「もちろん欲しいのは常に速い車である。RB6は、最も速い車であることを証明している。車から大きなダウンフォースを得ていたと思う。そのおかげで高いコーナリング速度が可能であった」。

RB6が2010年に見せた速さを振り返って、エイドリアン・ニューウィーは、こうコメントしている。「RB6が最も大きな差を付けたのは、コーナリング時間が最も長く、ストレートが最も短いサーキットである。最も印象深いのは、バルセロナのターン9をフルスロットルで駆け抜けたことである。2009年、シルバーストーンのコップスもかろうじてフルスロットルで行けたが、バルセロナのターン9はそれを一段上回った」。

Low pressure：
気圧　低い

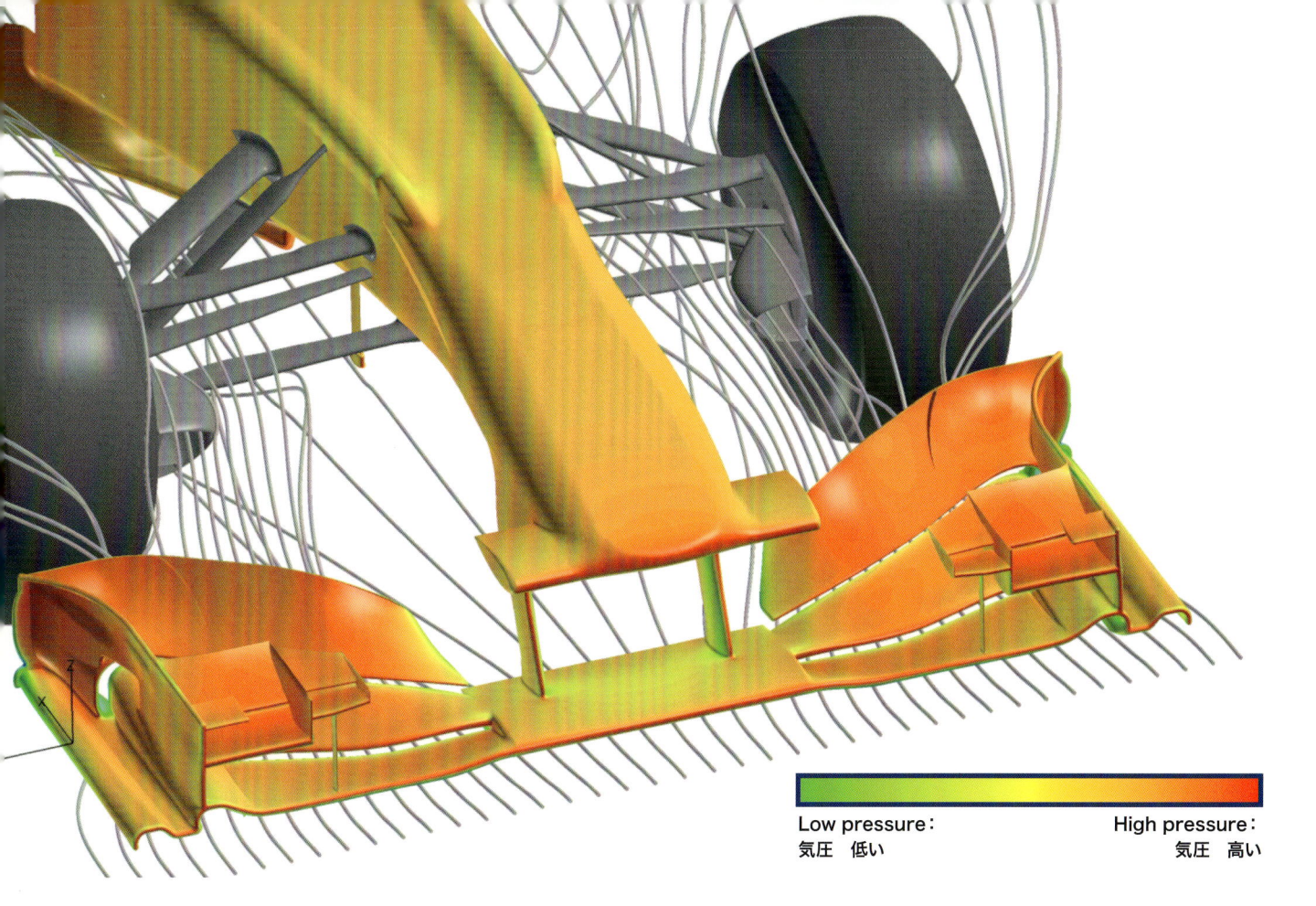

High pressure：
気圧　高い

CFD（数値流体力学解析）
CFD

　CFD（数値流体力学解析）は、流体（F1マシンの場合、空気流）のシミュレーションと解析を可能にするコンピューター用ソフトウェアである。CFDは、現代のコンピューターの高い計算速度を利用して、複雑な数学的計算を行い、車の上の空気流のデータ化と可視化を可能とする。そのため、車をデザイン開発していく過程でCFDは必要不可欠なツールである。

　CFDの原理は、この本の範囲を超えているが、重要なのは車の表面上を流れる空気の速度とそこで発生している圧力（ダウンフォース）の変化を計算し、空気流の動きを予測できることにある。

　ほとんどの場合、CFDは、数パーセントの精度で、車にかかる空力的力を予測できるのだ。CFDは絶対間違えないとは言えない。しかし、とても重要な予測ツールでもある。車のデザインと開発では、CFDは風洞実験と合わせて使われる。

　CFDの大きな利点は、データの可視化にある。開発陣は、空気の流れ、ダウンフォースの値、流速などを3Dグラフィックスのアニメーションとして、画面で確認できるのです。

CFDのプロセス

　CFD解析は5つのステージからなる。

■解析するコンポーネント（コンポーネンツ）の3D CADモデル作り。モデルの製作は、空力デザイン部門が担当。

■解析に必要な条件をセットアップする。テストするモデルの上を流れる空気流の方向性、速度等を定義付けする「仮想の箱」をセットアップする。

■テストするモデルを3次元のメッシュ状に区分けする。3次元のセルの数はとても多く、何百万の3次元セルになることもある。そして、ソフトウェアで、セルごとの流体力学的データを計算する。

■続いて、「ソルバー（解法）」ソフトウェアを用いて、メッシュ化されたモデルのデータを解析し、メッシュ内のセルごとのデータを関連付けし、互いの影響を計算する。それを各セルのデータにフィードバックしながらメッシュ全体での空力的力と空気流

▲代表的なフロントウィングにおける空気の流れとダウンフォースのCFDイメージ。空気の流れはグレー色の線、ダウンフォースは色の濃さで表現している

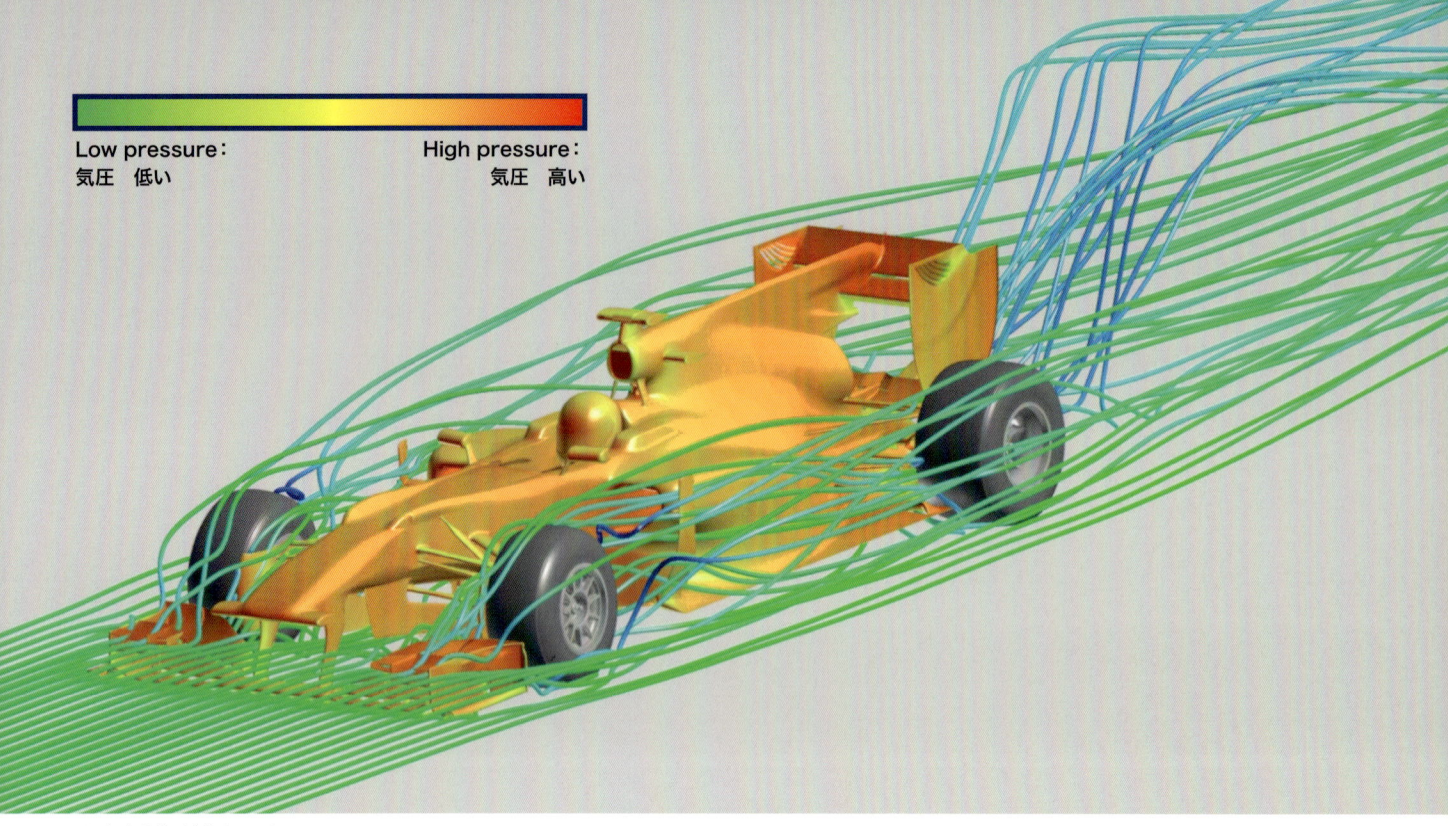

Low pressure:
気圧　低い

High pressure:
気圧　高い

▲▲ 車全体（上）とリアウィングアッセンブリー（下）における空気の流れとダウンフォースのCFDイメージ

をバランスさせていく。平たく言えば、モデル上の空気の流れとダウンフォースをモデル全体で見たイメージを作るステップである。

■「ポスト・プロセッシング」は得たデータの最終解析を可能とする。ダウンフォースの計算、更なる解析と結果の可視化である。

　CFDは風洞実験と合わせて使われるツールである。互いに補完関係にあるこの二つのツールは、デザイン開発に欠かせないツールである。CFDは、新しいコンセプトを評価する時に有利である。なぜなら、見慣れない形状の場合、風洞実験用モデルを手直しするより、CADにそのデータを入力する方が簡単であるからだ。

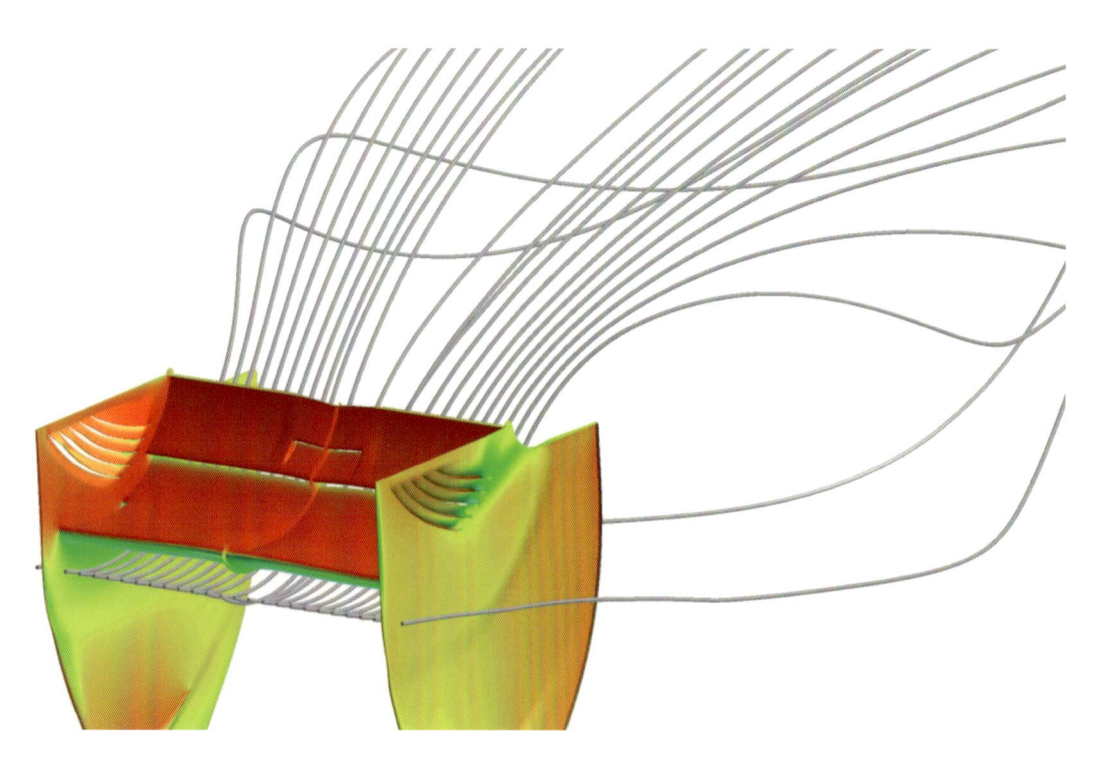

風洞
WIND TUNNEL

▲ベッドフォード市にあるレッドブル・レーシングの風洞内のクリスチャン・ホーナー

　風洞は、シミュレーションと開発の重要な道具である。CFDと合わせて、デザイン開発段階の空力コンセプトの正しさ、新しい部品の効果の検証に使用される。一般的には、CFDですでに評価を得ているコンセプトの正しさを検証し、そのファインチューニングに使われる。

　ベッドフォード市に位置する風洞では、60％スケールのモデルが使われる。フルスケールモデルを使うチームは少ない。フルスケールモデルの使用が、FOTA（フォーミュラ・ワン・チーム・アソシエイション）の資源使用制限同意（124～125ページを参照）によって厳しく制限されているからだ。と同時に、フルスケールモデルだからといって、実走テストで同じ結果を保証するわけではないからだ。例えば、フルスケールモデルでも、レース車両で見る排気ガスの流れとその温度、あるいはラジエーター付近の空気密度を再現することは出来ない。フルスケールモデルの使用は、市販車開発により有効であるようだ。F1マシンのピンポイント評価に対して、市販車では車全体の空気流を重視するからである。

　FOTAの同意は、飛行場やテスト施設で行われる原寸大車両による直線でのテスト走行を6日間に制限している。これは主に空力テストに使われる。同意では、フルスケールモデルを使った直線でのテストの1日分を4時間分の風洞実験と交換できる。このように交換した分の風洞実験だけは、フルスケールモデルの使用が認められている。それ以外の風洞実験は、最大60％スケールのモデルしか使用できない。レッドブル・レーシングは、全ての風洞実験に60％スケールのモデルを使用している。FOTAの同意はまた、風洞実験での風速を秒速50m、即ちおよそ時速176km（時速110マイル）相当、に制限している。

　レッドブル・レーシングでの風洞実験は、専任の空気力担当者チームの手によって行われる。データの収集と解析の後、空力デザイン開発の各グループにその情報がフィードバックされる。

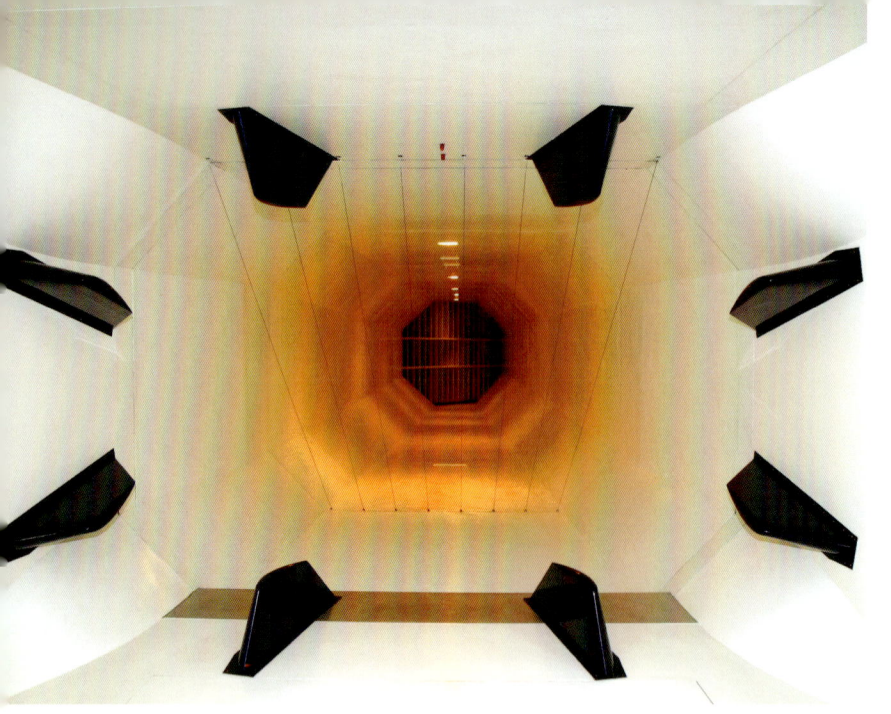

▲ターニング・ベーン：モデルの入っているところに入る前に空気の流れを整える

▶ミルトン・キーンズ本部に展示されている2008年用RB4の風洞実験用モデル

風洞を使う

　風洞内は、厳しく管理される環境である。計測の精確性、安定性、再現性を実現するため、流れる空気の「質」を常に一定に保つ必要がある。ファンからの空気は乱れており、そのままでは安定した計測が得られない。そのため、モデルのある場所に、ファンからの空気を直接入れてはいない。乱れの無い、安定した空気流を得るのに、空気流はまずターニング・ベーンを通り、続いてスクリーンを通過する。こうしてまっすぐに流れるようにされて、初めてモデルの入っているチェンバーに入る。

　現実に近いシミュレーションを行う上で、モデルの置かれている風洞の床は、空気流と同じ速度で動く必要がある。モデルのタイヤは、その動く風洞床（ベルト式移動地面板）に直接乗っている。モデルはまた、垂直なストラットを介して風洞の天井に固定される。このストラットは、同時に、モデルの重量を受けている。おかげで、風洞実験中のモデルの重量をゼロにすることができ、残された空力的な力だけを測定することができる。モデルにかかる空力的力は、ストラットに搭載されている計測器で測られる。

　風洞実験を行う際、全ての機材を定期的に点検する。外的要因を排除し、測定の一貫性を確実なものにするためである。計測エラーにより、開発を誤った方向に向かわせないためにも、風洞実験で再現性のあるデータを得ることは、エラーや開発方向のミスリードを防ぐために欠かせないのである。

　風洞用モデルで空気の流れを精確に再現するのが難しい箇所もある。ブレーキ冷却用ダクトに入り、ブレーキ・ディスクとその周りを冷却し、ホイールから出て行く空気流がその一例である。このような、空気流の捉え難い箇所では、CFDを用いて、風洞での測定と解析精度を補うことができる。

風洞実験用モデル

　風洞実験用モデルは、実物の部品をこと細かく、精確に再現していなくてはならない。そのため、風洞実験用モデルのディテールの細やかさは、驚くほど高い。実物大の車をそのままスケールダウンしたレプリカである。

　多くの風洞実験用モデルの製作には、プラス・マイナス0.1mm精度のラピッドプロトタイピングが使われる。ラピッドプロトタイピングは、CAD上のバーチャル3Dモデルを精確に再現する、自動化された製作プロセスである。CADモデルを無数の薄い断面に分け、それを液状樹脂の層で再現し、重ねていく。モデルの形状を忠実に再現する、重ねられた液状樹脂の層が互いに接着しあいながら乾燥してできあがる。ラピッドプロトタイピングは、複雑なカーブや切り込みを含む様々な形状を再現できる。他の方法では何時間も何日も要する部品を数時間で作ることができるのも大きな特徴である。ボディーカウル、空力デバイス、サスペンション部品、更には細かいディテールを求めるブレーキ・ダクトまでを含む、車のほぼ一台分の部品の精確なスケールモデルをこのプロセスで作ることが可能である。時には、テスト用フルスケール部品の製作にも用いられることがあるが、それは高い負荷に耐える必要のない部品に限られる。

　風洞実験用モデルに使用されるタイヤは荷重を受け、実際のタイヤと同じように変形する必要がある。実車の動きを精確に再現し、精度の高いシミュレーションを可能にする上でとても重要である。本物のタイヤと同じ動きを再現するため、風洞実験用モデルに使われるタイヤは、本物同様、ゴムでできている。負荷が加わると本物のタイヤと同じように変形する。

　他のF1チーム同様、レッドブル・レーシングでもその開発ペースに対応するため、風洞実験用モデルの製作に専念し、次々と新しいモデルを作る専従のグループが存在する。

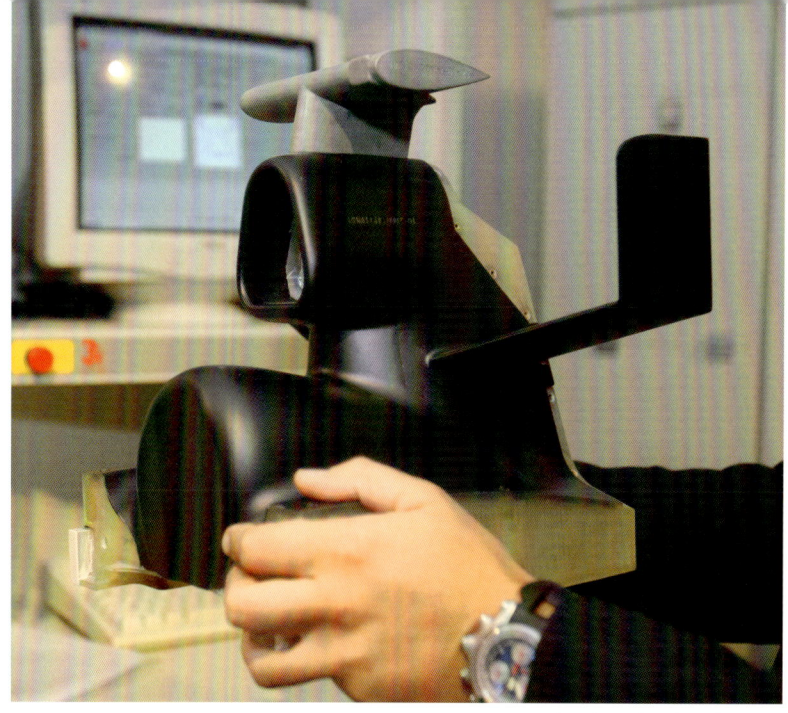

▲ラピッドプロトタイピングで作られたRB2用エアボックスの風洞実験用モデル

◀テスト開始を待つRB4の風洞実験用モデル。モデルと風洞の天井を繋げるストラットがよくわかる

シミュレーション
SIMULATION

▲レッドブル・レーシングのドライビング・シミュレーターは、開発の重要なツールの一つである

車のデザイン開発とドライバー・サポートにおいて、様々なシミュレーションが使われる。シミュレーションの最も重要なツールは、風洞とCFDであるが、その他にも、テスト用リグやドライビング・シミュレーターも使われている。シミュレーションは、実走を完璧に再現できる、あるいは実走で起きるシチュエーションを完璧に予測できる道具ではないものの、更なる精度アップを求め、その開発は日々行われている。

リグを用いたテスト

試験用リグは、設計と開発の段階にある部品やシステムのテスト・確認に幅広く使われている。

リグも様々で、サスペンション部品の破壊試験を行う「単純な」リグから、車両1台を搭載しテストを行う、7ポスト・リグまで、その種類な幅は広い。

試験用リグは、部品、あるいは車両1台が、走行中に受ける入力のサイクルを精確に再現できるため、実車に搭載され前の部品の強度と耐久性を測るのによく使われる。

破壊試験では、部品が破壊に至るまで負荷を段階的にあげていく例もあれば、決まったパターンで負荷が上下するサイクルを繰り返し、破壊に至るまでの回数を見る例もある。テストには、複数の点での負荷を測定・記録するストレス・ゲージ、あるいは部品の移動量・変形量を測定・記録する測定器等、様々な器具類、測定器等が使われる。そこから得られたデータは分析され、レース車両に搭載された場合、その部品がどのように働いてくれるかを教えてくれる。

多くのF1チームにとって、7ポスト・リグはとても重要なシミュレーション・ツールになっている。この決して小さくない試験用リグは、車両の各タイヤを支える油圧パッドを持っている。各パッドの上下の動きで路面からの入力を再現する仕組みである。更に、3つの張力ストラット（これで先程の4パッドを加えて、7ポストとなる）で、ダウンフォースの変化、ピッチ・ロールの度合い、すなわち、加速／減速／コーナリング時の荷重移動等、車にかかる様々な力と負荷を再現できる。レース車の車載データロガーに記録されたレースデータを元に、7ポスト・リグをプログラミングすれば、コースの1周、あるいはレース1戦分を再現することができる。

◀車のデザイン開発の重要なシミュレーション・ツールとなる、7ポスト・リグ

ドライビング・シミュレーター

　今となっては、ドライビング・シミュレーターは、レッドブル・レーシングを初め、多くのチームで使われている道具である。ドライビング体験を完璧に再現できないものの、チームとドライバーにとって、重要な開発ツールになるまでに、その完成度は増してきている。チームにも、ドライバーにも、新しいコースの特徴を勉強する上で重要な道具であり、新しいドライバーも、実車を走らせる前に車の操作と挙動を知り、それに慣れるのに重宝する。

　車載データロガーに記録されたレースデータに加え、空力／タイヤ／サスペンションの特性を定義する数学モデル、更には、ニュートンの運動の法則を取り入れたプログラミングで、当該サーキットでのドライビング体験を相当リアルにシミュレーションできるようになる。ドライビング・シミュレーターから得られるデータはまた、ドライバーの操縦スタイルと車の性能の分析にも役立つ。

▶チーフ・エンジニアのマーク・エリス率いるヴィークルダイナミックス（車両運動力学）のグループは、エンジニアリングで使われるシミュレーション・ツールの開発と、性能（ラップタイム）を念頭に、新システム・コンセプトのプラス点とマイナス点評価を担当

▼チームのドライビング・シミュレーターのコントロール室

135

実走テスト
TESTING

▲2010年2月、バルセロナ：
RB6の冬テスト風景

　実走テストは、新型車の改良開発に不可欠なものである。シーズン中の実走テストが（コスト削減の一環として）禁止されてから、シーズン前の実走テストは、ますます重要となった。レース週末の金曜日に行われる練習走行を除いて、唯一実走テストが許される時であるからだ。新型車の設計と製作の次のステップは、シーズン前の実走テストである。

　FOTAの資源使用制限同意では、シーズン前実走テストに加えて、2010年には、直線での空力テストを6日行うことが許されている（131ページの「風洞」の部を参照）。

　テスト中、データの収集とドライバーからのフィードバックは、共に重要である。データからは、測定されている当該パラメーターの値からその状態がわかる。しかし、それが良いことなのか、悪いことなのか、あるいは正しいのか、正しくないのかの状況判断はできないのだ。エンジニアたちがデータの関連性と、そこから生まれる道筋を見出すには、ドライバーからのフィードバック（ドライバーの好む挙動、好まない挙動）を正しく解釈するのが重要である。同じ目的で行われた、両ドライバーの実走テストのデータを比べてみるのも、その正しい解釈の仕方に役立つこともある。大変稀ではあるが、ドライバーのフィードバックがデータと全く合わない場合、エンジニアたちは落ち着いて情報の解釈の仕方をじっくり考える必要がある。

シーズン前の実走テスト

　2010年のシーズン前実走テストは、4日間のテストを4回、全てスペインのバレンシア、バルセロナとヘレスで行われた。言い換えれば、レースシーズンの最初のレースまで、各チームは新しいコンセプトの正しさの確認から、車の各システムの最適化、車の弱点の発見まで、述べ16日間にわたる時間しかなかったのだ。

　シーズン前の実走テストは、車が想定通りの機械的・空力的性能を発揮しているか、基本となる各構造体とシステムが期待通りの信頼性を示しているか、そして問題があればそれを識別し、解決していくためにある。そして、実走テストは、チームにとって車の設計を改良するプロセスの始まりでもある。

普通のパターンで行けば、チームはまず、新型車をプレスにお披露目する。その日が、シーズン前テストの前になるか、参加するシーズン前テストの初日になるかはチーム次第である。その次は機械部品、空力部品のアップグレード（改良）を設計し、その効果を実走テストで確認する。そして、3月の初レースに臨むという順番となる。ここ数年、レッドブル・レーシングは、スペインで、シーズン前テストの早い回で新型車を発表している。

前シーズンの車が比較の対象となるため、新型車を走らせ始めてから、一日から二日もあれば、車が速いのか、遅いのかが明らかになる。ただし、他車との比較はそう簡単には行かないのだ。マーク・ウェバーは、こう説明する。「大幅な規定変更の時、評価は難しくなる。車の挙動が基本に忠実なのか。それとも悪いクセを現すのか。あるいは大きな問題を抱えているか。驚くほどらしからぬ挙動を見せるか。車の気質は比較的早い段階で明らかとなる。そしてその直後から実際の性能を探って行くのだ」。

2010年に、レース中の燃料補給が禁止されてから、シーズン前の実走テストの最大の問題は、他チームの車がどれ程の燃料を積んで走っているかがわからなくなった点である。今の車は、160kgの燃料を積める燃料タンクを持つ。160kgを積んでのラップタイムなのか、それとも30kgを積んでのタイムなのか、皆目見当もつかないのだ。そのため、他車との比較は難しく、本当の姿は、初戦で初めて明かされる。

▲2010年2月10日、ヘレス・サーキット：RB6の発表会で車を覆うカバーを外すセバスチャン・ベッテルとマーク・ウェバー

金曜日の練習走行でのテスト

金曜日の2回の練習走行で、新しい部品の評価テストを自由に行うことができる。しかし、その時の車は、「合法」でなくてはならない。レースで認められているセンサーとデータロガー以外の、テスト用センサーとデータ収集機を使うことはできない。もちろん、まだ認定を受けていない画期的な部品を搭載することもできないのだ。それとは対照的に、シーズン前の実走テストでは、どのような部品も、どのような特殊センサー、データロガーとテスト用リグも、自由に使うことができる。

レース週末での評価テストは、たいてい金曜日の午前中に集中する。金曜日の午後と土曜日の午前中は、車のセットアップに費やされるからである。金曜日にテストを行う場合、新しい「改良」の評価に必要なコンスタントな走りと、残りの週末を視野に入れてドライバーの目をレーススピードに慣らしていくためのホットラップとの間でバランスをどう取るかが重要となる。

◀テストで見る、レースシーズンさながらの緊張感：車の改良は、実走初日からスタートする

改良部品の開発
DEVELOPMENT

▲2010年のブラジルGP：ガレージで出番を待つ新しいフロントウィング

シーズンがスタートすると共に、車、取り分け空力、の改良に向けた、終わりの知らない、開発レースがスタートする。2010年初戦のバーレーンGPから、最終戦のアブダビGPまで、毎レース、大きな空力アップグレードを受けたRB6である。

アップグレード

レース毎に用意される空力アップグレード。そのパッケージは、小さなディテールの改良もあれば、基本からデザインが見直されたものもある。その対象部品は、
■フロントウィング
■リアウィング
■アンダーフロア
■アッパーボディー

更に、ターニング・ベーン、整流ストレーキ等、空力デバイスの小さい改良も数知れず。

空力開発の場合、風洞でテストされている部品は、レース車両に使われている部品より進んでいるものばかりである。物流の問題を考慮して、開発のスケジュールはできるかぎり、大がかりな空力の仕様変更が遠征となる「フライアウェー」レースとタイミングが合わないように進められる。実は、開発のスピードを制限しているのは、新しく開発（製作）される部品の数そのものである。同時に開発・製作できる部品の数には限界があるからだ。改良パーツの開発を考える上で、インプット（目標を達成する難しさ、部品製作の難しさ）に対するアウトプット（得られる効果、ラップタイム差の大きさ）を常に考えていかなくてはならない。

改良部品が車に搭載されたら、ドライバーは、その効果を、最初の走行で、はっきり感じられるのか、それとも、差はデータでしか分からないのか、が問われる。マーク・ウェバーは、こう説明する。「その差は確実にわかる。グリップ力が増し、スピードも上がる。問題は、ドライバーが感じ取った差をエンジニアに伝え、ドライバーの感じた改善領域とエンジニアが改善されたと思う領域を比べ、実際何が起きたかを理解する事だ」。

全チームとも、常に新たな部品の開発を進めている。と同時に、ライバルチームが何をしているか、そしてそこから自車で使える新しいアイデアがないかを常に探し求めている。レッドブル・レーシングが新たに開発し、2010年のシーズン前実走テストで初めて使われたブロウン・ディフューザーがその良い例である。いくつもの競合チームで類似したシステムが開発され

たものの、その開発に時間がかかったことに加えて、その成果はまちまちであった。なぜなら、他の車は、RB6のように、最初からブロウン・ディフューザーを念頭において設計されていなかったからだ。

ブロウン・ディフューザーの効果を大きくするため、RB6用に新しいギアボックス用ケーシングが設計され、RB5のプルロッド式リア・サスペンションも踏襲された。ブロウン・ディフューザーとそれに必要なエギゾースト・システムの開発は、数週間もあれば充分である。しかし、プルロッド式サスペンションまで考えると、その開発と製作には、月単位というあまりにも長いリードタイムが伴うため、他チームにとって実用的ではなかった。

マクラーレン・チームが最初に開発した、Fダクトは、その逆の例で、同じ2010年の間に、他のチーム同様、レッドブル・レーシングもそれに類似したシステムの開発に着手した。マクラーレン・チームほど、シャシー内にシステムを上手く取り込むことができなかったものの、レッドブル・レーシングのそれは、比較的良い結果をもたらしたのだ。(51～52ページを参照)。

改良部品の開発プロセス

F1の全てについて言えることだが、新しい部品を開発する上ではスピードが全てである。ある改良、あるいはデザイン変更が性能アップに繋がるポテンシャルを持っていることがわかると、そのアップデートをレース車にいかに早く投入できるかがカギとなる。そしてその実現に向けて、デザイン、R&D、と複合材料の各部署が猛烈な勢いで目標に向かって動き出すのだ。

空力アップグレードに伴うプロセスは、以下の通りである。

■コンセプト作り
エイドリアン・ニューウィーとピーター・プロドロモウを筆頭に、空力部門が、新しいコンセプト、あるいは効果的な部品の改良に辿り着く。

■CADモデル作り
空力部門でそのコンセプトを3D CAD用モデルに置き換える。

■CFD／風洞を用いて評価
CFD／風洞を用いて新しいコンセプトを解析し、その効果・ポテンシャルを評価する。

■CADモデルのデータを複合材料部門のデザイン担当部署に送る
決定した改良部品の最終CADモデルは、複合材料部門に送られ、そこでデザインデータを元に、改良部品の実物が製作される。

■複合材料部門のデザイン担当部署での作業
複合材料部門は、結合形成と組み立てに必要なツール、モールド、ジグ、留め金等を設計する。組み立てから取り付けまでのプロセス、段取り等、そしてそれに必要な社内向け（複合材料部門の組み立てスタッフ等）説明書・マニュアル等、社外向け（FIA認定取得用）書類等を全て用意する。

■ストレス解析
複合材料部門のデザイン担当部署で行われる作業と並行して行われる。

■製作・製造
基本は内作だが、時たま外部のサプライヤーに委託することもある。製作・製造工程の一部は、複合材料部門のデザイン担当部署で行われる作業と並行して行われる。

■設計検証プロセス（DVP）
必要となる部品の構造確認（検証、疲労テスト、合法性等を含む）を行う。

■破壊試験（必要に応じて）
専用のテスト器具を用いた破壊試験を行う。そのテストデータはストレス解析担当部署に送られ、予想通りの結果であるかを確認する。

■レース車への組み付け作業
金曜日の練習走行での最終評価テストに向けて行われる。テスト結果によっては、予選とレースで使われることになる。

■結果が全て！
稀ではあるが、時々、開発の段階で期待されていた改良部品が良いラップタイムに結びつかない場合もある。そのような部品の運命は、ゴミ箱行きである。改良パッケージ、あるいはその一部、が良い結果に結びつけば、レース車に採用される。

■短い寿命
新しい改良部品の開発が進むに合わせて、たいてい2～3レースの内に次の新しい部品に交換されていく。

この終わりのない開発の結果、シーズンの最終戦を走る車は、初戦を走った車とは別物になっていることが多い。マーク・ウェバーが説明するように、ドライバーから見た違いは大きい。「初戦と最終戦の車を比べると、全く別物である。テストの結果、ラップタイムが0.2秒から0.3秒改善できれば、ドライバーにとっては大きな進歩である。それに比べて、一つのシーズンの間に、1.5秒から2秒ないしはそれ以上の改善に成功しているから、同じ車とは到底言えない。確かに見た目にはシャシーをはじめ、そう大きく変わったように見えないかもしれないが、細かいところで驚くほど多くの改良が行われている。そして車の速さは飛躍しているのだ」。

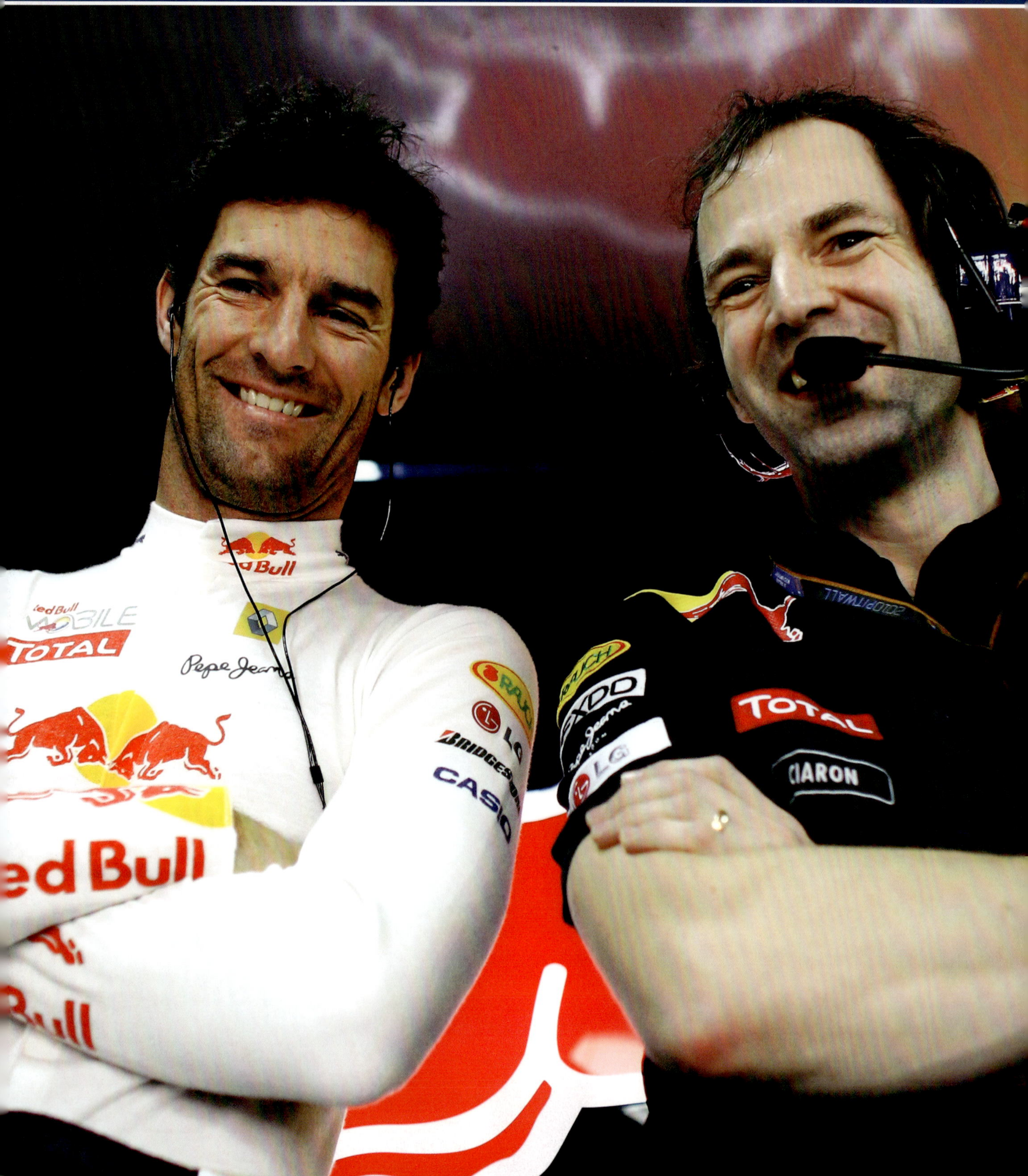
TOTAL
TOTAL
CIARON

レース・エンジニアの見解

THE
RACE
ENGINEER'S
VIEW

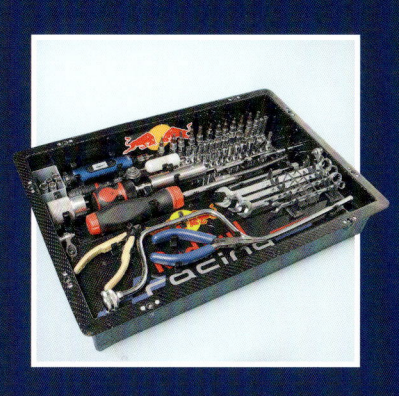

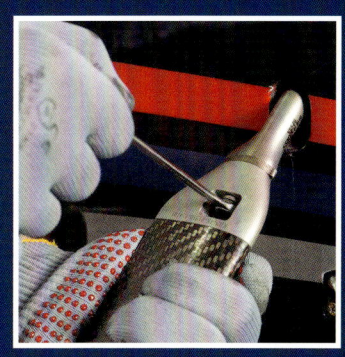

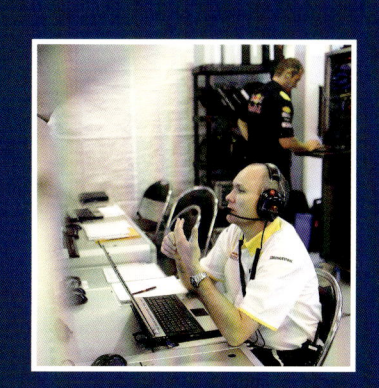

「レース・エンジニアを100％信用しているドライバーであれば、彼の言うことは現実として受け入れられる。」
ポール・モナハン　レッドブル・レーシング車両開発総責任者

◀レース・エンジニアのキャロン・ピルビーム氏とマーク・ウェバー：笑顔を招く一時を過ごす

141

前書き
INTRODUCTION

▲ドライバーがチームの「顔」であれば、メカニックとエンジニアは、グリッドで車の姿を見ることを可能にする影の立役者たちである

　正確に言うと、「レース・エンジニア」とは、ドライバー専任のエンジニアである。レース週末を通して、ドライバーと一緒になって車の持つポテンシャルを最大限引き出す人物である。ドライバー一人一人に専任のレース・エンジニアが付いている。車とドライバーの持つ力が発揮されるかは、二人を繋ぐ絆の強さにかかっている。車のポテンシャルを最大限生かすには、レース・エンジニアが、車とその各システムに精通しているのは当然である。それに加えて、ドライバーと強いつながりを築き、ドライバーが車から何を望んでいるかを読み解き、理解する必要がある。レース・エンジニアは、ドライバーに、無線で良いニュースも悪いニュースも知らせなくてはならない人物である。だが、レース・エンジニアを100％信用しているドライバーであれば、彼の言うことは、現実として受け入れられる。

　レース・エンジニアの仕事は、エンジニアリング・チームの同僚と、そしてドライバーと、力を合わせて、レース週末にわたって車からベストの結果を引き出すことにある。それは、予選とレースに向けて車のセットアップ、タイヤ・燃料・レース戦略のマネジメント、そして、チームとドライバーの間の技術的繋役を合わせて担う意味である。

　しかし、この章でいうレース・エンジニアは、もう少し広い意味の、工場とサーキットで車の準備からレースに至るまで、欠かすことのできない技術者とエンジニア全員のことを指す。

　レース・エンジニアリングとは、エンジニアとして与えられる全ての資源（レース車、ドライバー、チームの持つ全ての人・物・金）を生かし、ベストの結果を生むことである。目標は、自ずと、レース優勝にある。

　エンジニア／技術者／メカニックは、各自、自分の担当する領域、部品、そして関する仕事の仕方、手順、手続き等に長けている。と同時に、他のメンバーを助けるに必要なその他の領域、車載システム等の知識・理解をも併せ持つ。F1の世界では、チームワークが全てであるからだ。

　F1でいうチームワークの最も良い例は、レース中のピットストップである。ピットストップは何度も練習されているルーチンでありながら、プレッシャーの高い中で、全員が完璧な仕事を求められる。ミス、あるいはわずかな作業の遅れがレース優勝を逃す結果に繋がりかねないからである。そういう意味では、2010年のレッドブル・レーシングのピットクルーは、模範的な存在であった。

▲マーク・ソーントンの「自家製」カーボンファイバー製工具箱：DIYメカニックならだれもが夢見る工具箱である

整備作業
WORKING ON THE CAR

　F1マシンの整備は、高い心配りと注意力を要求するものの、普通の市販車の整備とそう大きくは異ならない。車に直接かかわるメンバーは全員、車載システムをよく知り、車とその部品にダメージを与えないための、そして作業中の怪我を避けるための注意点、作業手順等を知る必要がある。そしてもちろん、チリ一つない清潔な状態を常に保つ必要がある。F1のガレージは、一般的な整備工場というよりも、手術室に近いのだ。

安全第一

　F1のピットレーンとガレージは、注意を怠ると危険な仕事環境である。燃料を初め、熱を持った冷却液、潤滑油、タイヤ、ブレーキ等、全て危険をはらむ。そして2011年には、KERSがそのリストに加わることになる。

　作業メンバーは全員、耐火性に優れたウェアーと手袋を身に着けている。また、必要に応じて、ゴーグル／バイザーも使用する。ガレージ内、ワークショップ内は、厳しい管理下に置かれた作業環境であり、そこで働く全員は、危険個所を知り尽くした、スキルの高い、訓練を受けた技術者である。車に近づくものは皆、決まった担当を持ち、こなすべき仕事を知り尽くしている。自分の責任範囲に入る領域とその危険個所を熟知し、その対策も万全である。

ツールと仕事環境

　車を設計する段階から、車の整備性を如何に良く出来るかが課題の一つとなる。だが、だからといって、いつも整備しやすいとは限らない。速さが全てであり、メカニックがその煽りを受けることもある！

◀必要なものは全部決まった場所に収まる

143

▲アンダーフロアを取り外した状態で前後が高馬（たかうま）に乗せられた状態のRB6。シャシー前端にジャッキアップ用のフレームが取り付けられているのがよくわかる

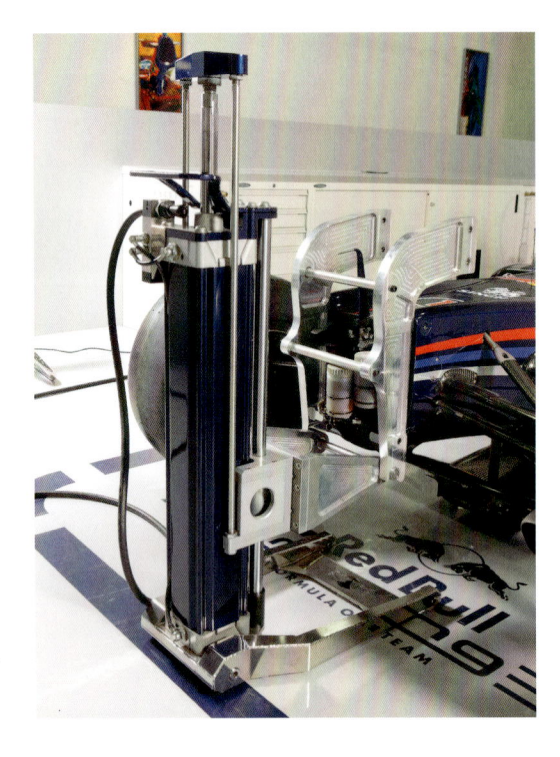

▶車を持ち上げるための、空気式ジャッキとその固定用フレーム

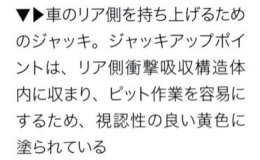

▼▶車のリア側を持ち上げるためのジャッキ。ジャッキアップポイントは、リア側衝撃吸収構造体内に収まり、ピット作業を容易にするため、視認性の良い黄色に塗られている

　整備のほとんどは、市販の自動車用工具（ソケットレンチ、スパナー、ねじ回し等）を用いて行うことができる。しかし、ギア交換等に使う専用工具も一部必要である。

　メカニックは全員、自分専用の工具箱を持つ。自分の担当領域に求められる全ての工具が揃い、その置き場所も、作業に向けたセットアップも自分好みに合わせられる。例えば、届き難い部品の整備に当たって、ソケットに必要なエクステンションをあらかじめはめておいて作業の流れをよりスムーズにする。各メカニックの担当領域は決まっているため、必要な工具を揃えた個人用セット一式を持つ。そして、他の仲間を手伝う時に必要な「一般的」な工具もいくつか持つようにしている。

　絶対性能における空力の重要性から、メカニックの仕事を楽にする目的で、空力性能を犠牲にすることは絶対にない。空力シールの張り場所が奥まった位置にあったりするため、そのアクセスはけして良いとは言えない。一方、メカニックも知恵を働かせて車の設計に貢献することもある。

　チームのツールは全て、パートナー企業となる一社から提供される。その品質はまた、一般のDIYメカニックがうらやましがるほど良いのである！　全てが、車のファスナー、部品にぴったりフィットする、最高の品質を誇る工具のみ。これでダメージとタイムロスを防いでいるのである。

ジャッキアップと車体サポート・フレーム

　市販車同様、F1マシンでもジャッキを当てる決まったジャッキアップポイントがある。ダメージを防ぎ、部品へのアクセスを良くするのが主な目的である。

　ワークショップとガレージ内では、機械式と空気式のジャッキが使われるが、ピットレーンでは、機械式ジャッキしか使うことが出来ない。

　ワークショップとガレージ内では、ノーズ／フロントウィングのアッセンブリーを外してから作業にかかるようにしている。ノーズを外したら、4つの固定用ラグでシャシー前端にジャッキ固定用フレームを取り付ける。そしてこのフレームにフロント側ジャッキを固定する。

　リア側のジャッキアップポイントは、ギアボックス後方の側衝撃吸収構造体の下側にあり、ジャッキをそのすぐ下に置く。

　フロントとリアのジャッキで車を上げたら、次の作業はホイールの取り外しである。そして車を支えるA字型サポート・フレームを前後の車軸の下に置く。A字型サポート・フレームは、アップライトにはまり、ホイール・ナットを用いてスタブアクスルに固定され

る。整備内容に応じて、アンダーフロアを外し、車輪付き台車、あるいはトレスル（高馬）で車体を支える。

ピットレーンで作業を行う場合、あるいはピットストップでは機械式クイックリフトジャッキを用いる。リア側用は衝撃吸収構造体のリア側ジャッキアップポイントの下に、フロント側用はノーズの下に入れて車体を持ち上げる。

スペアパーツ

各レース週末には、3台目のマシンを作れるほど多くのスペアパーツが運び込まれる。現場に入ってからの組み立て作業を防ぐため、ギアボックス／リアサスペンションアッセンブリーのように、様々なサブ・アッセンブリーを既に組み上がった状態で持ち込む。サスペンションのアーム類のように、特にダメージを受けやすい部品は、多めに用意する。

ナット・ボルト・ファスナー類は、航空宇宙産業で使われるものを使用している。その外注供給元は、求められた品質で納期内に確実に部品を納品できるサプライヤーに限られる。全品に100％の信頼性が求められるのだ。

各レースには、ギアボックス5基が用意される。各レース車両用に2基ずつ、それにスペア用に1基（ギアボックスの使い方については、153ページを参照）を持ち込む。その内の2基は、輸送の段階からすでに各車両に搭載される。同様に、各レースにはエンジン6基が用意される。各車両用に金曜日用エンジン1基、レース用エンジン1基、そしてスペア用1基を持ち込む。

サーキット現場での車両整備

レース週末中の車両整備は、休みを知ることがない。詳細は、156ページ以降の「レース週末」の部で説明する。

レースとレースの間の車両整備

レース終了後、レース車両は完全に分解され、再度、組み上げられる（エンジン・ギアボックスはFIAに封印されているため、中に手を入れることはできないが）ため、整備という言葉は不適切かもしれない。

レースとレースの間の組み上げ作業に合わせて、新しく開発された新機構・アップグレード部品を組み込んでいく。新開発の部品が組み込まれる際、関係する全メンバーを集めて、関連する作業手順の変更、部品へのアクセス等のブリーフィングが行われる。

車のほとんどの部品には、決められた「ライフ＝寿命」があり、レースとレースの間に新品に交換されていく部品の数は少なくない。

レースとレースの間に非破壊検査を受ける部品もある。再利用が可能かを確認すると同時に、設計上の弱点を発見するのが目的である。この非破壊検査には、紫外線光と、問題個所を光って見せる特殊な塗料が用いられる。

事故後の修理

レース車両が事故に遭った場合、どの部品を交換する必要があるかを見極めるため、細部にわたる検査が行われる。スペアがあるかぎり、部品を直すよりも交換するのが基本である。

どの部品を交換するかを決めるに当たって、衝突時のデータが決め手となる。目で見ただけでは傷一つ無いように見えても、ダメージ、あるいは性能劣化を負っているかもしれないからである。例えば、一見ダメージを負っていないかのように見えるフロント側プッシュロッド。車が縁石にヒットした際に、大きな入力を受けているかもしれない。そのため、プッシュロッドだけでなく、その車輪側の全てのサスペンション部品を交換する場合もある。フロント側プッシュロッドとリア側プルロッドにはそれぞれ、受ける入力を測定・記録するセンサー（ストレインゲージ）が取り付けられる。

迷ったときは、安全策が取られる。安全第一である。

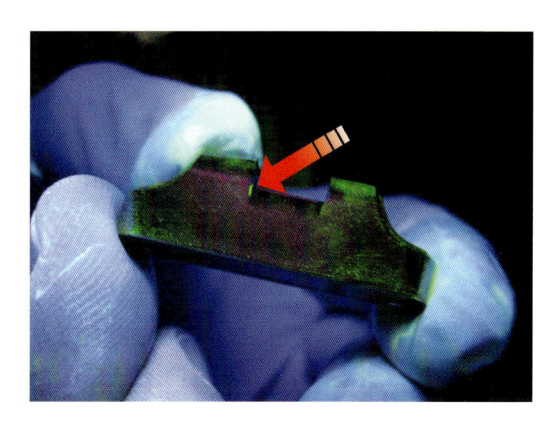

◀◀非破壊検査方法の一つ：部品に、紫外線光を当てると光る、特殊な塗料を塗る。傷やヒビに入り込んだ塗料は、紫外線光でその姿を現す（赤い矢印）

マシンのセットアップ
SETTING UP THE CAR

▲マーク・ウェバーがマシンに乗り込み、コースに出る前の最終チェックを行うチーフ・メカニックのケニー・ハンドカマー

▶2010年中国GP：レース前、コース確認を歩いて行うセバスチャン・ベッテルとレース・エンジニアのギヨーム・ロクラン（通称「ロッキー」）とそのエンジニアリング・チーム

　各グランプリでの目標は、予選、そしてレースでの車の性能を最大限引き出す事である。すなわち、マシンができるだけ速いラップタイムを刻むことだ。だが、関係する要素が多く、それに向けたプロセスは複雑である。レース・エンジニアは、ドライバーと一緒にベストのセットアップを求めて行く。と同時に、ドライバーから得たフィードバックをエンジニアリング・チームに伝える。このドライバー・フィードバックは、マシンのテレメトリーから得たデータと照合され、エンジニアリング・チームがドライバーのニーズに応える車を作り上げる。

　マシンのセットアップを突き詰めていくには、ドライバーがマシンのハンドリングに信頼を置けるようにする必要がある。特に性能の限界付近で、マシンがドライバーの意のままに動かなくてはならないのだ。マシンを信じられるドライバーは、そのマシンの性能をフルに引き出せるのだ。

　各サーキットで新型車をセットアップするにあたって、前に走った時のデータ、シミュレーション・ツール（シミュレーションソフトウェア、シミュレーション装置）からのデータ、そして旧型車と新型車の違いの理解が必要となる。エンジニアリング・チームは、車のベストとなるセットアップを求める上で行わなくてはならない作業内容をリストアップし、その最も理論的、かつ効率的な順番を指定する。レッドブル・レーシングの車両開発責任者である、ポール・モナハンは、このように説明している。「縁石を乗り越える時に不安定な挙動を見せていた旧型車に対して、新型車は、問題なく縁石を乗り越えられると確信していれ

ば、レース週末に向けて、縁石越えの問題から解放されて、リストの次の問題にかかるのだ」。

レース週末の間、両車両から得られたデータは両エンジニアリング・チームとドライバーで共有され、分析される。車両、ドライバー共にこの共有化から得るものは大きい。それについて、マーク・ウェバーは、こう説明する。「常にお互いを比較する。エンジニアたちにとってもドライバーにとっても、大きなツールとなる。コースのある部分で一方のマシン、あるいはドライバーの方が少し速い。それを生かして、それぞれの部分部分のベストを繋ぎ合わせ、マシンのセットアップを進歩させる」。

2010年の規定と車の特徴から、レース週末の最も重要な時間は土曜日の午後の最後のQ3予選である。皆の目標はもちろん、ポールポジションの獲得である。そのため、レーススタートに向けたベストのセットアップより、ポールポジションの獲得が優先される。

2010年から採用されたレース中の燃料補給禁止を受けて、各車は満タン状態でスタートに臨み、ほぼ空の状態でレースを終えるのが理想的パターンである。それは、レースの間に車両重量が最大160kgも変わることを意味し、セットアップへの影響はいかがなものだろうか？ ポール・モナハン曰く。「積んでいる燃料が軽くなって行く問題は、セットアップで対応できる範囲を超えている。時はすでに遅しなのだ！ マシンの素性が良ければ、ある程度の状況幅（燃料が多い／少ない、風が強い／弱い等）でも、同じセットアップで良く走れるはずである。セットアップの変更は、緊急事態が起きている時の対処法なのだ。本当にコントロールしたいのは、圧力中心点なのだ（詳細については126〜127ページを参照）。圧力中心点があまりにも車高に敏感であり、積んでいる燃料が満タンから空に減ることによって車の挙動が大きく変わるようであれば、セットアップで解決できる問題ではない。車両重量が160kg変化しても車の反応が小さければOKなのだ。逆に、もし挙動の変化が大きければ、どこかの時点で苦しくなる。その苦しい時は予選では迎えたくないから、レーススタート時に来るよう車を合わせて行く」。

予選とレースに向けた機械的・空力的セットアップの変更は、週末の間に行われる3回の練習走行、すなわち、金曜日午前のP1、金曜日午後のP2と土曜日の朝のP3を利用して行わなくてはならない。車が土曜日の午後の最初の予選時間（Q1）に向けて、ピットレーンを離れた瞬間から、そのスペックは事実上凍結状態になる。だからこそ、車のセットアップを練習走行の最後までにベストに持っていくことがとても重要である。

▲2010年アブダビGP：レース前、ブリーフィングでノートを比較しあうレッドブル・レーシングの両ドライバー

ハンドリング特性

ドライバーの好みのハンドリング特性は、大きく分けて、アンダーステア傾向とオーバーステア傾向の二通りに分かれる。アンダーステアとオーバーステアは、ドライバーのステアリング入力に対する車の反応をいう。

アンダーステアは、ドライバーがステアリングを切った分よりステア効果が小さい、言い換えれば、コーナー侵入でドライバーのステアリング入力に対して車が真っ直ぐ走りたがる時のことをいう。アンダーステアは、安定した走行状況である。車をもっとコーナーの内側に向けるには、ステアリングホイールをさらに切るか（あるいはそれに合わせて）、アクセルペダルを踏むかの選択がある。

オーバーステアはアンダーステアの逆で、ドライバーがステアリングを切った分よりステア効果が大きい、言い換えれば、コーナー侵入でドライバーのステアリング入力に対して車がスピンしたがる時のことをいう。オーバーステアは不安定な走行状況である。ドライバーが、ステアリングを戻すか（あるいはそれに合わせて）、アクセルを戻すかの対応を取らない限り、車はスピン状態に陥る。

マーク・ウェバーは、自分好みのセットアップをこう明かしている。「私の好みは、どちらかというと、その中間にある。コーナー進入時、比較的安定した車が好みである。しかし安定し過ぎても困る。昔、一部のドライバーは、コーナー進入時に安定しきったフロント、すなわちリアが全く安定しない姿勢を好み、それが彼らにとっても最も良い車の曲がり方なのであった。他のドライバーは、侵入時にもう少しアンダーステア、すなわちフロント・タイヤがコーナーの外側に少し滑る姿勢を好んだ。もちろん、理想は、完全に安定した前後バランスを示して曲がるマシンだ。私は、どちらかと言うと、あまり強くない、若干なアンダーステア傾向が好みである。いつも、どこかで妥協せざるを得ないのだ。全てのコーナーで、全ての速度領域で、ましてやグランプリを通しての全てのコーナーで、完璧なバランスで曲がってくれる完璧なマシンは存在しない。だから、所々の問題を我慢するしかないのだ」。

▲コーナーの多いモナコは、高いメカニカルグリップを求める

調整可能なパラメーター

　マシンの性能を最大限に引き出すには、コース状況、タイヤ特性、ドライバー好みに合わせた、メカニカルグリップと空力セットアップのベストバランスが求められる。

　基本的には、低速域でのハンドリングを決定づけるのは機械的パラメーターである。一方、高速域でのハンドリングを決定づけるのは空力ダウンフォースとそのバランスである。もちろん、実際それほど単純ではなく、お互いにオーバーラップする領域は広い。

　セットアップの最適化は、テレメトリーとドライバーからの多くのデータの照合と解釈を伴う複雑なプロセスである。ドライバーの好み、車の基本的なハンドリング傾向、それと、レース週末の間に刻々と変わるサーキット状況の影響もあり、ぴったりとなる正解は無い。

機械的調整

アンチロールバー

　アンチロールバーの調整で、車のロール剛性、すなわちコーナリング中、車の前後軸を中心に、車体が左右に傾く傾向を調整する。コーナリング中のロール角度は、カーブの内側と外側のタイヤの間で見られる荷重移動の大きさを決定づける。

　アンチロールバー自体は調整できない。求めるロール剛性に合わせて、アンチロールバーを選んでいく。アンチロールバーの選択幅は広く、サーキットによって違う。アンチロールバーの取り換えは、セットアップ用の走行で行われることが多い。低速のバランスは、アンチロールバーの変更で調整できる。リア側アンチロールバーを柔らかくするとオーバーステアが減少し、トラックションが増す。フロント側アンチロールバーを柔らかくするとアンダーステアが減少する。

キャンバー角、キャスター角、トー角の調整

　キャンバー、キャスター、トーの角度は全て調整可能である。ただしウィッシュボーン、アップライト等の交換が必要となるため、キャスターの調整は稀である。

　キャンバー角とトー角の調整は、タイヤを最も良い状態で働かせるために行われる。一周にわたって、路面に対するタイヤの角度をベストの角度に保つのが目標である。この調整も妥協の産物となる。

　基本のトー角が決まれば後は微調整で、車のコーナー進入時の姿勢変化を強める・弱める、ブレーキ時の車の安定性を上げる、タイヤの温度を調整することができる。

　トー角は、アップライトとトラックロッドのつなぎ面に挟むシム（調整用薄板）の厚みを変えて調整する。ボルトを一本緩めれば、シムを入れ替えることができるので作業自体は簡単である。

　F1マシンのキャンバー角は、いつもネガティブ（タイヤがハの字になっていることをいう）である。コーナリング中、車がロールするのに合わせて、タイヤの接地面積が最大になり、トレッドの内側と外側の温度差をできるだけ小さくするためである。キャンバー角は、サーキット、速度領域、タイヤにかかる負荷によって変わる。

　モンツァのような超高速サーキットでは、高い縦方向の負荷と高いタイヤ温度を考量して、リア側キャンバー角は浅めに設定される。モンツァで見られる高いタイヤ負荷と温度は、タイヤ内側にブリスターが多く発生する現象を招く。

　一方、モナコのような低速サーキットでは、タイヤの

> **キャンバー角とトー角**
>
> 　停止状態のキャンバー角は、前後ともたいていネガティブ・キャンバーであり、その値は、0度からマイナス4度の間になる。ただし、フロントのキャンバー角はリアのキャンバー角より必ず大きい。
>
> 　トー角は、前後ともたいてい0.5度のトーアウトから0.5度のトーインの間になる。フロントのトー角は若干トーアウト、リアのトー角は若干トーインにする。

負荷も温度も低いため、深めのキャンバー角が許される。

　キャンバー角を大きくすれば、横方向のグリップが増し、ブレーキングとトラクションに必要な縦方向のグリップが減る。

　キャンバー角の調整は、アップライトと上側ウィッシュボーンのつなぎ面に挟むシムの厚みを変えて調整する。

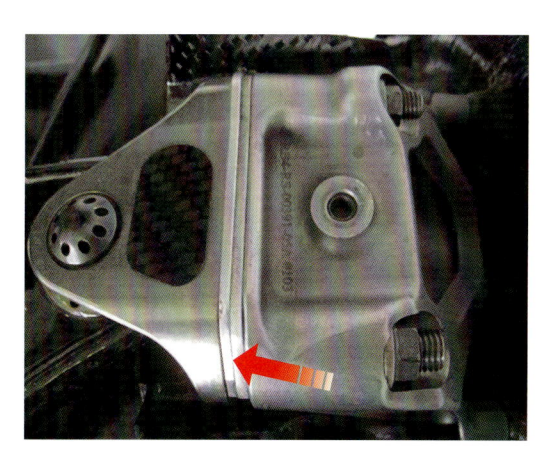

◀キャンバー角の調整は、アップライトと上側ウィッシュボーンのつなぎ面に挟むシム（赤い矢印）の厚みを変えて調整する

◀マーク・ウェバーをコースに送り出す準備を進めるメカニック

▲縁石を乗り越える時の車の挙動は、全体のラップタイムに大きく影響する

▼チームの「ツリーハウス」の内部。パドック内に留めてあるトランスポーターの上に組まれた支柱の上に設置され、チームのサーキット内オペレーションセンターとなる

スプリングとダンパー

　スプリングとダンパーの調整は車両のセットアップの一部となる。

　F1マシンのサスペンションはとても硬いが、完全にリジッドではない。アップライトで測るサスペンションの上下の動きは、フロントで20mm前後、リアで50mm前後である。市販車に比べて、わずかにしか動かないのだ。この数字は、温度と内圧によって変わるタイヤの潰れ量を含まない。フロント・タイヤの潰れる量は、フロント・サスペンションの上下量を上回るが、リア側はそうではない。

　サスペンションの上下の動きと空力性能は大きく関係する。車高が大きな影響を及ぼすもう一つの領域である。ポール・モナハン曰く、「空力の開発チームが、車高の影響をあまり受けないフロントウィング、あるいはリア・ディフューザーを開発することができれば、車高が変化しても空力性能は、あまり変わらないことを意味する。そしてそれはまた、車体を大きく上下に動かしても構わないことを意味する。その結果、車が縁石をより上手く乗り越えられるように、サスペンションを柔らかくしていける。逆に、車を一定の車高に抑えないと車体の上下運動で空力性能が安定しない場合、サスペンションをうんと硬めざるを得ない。その結果、縁石を乗り越える車は跳ね上がり、宙に舞うのだ。縁石を利用してカーブを突っ切って走る柔らかいサスペンションでも、路面が平らな所でダウンフォースをあまり失わないで済む車ができあがれば、ラップタイムも速くなり、有利な状況が作れるのだ」。

バラスト

　目指す重量配分と重心位置に合わせて、バラストの位置を調整する事ができる。車両のバランスとタイヤの性能と寿命の最適化の主要なツールとなる。

空力的調整
車高

　車高の調整は空力バランスに多大な影響を及ぼす。車のアンダーフロアが地面に近ければ近いほどダウンフォースが増すため、できるだけ低い車高が求められる。一般的には、車高が低ければ低いほどラップタイムは速くなる。しかし、車高も妥協の産物にならざるを得ないのだ。なぜなら、車高が低ければ低いほどアンダーフロアが地面に叩きつけられる「ボトミング」現象が起きる。車のコントロール性を悪くするだけでなく、アンダーフロアに付いているFIA規定のプランクを削る。レーススタート時のプランクの厚みは10mmであり、レース終了には最低9mmの厚みを残していないといけないのだ。

　車高を常に一定に保つのは不可能である。なぜなら、車速が増すにつれダウンフォースも増し、それに合わせて車は下に押し付けられる。よって、サーキットごとに1周の走行に最も合った車高を求めていく必要がある。

　車高を決める上でもう一つ重要な要素は、圧力中心点の位置である（126～127ページを参照）。これは、車の空力安定性を左右する大きな要因である。圧力中心点の位置が前にあり過ぎるとたいていオーバーステアの形をとって、方向不安定性の問題が現れる。

　路面の凸凹も大きな問題になる。急な減速を要するストレートエンドでは、安定した挙動が求められる。もしそこの路面が荒れていれば、減速時の車の沈みでボトミングを起しかねない。その対策としては、車高を上げるのみである。

　セットアップ上、リア車高よりフロント車高が低く設定され。この前傾姿勢によりアンダーフロアとディフューザーがダウンフォースを効率的に生むことができる。地面に対するアンダーフロアの姿勢（角度）は、空力性能に大きく影響する（41ページの「アンダーフロア」の部を参照）。

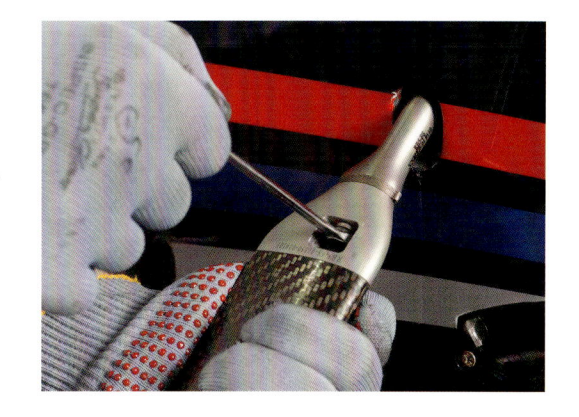

　前後の車高を調整することで車の空力バランスを変えることができる。わずかな車高の調整でも、空力バランスが大きく変わるため、調整はミリ単位で行われる。

　車高の調整は、フロント側ではシャシーとプッシュロッドの取り付け根の間に、リア側ではギアボックスとプルロッドの取り付け根の間に挟むシムの厚みを変えて行う。プッシュロッドサスペンションの場合、シムの厚みを増やすと車高が上がる。プルロッドサスペンションでは、シムの厚みを減らすと車高が上がる。

◀フロント側車高の調整（その1）：プッシュロッドの上側ボルトを緩める

◀フロント側車高の調整（その2）：プッシュロッドを外側に引き、アームの付け根に開いた隙間に必要に応じてシムの数を増やす／減らす

▼シルバーストーンサーキットを駆け抜けるマーク・ウェバーのマシン：リア車高より低いフロント車高で前傾姿勢になっているアンダーフロアがよくわかる

▲欧州GPのスタート前：グリッド上でメカニックが車をジャッキアップしてタイヤウォーマーをかけているところ、レース・エンジニアの「ロッキー」と会話するセバスチャン・ベッテル

▶フロントウィングのメインフラップ：細かい角度調整は、このキーで行われる

ウィング角

前述のように、シーズン中、前後のウィングは常にアップグレードの対象である。大きく分けてウィングは、低、中、高ダウンフォースの3仕様に分類できる。低ダウンフォース仕様はモンツァ、高ダウンフォース仕様はモナコ、中ダウンフォース仕様はシルバーストーンやモントリオールのようなサーキットで使われる。

フロントウィングのメインプレーンの角度は通常、固定である。一方、メインフラップの角度は調整可能である。2010年中、RB6のフロントウィングのメインフラップは、ドライバー自ら調整できるようになっていた。システムとその使い方の紹介については、36～37ページを参照。

リアウィングは2枚お板からなる。各翼の角度と、翼間の隙間の幅は、求められるダウンフォースに合わせて調整可能である。時にはウィングの翼形状を変更することもある。各ウィングの角度と翼間の隙間によるダウンフォースと空気抵抗は、CFDと風洞を用いてシミュレーションされている。レース・エンジニアは、求めるダウンフォースと空気抵抗のバランスと、直線での最高速度に合わせての各翼の角度と翼間隙間を選んでいく。セットアップ変更を理由にウィングの角度を調整するのは稀である。その場合、ウィングアッセンブリーごとを交換するのが一般的である。

リアウィング（フロントウィング）での調整変更は、必ずフロントウィング（リアウィング）での調整変更を呼ぶ。

前後ウィングには、それぞれ微調整用の「ガーニー」フラップとトリムタブを追加することがある。その目的は様々であるが、いずれもウィング後縁周辺で「タービュランス」（乱気流）を起すためである。この乱気流で、ウィング後方の気流圧が下がり、ウィングの上を流れる気流の速度が上がり、ダウンフォースを稼ぐことができる。

サーキット用の基本セットアップが決まれば、車のバランスをドライバーの好みに合わせて微調整する。その時にウィング調整を使うことがある。ウィング角が増せば増すほどウィングによるダウンフォース（とその空気抵抗）は増す。ウィングの調整は、車の圧力中心点の位置を前後に動かすために使われる。その圧力中心点の位置変更で車のハンドリング特性をオーバーステア側、あるいはアンダーステア側に調整していく。ドライバーがアンダーステア傾向を減らしたい場合、ウィングの調節で圧力中心点の位置を前側にず

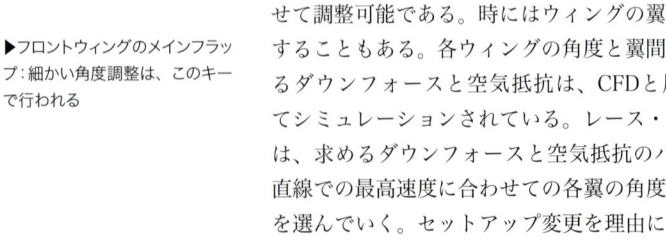

らすのだ。その方法は、フロントウィングのダウンフォースを増やす、リアウィングのダウンフォースを減らす、あるいはその組み合わせ、のいずれかの調整からなる。

ギアレシオ

サーキットに合ったギアレシオ選びもセットアップ項目の一つである。それは、低速と高速のコーナーの数、達成する最高速度等、サーキットの特性に合わせて選ばれる。

FIAの規定により、シーズンを通して使用できるギアレシオのペアは、1台当たり30ペアに制限され、シーズン前にその登録が義務付けられている。

ギアレシオ（ギアボックスは前進用7速のタイプ）の選択は、各レースに向けたセットアップの重要な項目となる。基本的なやり方は、サーキットの最も通過速度の低いコーナーからベストの加速力が得られるように1速のギアレシオを設定する。同じように、最も長い直線で到達する最高速度と、エンジンの最高回転数（他の車のスリップストリームを利用している時のエンジン回転数の上昇分を考量する）とがマッチするギアレシオをトップギアとなる7速用に設定する。そして、エンジンの最適な回転領域内にエンジンの回転数を保つよう、その間の各ギアレシオを均等な間隔で設定していく。と同時に、エンジニアのもう一つの目標は、変速時のエンジン回転数の落ち込みをできるだけ少なくすることである。エンジン回転数の落ち込みが大きければ、変速の時ギアにかかる負担もその分大きくなり、部品のストレスと摩耗が大きくなるからだ。

2011年から導入された可変リアウィング（DRS）とKERSの復活は、ギアレシオの選定を一段と難しくする。可変リアウィング（DRS）/KERSが作動している時の車速・エンジン回転数の瞬間的な上昇分を考量して7速のギアレシオを決定づける必要があるからだ。

ギアボックスはFIAによって封印されるものの、レース週末の二日目の練習走行前であれば、ギアレシオとドッグリングの（ファイナルギアと減速ギアを除く）変更を目的とした場合に限り、封印を取り外すことができる。ギアレシオを変えるためには、ギアボックスを車から降ろす必要がある。作業は、2時間で行えることから、練習走行中はできないものの、練習走行の間であれば、充分行える。

レース用のギアボックスは、金曜日の練習走行で使われることは無い。2010年の規定では、同じギアボックスを、その全ての予選とレースを含む、4戦連続（2011年からは、5戦連続）での使用が義務付けられていることから、必要以上の走行距離を重ねないためである。

金曜日にはレースには使わないギアボックスを使用し、金曜日の走行後に（レースですでに使われていれば）レース用ギアボックスの封印を外し、サーキットに合わせてギアレシオを変更する。例えば、カナダGP用のレシオは次のレースとなるシルバーストーンには合わない。そのため、ギアボックスを車に搭載する前にそのギアレシオを変えておく必要があるのだ。金曜日の2回目の練習走行（P2）終了後、2時間以内に、予選とレースで使うギアレシオをFIAに届け出る義務がある。新しいギアレシオへの交換と合わせて、潤滑油も新しく交換される。

4戦連続（2011年からは、5戦連続）の使用が義務付けられているギアボックスと一体型になっているディファレンシャルのギアレシオは、そう簡単にレースごとに変更できない。

ブレーキ

ブレーキ関連のセットアップパラメーターは、ブレーキの冷却とブレーキの前後バランスである。ドライバーの好みに合わせて選ばれているものの、レッドブル・レーシングでは、全てのサーキットで同じパッド素材を使用している。

68ページ（「ブレーキ摩耗」の説明パネル）ですでに説明しているように、ブレーキの温度を作動領域のベストの温度範囲内に保つため、ブレーキの冷却はとても重要である。サーキットの特性と気温に合わせて、いくつものブレーキ・ダクトが用意される。シーズン中、ブレーキ・ダクトには、異なる形状が複数使用される。

サーキットに入ってから、レース週末の状況が想定と異なっている場合、現場でブレーキ・ダクトに手を加えるのは、珍しくはない。

▼並べられたブレーキ・ダクト。サーキットや温度によって使われる形は変わる

▶代表的なフロントブレーキ用ダクトアッセンブリー

▼ドライバーのブレーキバランス調整用レバー(赤い矢印)は、コックピットの左側に付く

　レースに向けたセットアップ手順には、ブレーキバランスのベースとなるセットアップの決定が含まれる。その上で、ドライバー自らその微調整を行うことができるのだ。ブレーキバランスの調整は、機械的な機構を用いて行われる。RB6では、その操作レバーは、コックピットの左側に位置する。
　ブレーキバランスは、サーキットごとに合わせられるだけでなく、その調整は、コーナーごとに行うこともできる。マーク・ウェバーが説明するように、1周の間でも、コーナーに合わせて調整を変えて行くのだ。「旋回速度が同じでも、車はコーナーによって若干違う走りを見せる。そのため、一周の間でもブレーキバランスの調整を行うことがある。2速で侵入する左コーナー、あるいは右コーナーでも、サーキットによってコーナーごとの状況が違うのだ。それに対処するために、ブレーキバランスの調整が必要となる。1周の間に一種の傾向・パターンが見えてきて、特定のコーナーで他とは異なるブレーキバランスが求められる。ブレーキをかける直前に、調整レバーを素早く左手で動かし、ブレーキバランスを前側、あるいは後ろ側に調整する。そしてコーナーを抜けた後、その先の決めてあるポイントで、元のバランスにリセットする。走っている内に一種のパターンが見えてくるが、それもまた前側、あるいは後ろ側に変わっていくこともある」。
　「例えば、特定の前後バランスでレースをスタートし、それを起点にバランスを前後2段、あるいは3段程度の調整を行う。レースが進むにつれ、車が軽くなり、路面のグリップも向上し、タイヤの摩耗も進行する。それに合わせてブレーキバランスの調整も変わってくる。特定のコーナーを侵入する時の車のバランスは、ブレーキバランスで比較的はっきりと変わる」。

エンジンとトランスミッション

　特定のサーキットに合わせて、車をセットアップする。その過程で、エンジンのマッピングとギアの変速ポイントは、重要な役割を担う。エンジンのマッピングで車をドライバーの意のままに反応させ、ドライバーと車の一体感を向上させる。そしてドライバーが必要とする時に、エンジンから最大の力を引き出す。
　FIAの規定により、エンジンのマップは、最大5つに制限される。エンジンのマッピングで、アクセルオンとアクセルオフの時の走りを調整することができる。しかし、最も重要視されるのは、アクセルの一定の踏み込み量からフルスロットルへの移り具合である。すなわち、アクセル入力に対するエンジンレスポンスをいかに滑らかにできるかがポイントとなる(アクセルペダルは「ドライブ・バイ・ワイヤ」式で、アクセルペダルとエンジンを機械的に繋ぐものはない)。
　目標は、ドライバーの要求に対してできるだけ早くフルパワーに持っていくことである。だが、車の挙動をコントロールすると同時に、最も速い加速を得る上で、スロットルのレスポンスをコントロールする必要な場合もある。例えば、コーナーに差し掛かり減速を経たドライバーは、ステアリングで車の向きを変え、アクセルで車のバランスを保つ。そしてコーナー出口でできるだけ早くフルパワーで加速していきたい。しかし、コーナリング中に高い横Gを受ける車に対して、車を安定させる「ニュートラル」のアクセルを、フルパワーに切り替える時、とりわけ荒れた路面の場合、エンジンパワーの出し方をできるだけスムーズ(ドラ

◀車のスペックを決定し、サーキットでの車の信頼性と安全性の責任を担う、車両開発の責任者である、ポール・モナハン

▼ピットガレージ出入口で待機するブレーキ冷却用ファン。スペインGPにて

イバーのアクセル踏み込み量に対してできるだけ急ではなく、滑らかなパワーの盛り上がり）にしたいのだ。車がコーナーの出口にさしかかり、横Gが減少し始めたら、今度はフルパワーまでできるだけ早く到達したいのだ。言い換えれば、この時点でパワーの出方をよりアグレッシブにすることが可能である。コーナーの出口で縁石が待ち構えている場合、それを乗り越える瞬間、それに伴う振動を受けて、ドライバーのアクセル踏み込み量は微妙に変わる。車のこの瞬間の挙動を不安定にする、エンジン出力の変化をできるだけ抑えるために、エンジンの回転数はピークパワーにより近いものの、再びスムーズなエンジンレスポンスが求められるのだ。

タイヤ

　タイヤの温度と内圧は最も重要である。とりわけ、タイヤが最も高い性能を発揮する、メーカー指定の温度範囲内にタイヤの温度を保つことがカギとなる。タイヤの温度を調整する基本のパラメーターは、車の重量バランスである。F1マシンの車両重量は後方に集中しているものの、タイヤの要求に合わせて車の重量バランスを調整していく必要がある。そしてタイヤの温度を調整するもう一つの道具は、キャンバー角である。

　ある特定のサーキットに合わせて車をセットアップする。技術陣のその時の目標は、4本のタイヤの温度をできるだけ均一にすると共に、接地面全体にわたっても均一にすることにある。タイヤの温度が、使用しているコンパウンドにとって高過ぎたり、低過ぎたりして、メーカー指定の温度範囲内から外れる場合、グリップ力は極端に落ちるのだ。ラップタイムもそれに合わせて遅くなる。

　レース中のタイヤ状態とその性能を追跡するため、各ホイールに、タイヤの温度と内圧を測るセンサーが付いている。チームメンバーは、このシステムのデータからタイヤの状態を評価し、ドライバーに報告すると共に、ディファレンシャルのセッティングを変えたり、ドライビングスタイルを変えたり、その対処方法をアドバイスすることができる。

　タイヤのベストな温度範囲は、メーカーとそのタイヤ種類によって違う。2010年のブリヂストン製タイヤのベストの温度範囲は、ドライ用タイヤで80℃前後、インターミディエートタイヤで50℃から80℃、そしてエクストリーム・ウェットで30℃から50℃となっていた。

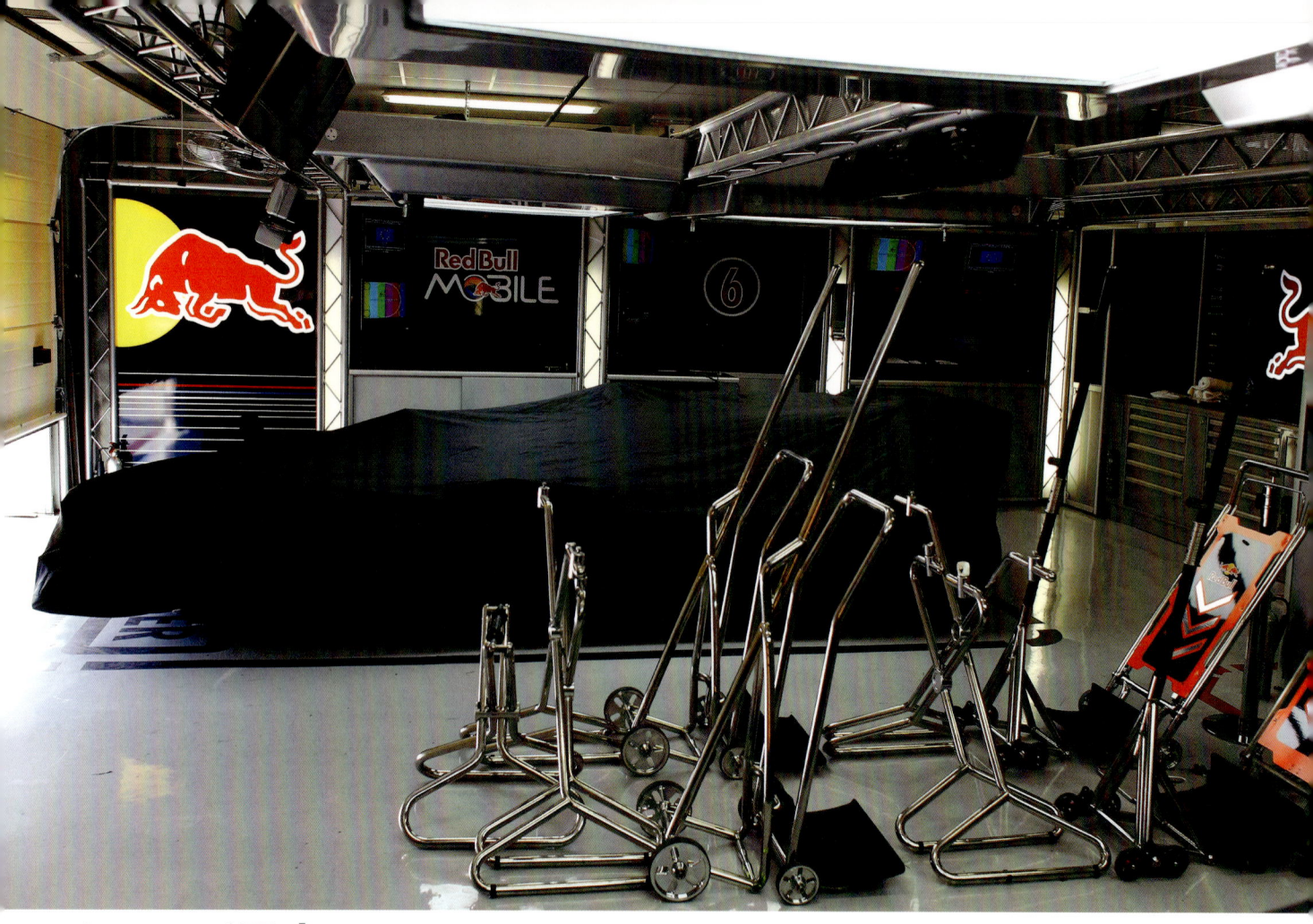

レース週末
RACE WEEKEND

▲2010年欧州GP、バレンシアにて：嵐の前の静けさ。カバーに覆われ、激走の時を待つRB6

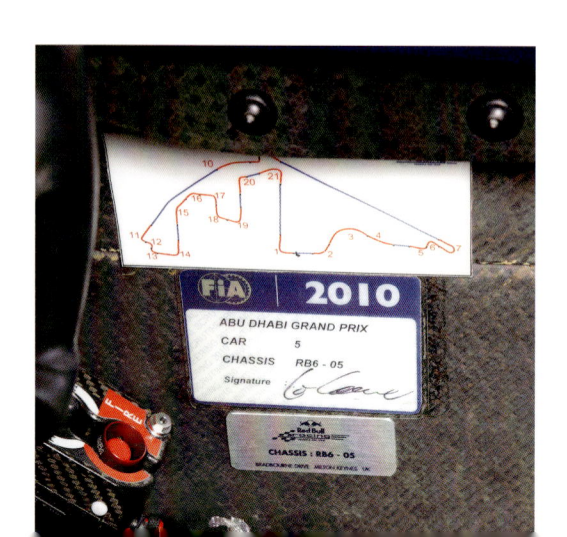

▶写真中央のステッカー：FIAの車検を受け、レースに参戦する権利を得た証。アブダビGPでセバスチャン・ベッテルがドライバーズ・ワールド・チャンピオンシップのタイトルを獲得した車である

　レース週末は、水曜日にスタートする。チームはサーキットに到着し、「店」を出す。車両の検査は木曜日に行われ、実際の走行は、1.5時間のセッションが2回の金曜日の練習走行から始まる。土曜日の午前中に更に1時間の練習走行があり、午後には、予選が行われる。土曜日の最後の予選終了後、車が次に走るのは、日曜日の午後のレースグリッドに向かう前の偵察ラップ走行である。レース週末の間に様々なミーティングが行われ、その中でも、各エンジニアリングミーティングの開催スケジュールは、レース週末の前に決定・発表される。毎日の始まりに全体エンジニアリングミーティングが開催され、その結果を受けて、戦略ミーティング、タイヤミーティング、車両スペックミーティング等々、多くのミーティングが催される。週末を通じて、チームは決められたアクションプランに沿って動き、エンジニアもメカニックも常に大忙しとなる。

車両検査
　各レース週末の木曜日に、FIAの認定を受けた検査員によって、車が全規定に適合していることを確認する、車両検査が行われる。車1台1台のシャシーナンバーが確認され、FIAの各シールが指定の場所に張られているかの確認も行われる。続いて、安全装備関連の確認が行われ、シートベルトやヘルメットが規定のスペックに適合しているかがチェックされる。ロー

テーション順に合わせて、液体類の検査、時には、消火器の中身まで検査の対象となる。また、検査員の裁量で、フロントウィング／ティー・トレーのたわみ量（35、43ページを参照）の抜き打ち検査も行われる。地元検査員は、比較的シンプルであるシートベルトや書類の検査に従事し、難しい検査はFIAの常任検査員に委ねられる。

レース週末中、検査員はいつでも車体、ウィング等の寸法をチェックすることができる。車の適合性を確認するため、FIAの標準テンプレート／治具が使用される。車は「ブリッジ」(橋)と呼ばれる、平らな「リファレンスプラットフォーム」（車検台）に乗せられ、車両重量の測定を初め、様々な検査を受ける。木曜日に、各チームも抜き打ち検査に呼ばれても問題が無いように、FIAの基準テンプレート／治具を利用して、自ら車の適合性をチェックする。

レース週末の間、どの車も突然検査に呼ばれることがある。そしてレースの1位から3位の車は、ほぼいつもレース後の検査に呼ばれる。

エンジン始動

エンジン始動の詳細については、81ページを参照。

インスタレイションラップ

毎日の最初の周は、ピットレーンを出て、比較的ゆっくりしたペースで一周し、そのまま、ガレージに戻る、いわゆる「インスタレイションラップ」を走ることになっている。その周の間に、ドライバーは、システムのチェック、あるいは決まった一連の作業を手順通りにこなす。

インスタレイションラップは、フルスピードで走る前に、全てのシステムの正しい作動を確認するためのラップである。インスタレイションラップからガレージに戻った車は、液漏れ、緩み、あるいはダメージを受けた部品がないか等のチェックを受ける。ピット側でも、インスタレイションラップ中、車載のテレメトリーが送るデータのチェックを行い、車がガレージに戻ったらすぐ「へその緒」を繋ぎ、全システムのフルチェックを行う。

インスタレイションラップ走行後、エンジンオイルとギアボックスフルードを抽出し、抽出されたオイル類はパートナーメーカー（レッドブル・レーシングの場合はトタル社）の移動式検査室に運ばれ、検査される。検査で異常な摩耗やコンタミネーションが見つかった場合、その原因となる問題を探り当てる。例えば、高い鉄含量、あるいはアルミ含量が検出された場合、異常な摩耗が発生している証拠になりうる。土曜日の午前中に行われる検査は、特に重要な意味を持つ。その理由は、土曜日の午後に行われる最初のQ1予選が始まると車のスペックは「凍結」され、その後のいかなる変更もペナルティを伴うからである。

インスタレイションラップ直後のセットアップ変更は稀である。その時点で、ドライバーはまだ車の感触を掴んでいないからだ。インスタレイションラップ直後の最も重要なチェックはタイヤの内圧である。想定を上回る異常な内圧の上昇は、走る前の内圧設定の問題を指摘しているかもしれない（タイヤウォーマーを利用してタイヤの温度を事前に上げているものの、車が走り出せば、内圧は走る前の値から大きく上昇する）。

インスタレイションラップを走り、その後のチェックで問題が見つからなければ、ドライバーは予定の走行プログラムをこなすべく、再びコースに送り出される。その後の最初の走行は、たいてい5周の短いものとなり、ドライバーのフィードバックとデータ解析によって、セットアップを微調整する。

◀マレージアGP：ヘルメットのバイザーを上げたまま、インスタレイションラップに向かうセバスチャン・ベッテル

▲アブダビGP：ガレージ内でデータを見るルノーのエンジニア

▼レース前のブリーフィングで会話中のセバスチャン・ベッテル

練習走行

　2010年と2011年のレース週末では、練習走行は3回行われる。金曜日の午前中（P1）に1回、金曜日の午後（P2）に1回、土曜日の午前中（P3）に1回。

　金曜日の午前中のセットアップは、時には難しい。サーキットによって、金曜日の最初の走行から予選の最終回（Q3）までに、トラックコンディション（路面状況）が大きく変化するからである。そのため、経験豊かなチームは金曜日の午前の、ラバーがまだ乗っていない、オーバーステア傾向の出易い（リアグリップが不足している感を与える）走行状況ではむやみにセットアップを合わせようとしない。金曜日の午前にセットアップを変えたチームは、ラバーが乗り始めたその午後には走行状況に合ったセットアップ探しに翻弄される結果となる。こういう時こそ、過去に蓄積されたデータと経験が役に立つのだ。このような場合、経験豊かなチームは、土曜日の午後に行われる予選までには問題点が消えて行くことを信じて、セットアップにあまり手を付けず、周回数を重ねていく。その時のラップタイムは遅く、チームの順位はあまりよくないかもしれない。

　2010年、レース週末の間に進行する「ラバーが乗る」現象について、マーク・ウェバーはこう説明する。「ラバーがあまり塗り込まれていない、「グリーン」なサーキットでは、週末が進むにつれ路面にラバーが乗り、グリップ力が上がる。路面に塗り込まれているラバーとタイヤのラバーが良いように働き、グリップ力が上がり、ラップタイムも速くなる。そして車の挙動にどんどん自信が付く。取り分けモナコやブダペストのような、あまり使用されていないサーキットでは心得ていないといけない。サーキットに付く頃は、路面はとても「グリーン」であり、その分、その後のグリップ力の上昇は急激である」。

　シーズン中のテストが禁じられている今、金曜日の練習走行でテストを行うこともできるが、部品の組み替えに費やされる時間は、走れる時間を短くするため、互いのメリットをよく見極める必要がある。また、金曜日に走る車は、「合法」でなくてはならない。レースで認められているセンサーとデータロガー以外の、テスト用センサーとデータ収集機を使うことはできない。

　アンチロールバーの交換、車高の調整、前後ウィングの調整は、あまり時間を要しない。一方、新しいアンダーフロア、あるいはディフューザーの取り付けは時間がかかる。そのため、多くの場合、金曜日の午前と午後の休憩時間中に行われる。

　金曜日の午後の走行後、土曜日の予選に向けたセットアップのため車は分解される。エンジン、ギアボックスとリア・サスペンションは、予選とレースに向け、レース用のものに交換される。必要以上の走行距離を重ねないため、レース用のものは金曜日の練習走行では使われない。

　金曜日の午後の走行が終わると、土曜日に向けた車の仕様とセットアップを決める、いくつかの技術と戦略会議が催される。例えば、金曜日の練習走行で新しいアンダーフロア、フロントウィング、あるいはリアウィングをテストしたり、セットアップも高い車高と低い車高を試したりする。新しいパーツの導入も含めて、大きな空力的、機械的変更が施されている場合もある。新しいディファレンシャルのマッピングを含むソフトウェアーの変更もあるかもしれない。

　金曜日の会議で、各変更の評価が行われ、土曜日に使う「組み合わせ」を決める。金曜日の最後の走行を走った仕様は、必ずしもベストの仕様とは限らない。金曜日の走行データの解析から、これまでに見なかったパターンが現れるかもしれない。例えば、金曜日の

▲レース中のチーム上層部とエンジニア：ピットウォールから、車の走りを監視しながら、レース戦略を考えていく

最初の練習走行（P1）で試されたリアウィング仕様は、その時の車の仕様では期待通りの効果をもたらさなかったため、走行後に交換されたかもしれない。しかし、データの更なる分析の結果、そのリアウィングは同じ金曜日に試された違う車の仕様と合わせればベストのパッケージになることがわかるかもしれない。

金曜日の夕方、土曜日の午前中の最後の練習走行に向けて、ブレーキのディスクとパッドは、他のいくつかの部品と合わせて、新品のものに交換されることが多い。レースエンジンの搭載に合わせて、エギゾースト系は新品のものに変わる。

P3からQ1の時間帯は、ペナルティを受けることなく新しい部品に交換し、車のセットアップを変更する予選前の最後の機会である。Q1のスタートと共に、車がピットレーンを離れる瞬間、その仕様は週末の残りの間、凍結される。この次のページにある「予選後のパルクフェルメ関連規定」の部でQ1のスタート後、レースのスタートまでに許されている作業内容を紹介している。

予選

予選用のセットアップは、P3後に決定される。更に、P3で得たデータを元に、最終予選（Q3）の最後に使うタイヤのベストの予選周回数もこの時点で決定する。

予選での戦略を理解する上で念頭に置くべきポイントは以下の通りである。

■規定により、最後の予選に参加した車は全車、グリッド順を決めた時のタイヤでレーススタートに臨まなくてはならない。

■2010年と2011年、予選を走る車の燃料搭載量は、少なめでも良い。最終予選後に、レースに向けて燃料が補給される。

■2010年と2011年、20分間にわたる最初の予選（Q1）で最も遅い8台の車は、次の15分間の第2予選（Q2）に進むことはできない。同じように第2予選で最も遅かった8台の車は、第3の最終予選（Q3）に進むことが出来ない。残った10台の車は、最後の10分間にわたる最終予選に臨む。

予選後のパルクフェルメ関連規定

　FIA規定でQ1のスタート後、レースのスタートまでに、許されている作業内容は以下の通りである。
■エンジンを始動しても良い。
■燃料を抜いたり、補給したりしても良い。燃料用ブリーザーを取り付けても良い。
■タイヤとホイールの取り外し、交換、バランス取りを行っても良い。タイヤの内圧をチェックして良い。
■エンジン内部の検査確認を行うため、スパークプラグの取り外しは可能である。シリンダーの圧縮検査も行って良い。
■使用認可を受けているヒーター／冷却デバイスの装着は可能である。
■外付けバッテリーをケーブルで車につなぎ、車載の電装系に自由にアクセスできる。
■メインと無線用の各バッテリーの交換を行っても良い。
■ブレーキのエア抜きを行っても良い。
■エンジンオイルを抜いても良い。
■圧縮ガスの充填・抽出を行っても良い。
■比重1.1以下の液体類の抽出・補充は可能である。ただし、補充に使われる液体類は元の液体類と同じ仕様でなくてはならない。
■FIAの技術担当責任者が、天候の変動に伴う仕様変更の必要性を認めた場合、前後ブレーキ・ダクトとラジエーター・ダクトを変更することができる。タイミング用のモニターに「天候状況に変化あり」が表示された時から、前後ブレーキ・ダクトとラジエーター・ダクトの変更が自由になる。交換後の各ダクトはもちろん、該当する技術規定に適合したものでなくてはならない。
■ラジエーター本体を除き、カウル類の取り外し、磨きは許される。
■カウル類に表面的な変更、あるいはテーピングが可能である。
■車のどの部分も洗車して良い。
■車載カメラ、マーシャル用部品、タイム計測用トランスポンダーとその関連部品の取り外し、取り付けと作動確認は可能である。
■FIAの技術担当責任者が指定する全ての作業が許される。
■ドライバーの座り心地を改善するための変更は許される。ミラー、シートベルト、ペダル類の調整以外の変更は、FIAの技術担当責任者の特別許可を必要とする。パッド類とそれに類似る素材の追加・取り外しは可能であるものの、FIAの監視のもとで行われなくてはならない。又、FIAの技術担当責任者の要請があれば、取り外し作業は、レース後の車両重量の測定前に行わなくてはならない。
■ドライバーのドリンク用飲み物は、自由に補充できる。ただしその量は、1.5リットルを超えてはならない。
■事故によるダメージの修理は可能である。
■上述の各作業、あるいは安全関連のチェック・確認作業に伴い、外さざるを得ない部品は、車のそばで、車の担当FIA検査員の目の届くところに置かなくてはならない。
■上述のいかなる作業も、文書での申請とFIAの技術担当責任者の認可無くしては、行うことはできない。交換される部品は全て、元の部品と同じ重量、慣性、用途でなくてはならない。取り外された部品は、FIAで保管される。
■チームは、予選中、あるいはレース前のグリッド上で、FIAの技術担当責任者の承諾を事前に得ることなく、部品を交換することができる。ただし、それは、部品交換の許可を申請し、その許可を得るのに充分な時間的余裕があった場合、確実にその許可が下りると思うのに充分な理由がある場合に限る。壊れた、あるいはダメージを受けた部品は、いかなる時も、車の担当FIA検査員の目の届くところに置かなくてはならない。

チームは、車の仕様に合わせて、予選を一つの長めの走行で走るか、それとも二つの短めの走行にするか、そして少なめの燃料で二つの短めの走行を走る時間が取れるかを判断する。その場合、1回目の予選アタックを経て、ピットに戻り、タイヤ交換と燃料補給を済ませ、2回目の予選アタックを全て予選時間内に終わらせることとなる。燃料を補給する時間が無い場合、タイヤ交換だけを挟んでの2回の予選アタックとなるが、1回目のアタックでは、2回分のアタックとピットインするだけの、理想より多めの燃料を積み、重い状態での走行となる。1回目のアタックでは、重い分若干不利になるものの、タイム確保用のラップとして、理想的な燃料を積んだ2回目のアタックが失敗しても安心できる。これは全て戦略である。そしてそのころには、他のチームでどのような戦略を選んでいるのかが見えてくる頃でもある。

選ぶ戦略は、前レースでの出来事によって、左右され場合もある。例えば、前レースの予選で他の車に引っかかり、車のポテンシャルをフルに発揮できなかった場合、チームはタイヤが持つことを判断した上で、最後の予選の早い時間に車を送り出す選択を選ぶことができる。あるいは、予選の最後を走る車になるよう、予選の終わる直前まで車の送り出しを遅らせることもできる。いずれの判断も、事前に決定されている。

Q3終了後、3.5時間以内に車をパルクフェルメに入れなくてはならない。その瞬間から、車に手を付けることができなくなる。この夜間作業禁止時間に入る前にできる作業は、160ページの「予選後のパルクフェルメ関連規定」の部に紹介している通りである。

セバスチャン・ベッテルのレースに向けた準備の仕方

レース当日のセバスチャン・ベッテル個人のレースの迎え方。
「朝食はいつも軽め。ミューズリーと果物。そして昼食には、パスタ類あるいはご飯類にチキンと野菜の盛り合わせ。ベーシックなものばかり。秘密のメニューは無い。日曜日はルーチン化された行動である。ドライバーズパレードに参加する。その後しばらく一人になり、横になって音楽を聴きながらリラックスする。そして準備を始める。レーススーツに着替え、スタート40分前頃にガレージに入る。車に入り込み、ベルトを締める。そして車をグリッドまで運転する。トイレに行って、戻ったら車に乗り込み、ベルトを締める。後はレースに向けて集中する。車には、いつも左側から乗り込む。幸運を運ぶお守りを幾つか持っている。ラッキーコインとラッキーピッグをね」。

レース

レース当日の朝、パルクフェルメが解除されるものの、160ページの「予選後のパルクフェルメ関連規定」の部で紹介した制限は残ったままである。

レーススタート30分前にピットレーンがオープンとなり、車はグリッドに付く前に、レコノサンスラップに出ることが許される。レコノサンスラップを複数周走ることもできるが、周の都度、ピットレーンを低速で通過する義務がある。

車がレコノサンスラップ（1周から数周）に出る度に、インスタレイションラップと同じ作業が行われる。周回のたびに157ページで説明してあるマシンの全てのシステムの作動チェックが行われる。

◀最後のQ3予選で、二度に分けた走行となる場合、タイヤ交換用のミニピットストップが行われる場合がある

161

レーススタート

　レーススタートまでの手順は以下の通りである。
- レーススタート15分前、ピットレーンが閉鎖される（事前の警告あり）。閉鎖後、ピットレーンに残っている車は、グリッドに進むことが出来なくなり、ピットレーンからのスタートとなる。
- フォーメーションラップのスタートまでの残り時間が、視覚標識と音声で知らされる。タイミングは、10分前、5分前、3分前、1分前、と15秒前である。
- 10分前のサインが出ると、ドライバー、レースオフィシャルとチームのテクニカルスタッフ以外の人は、グリッド上から出なくてはならない。
- 3分前のサインが出るまでに、全車、タイヤを装着してなくてはならない。サイン後、ホイールの脱着は、ピットレーン、あるいはレースが一時中断した場合に限って、グリッド上に限られる。
- 1分前のサインが出るとエンジンを始動し、15秒前のサインが出るまでに全ての機材が撤去され、チーム関係者も全員グリッドを離れなくてはならない。15秒前のサインが出た後に、ドライバーが何らかのトラブルに見舞われた場合、手を高く上げなくてはならない。他の車がグリッドを出てから、車は、マーシャルの手でピットレーンに押し戻される。レーススタートはピットレーンからとなる。
- グリーンライトが点灯すると、全車フォーメーションラップに入る。
- フォーメーションラップから戻った各車は、エンジンを切らずに、正規のグリッド位置に付く。
- 全車が停止した時点で、スタートライトガントリーの最初のレッドライトが点灯してレーススタート5秒前をシグナルする。そして、4秒前、3秒前、2秒前、1秒前の各レッドライトの点灯がそれに続く。1秒前のライトが点灯した後（この時点でレッドライトは全て点灯）、全てのレッドライトが消えた瞬間にレーススタートとなる。

　マシンがグリッドに付くと、タイヤウォーマーが装着され、へその緒も繋げられる。エンジン／ギアボックス／ブレーキのオーバーヒートを避けるため、電動のクーリングファンがラジエーター・ダクト（必ず）と、ブレーキ・ダクト（たいてい）に当てられる。各温度は、常に監視される。適温レンジの下に近づく温度が感知されると、当該の電動ファンは外される。エンジンの温度が下がり始めると、温度の維持と各液体類の循環用にエンジンをかけることもある。

　ウェットレースの場合、状況に応じたタイヤが付けられ、グリップ力の低下に合わせて、制御ソフトウェアのセッティング（ギアのアップシフトとダウンシフトの各ポイント、ディファレンシャルのセッティング等）も一部変更される。

　レーススタートの手順については、上述の「レーススタート」の部を参照。

　レースが始まると、エンジニアは、車の全システムの監視に入る。別のルノー社のエンジニアは、エンジンのテレメトリーを監視する。また、違うエンジニアは、ラップタイム等を表示するタイミング表示画面とテレビ画面を見ながら、他チームの行動、戦略、順位をフォローする。

　チームは、イギリスにある本部と回線で繋がっており、リアルタイムでデータを共有する。ミルトン・キーンズ本部にあるミッション・コントロールの部屋はレース週末中、サーキットから届くデータの解析・分析するスペシャリストで大忙しである。このデータ解析のおかげで、週末が進むにつれてレース戦略が構築されると同時に、トラブルの前兆となる小さな変化も見過ごされず済んでいる。ミルトン・キーンズ本部に居るチームメンバーは、サーキット現場にいる仲間と共に、マシンの性能を最大限引き出すよう働いている。

　ピットストップ時に車に取り掛かるピットクルーは、パンクや接触に伴うダメージ等、予定外にも備え

て、いつでも出動できる態勢でいる。

　ピットストップ自体は、何度も練習されてきた、効率に徹した動作で素早く行われる。2010年のレース中燃料補給禁止を受けて、ピットストップは、トラブルを除いて、タイヤ交換のためだけとなる。2010年の規定では、レース中に、二つの異なるタイヤコンパウンドの使用が義務付けられているため、ピットストップは事実上最低1回義務付けられることとなる。

　ピットに向かうドライバーは、それまでタイヤ性能の変化に合わせて行っていた全ての調整をリセットし、フレッシュタイヤの装着に備える。

　ピットストップを迎えると、ピットクルーの出番となる。ロリポップ担当がドライバーにピットの位置を示し、誘導する。ドライバーは決められている位置に車を止め、二人のメカニックが車を前後からジャッキで持ち上げる。

ピットストップ

　2010年中のレッドブル・レーシングのピットストップでは、総勢17人のクルーメンバーが車に取りかかっていた。ピットストップは、レース結果を左右しかねない重要な作業である。レース結果そして安全の両面で、ミスの許されない仕事である。

　ピットストップをはじめ、サーキットでの作業の効率化、迅速化に向けた、機材と手順の責任者は、レースチームマネジャーのジョナサン・フイットリーである。本人の厳しい監視の元、コンマ1秒の作業短縮を目指して、ピットストップの練習が繰り返し行われる。クルー内の作業分担は以下の通りである。

- ■ロリポップ担当：車の安全な停止とリリースを担当
- ■各ホイールに3人のメカニック：①エアガンを用いてホイール・ナットを緩める／締める担当、②交換するホイール／タイヤを外す担当、③新しく付けるいホイール／タイヤをはめる担当。
- ■フロントジャッキ担当：フロントウィング下に位置するジャッキアップポイントにジャッキを当て、車をフロントから持ち上げる。
- ■リアジャッキ担当：リアの衝撃吸収構造体下に位置するジャッキアップポイントにジャッキを当て、車をリアから持ち上げる。
- ■消火器担当：問題の発生に備えてスタンバイ。
- ■エアボトル充填担当：必要に応じてルノー製エンジンのバルブ機構用のエアボンベを充填。

　各ホイールにつく4人のエアガン担当は、ホイール・ナットが確実に締められているのを確認し、作業終了を示す手を上げる。4人のエアガン担当からの4本のホイールが確実に付けられたというサインと安全を確認し、ロリポップ担当はドライバーを安全なピットアウトへと誘導する。

　2010年のレッドブル・レーシングのピットクルーの速さには目を見張るものがあった。車が停止し、4本のタイヤを交換し、ピットアウトに向かうまでの時間は3秒以下を頻繁に記録した。

レースを経て

　ミルトン・キーンズ本部に車を送り返すにしても、次のサーキットに直接向かうにしても、梱包作業をはじめ、レース終了後の仕事はたくさんある。遠征となる「フライアウェー」レースが二つ続くと、車とその機材は、次のサーキットに直行する。車がレース後の車両検査に呼ばれた場合、車が戻るまで時間が過ぎていく。

　車が空輸される場合、安全のため全ての液体を抜く。

　輸送中の車は、全ての部品を取り付けた「完成車」状態で運ばれることが多い。一部の部品を外しての輸送も時々ある。チームの機材は全てチームのトラック（欧州域内のレース）、あるいは空輸用コンテナ（遠征となる「フライアウェー」レース）にぴったり収まるようデザインされている。機材が次のサーキットに到着すると、作業は手順通りに繰り返される。

▲2010年のマレージアGP：マーク・ウェバーの車に取りかかるピットクルー

◀チームのミルトン・キーンズ本部内にある、ミッション・コントロールの部屋。レース週末の間、室内は大忙しとなる

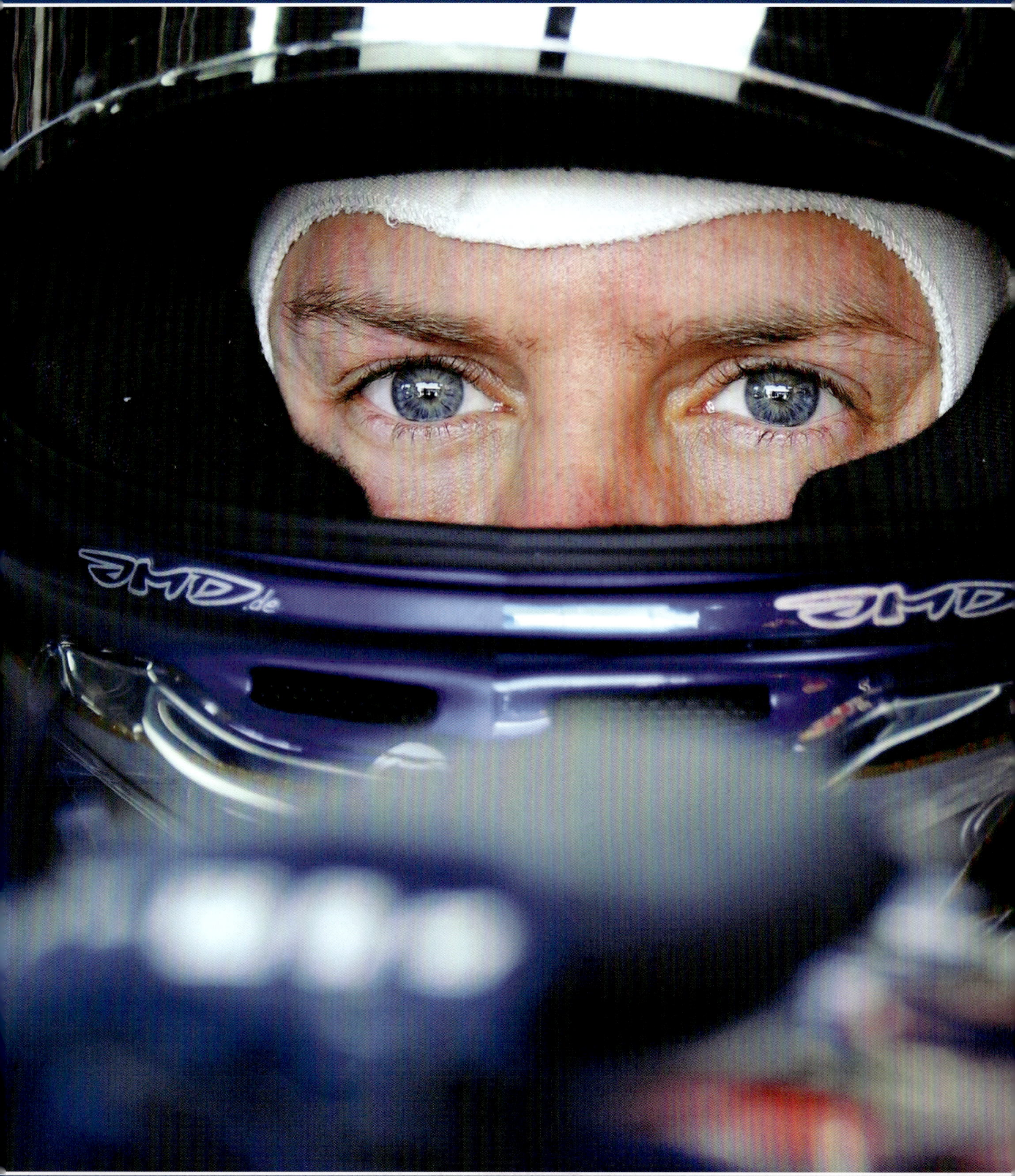

レース・ドライバーの見解

THE
RACE
DRIVER'S
VIEW

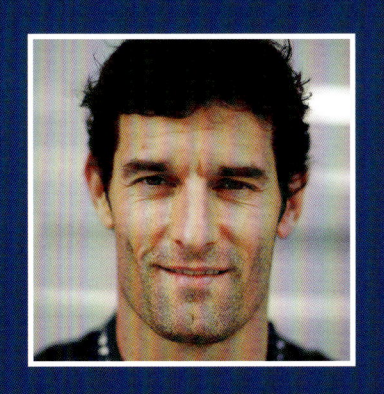

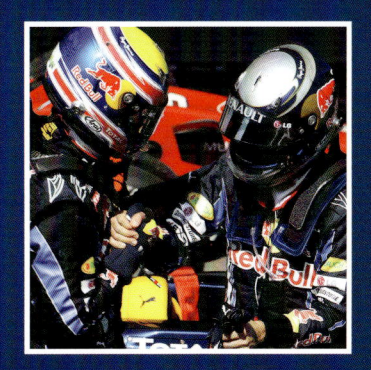

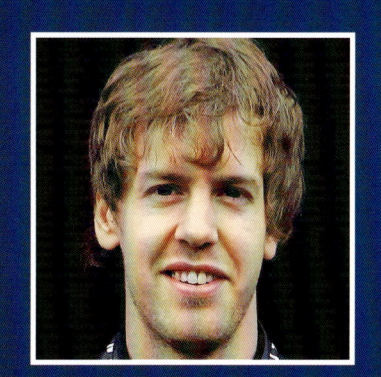

ドライバーは最も重要な車載センサーであり、ほとんど全てを自分でこなす。

マーク・ウェバー
ドライバー
レッドブル・レーシング

▲RB6のコクピット：ドライバーがぎりぎり座れる狭さである

　F1マシンと市販車でも、運転の基本はそう大きく変わらない。しかし、F1は特殊なスキル（技能）が求められる。そしてマシンを限界で運転しながらそのポテンシャルを引き出せる特殊なスキルを有するドライバーの数は、世界中を探してもごくわずかである。テレビで見る車載カメラの映像は、リアルさがある。しかし、それは現実のほんの一部に過ぎない。テレビ映像は、加速・減速・コーナリング中のドライバーの体にかかる力のすさまじさ、周りの音と匂い、さらには、同じ意志の強いドライバーと争いながらF1マシンを限界ぎりぎりで操る気持ちの高ぶりを伝えることは到底できない。

　マーク・ウェバーは、2010年の世界一のF1マシンであるレッドブル・レーシングRB6を操縦する気持ちを垣間見せてくれる。

コックピットからの見解
F1のコックピットから見た世界とは何か

「最初の驚きは、座った時の姿勢である。コックピットの装備は、最小限に抑えられており、快適装備は無い。付いている装備は、全て必要不可欠で余計なものは一切無い。見た目から凄そうなシートベルトと小さなステアリングホイール、それに2つのペダルが備わる。市販車しか知らない人にとって、別世界に思える環境だ」。

「寝た姿勢でシートに収まり、お風呂で足を高く上げた感じだ。硬くて軽い、頑丈な構造のカーボンファイバー製シートに座り、背中がそれにめりこむほどにきつくシートベルトを締める。シャシーが体に迫り、肘を動かすスペースもほとんど無い。とにかく狭くてコンパクトで、両膝も両足首も左右合わせた姿勢になる。ブレーキペダルの操作は全て左足で行う。ステアリングコラムが邪魔で、足を移し替える場所が無いからだ。ドライバーがコックピットにぎりぎり収まるスペースしか与えてもらえない」。

「タイヤの上面は視界に入る。フィードバックとドライバー入力、とりわけブレーキをかける時の加減を調節するのが重要だ。ブレーキをわずかにかけ過ぎて、フロント・タイヤがロックする。目隠しされていても、その現象をブレーキペダルの感触からそれに気づき、ブレーキを少し緩めるかもしれない。そのままブレーキをかけ続けても、車速が下がるとタイヤが再び回転し始めるかもしれない。一瞬の出来事なんだ。このような時、タイヤの上面が視界に入っていると、問題にすぐ気付き、即座に対処できる」。

「レース中、接近戦を繰り広げるうえで、優れた視界は、とても重要だ。モナコでは、フロント・タイヤの角が見えるメリットはとても大きい。リア・タイヤ自体は見えないものの、その位置関係はよくわかる。ストリートサーキットでバリアに迫る走りをする時のその重要性を説明するまでもない」。

「フロントウィングは見えないものの、その位置は感覚的にわかる。ただし注意は必要だ。距離が30cmもあれば問題なくわかる。距離が、20cm、10cmと小さくなっていくにつれて感覚だけでは難しくなる」。

性能
一般的な市販車に比べたF1マシンの性能

「F1マシンの乗り心地は、市販車と比べ物にならないほど硬い。ガレージを出ると、サスペンションがほとんど動いていないのがわかる。クラッチ操作もステアリングホイールで行うなど、機能は同じでも、市販車とは全く違う点が多い。クラッチは付いている。1速に入れるのも同じ。だが、ガレージを出た後は別世界である」。

「性能の高さ、そしてグリップ力の高さは、車体の剛性とサスペンションの硬さに起因する。もう一つ驚かざるを得ないのは、ステアリングのダイレクト感と正確性だ。馬力とブレーキ性能は共に暴力的。市販車とは比較にならないほどだ」。

「F1マシンのブレーキとタイヤを適温まで温め、限界まで操縦する腕と才能があれば、車はそれに答えてくれる。そう操縦されるために生まれたマシンだからだ。逆に、F1をゆっくり走らせるのは決していい気分ではない。ゆっくり走るためにはできていないのだ。タイヤは冷え、ブレーキも冷え、車の挙動も掴みにくくなる。決して楽しい体験とは言えない。だが、F1マシンを操縦できる人の手にかかれば、フィードバックはどんどん伝わってくる。」

ドライバーと車の間の会話
車の限界を試す走り

タイヤのスリップをコントロールする。それが我々ドライバーの仕事なのだ。もちろん、直線ではなく、ブレーキングとコーナリングの時の話だ。ブレーキをかける時、タイヤが（フロント、リア共に）ロックせず、転がり続けるようブレーキの加減をコントロールする。タイヤのグリップを最大限に生かそうとしているんだ。その次に、ステアリングホイールを切り、タイヤの横のグリップ力を試しながら、前後タイヤのスリップ量をコントロールしながらコーナーを旋回する。そしてパワーをかけ初め、リア・タイヤにバランスを移し、様子をうかがいながらパワーを増していく。タイヤの限界を探りながら走る。速い車を操縦できるか、できないかは、ここにかかっている。

▲2010年マレーシアGP：RB6の、そして2010年の自身初の優勝に向かって、サーキットを駆け抜けるセバスチャン・ベッテル

◀繊細さを求める濡れた路面での走り

▲予選アタックに向けて集中する
マーク・ウェバー

正確なドライバー入力
正確かつ繊細な操縦の必要性

「我々ドライバーの入力は、非常に正確でなくてはならない。蹴飛ばすような勢いでブレーキをかける時の正確性とは何なのかと、思う人もいるだろう。ブレーキは、カーボンファイバー製で、空力とタイヤから得ているグリップも人の想像以上だ。だからグリップはとても高い。しかしその中でブレーキ力を調節しなくてはいけないのだ。最初の踏力は60kg、70kg相当だが、その後、ペダルを力いっぱい踏み続けながら、踏力を正確に、繊細に調節していかなくてはならないのだ。

ウェットでの運転は、更に繊細な運転を求める。ありあまるパワーをコントロールするのには、とてもスムーズで正確なドライバー入力が不可欠なのだ。我々の時にはアグレッシブな操縦でも、見ている人の想像には反して、その中では手と足のとても正確な入力が伴っているのだ」。

予選のアタック・ラップ
ベストラップに必要なメンタル

「頭の中で1周を走るイメージを描く。その時々のグリップ力、マシンの挙動、ポイントとなるところでマシンにどう動いて欲しいかをイメージする。でも、レースはまた別な話だ。起こり得ることが多すぎるからね。予選は、言わばスキーのダウンヒルレースのように、自分の結果は自分でコントロールできる。レースともなれば、何が起きるのか事前にはわからない事があり過ぎるのだ」。

レース中に感じていること

　レース中に感じることをセバスチャン・ベッテルに説明してもらった。

■レース中にリラックスできる時はあるのですか？
「忙しくて、1周の間にリラックスできるタイミングは無い。しかし、順位争いをしているのか、それともマシンとマシンの間隔が比較的開いていて順位が決まっているかという、レース状況にもよる。後者の場合は少しリラックスできるが、それはたいていレース終盤で順位が見えてきた時の話だ。レース中はできるだけ集中力を切らさず、直線で呼吸を整え少し力を抜いて、走り続ける」。

■レース中、周りのマシンのエンジン音が聞こえたり、その熱を感じたりしますか？
「マシンとマシンの距離によるね。距離が離れていれば当然聞こえない。しかし、競っていれば、はい、エンジン音が聞こえてくるよ。横に並べればなおのこと。排気ガスの匂いは鼻に入るけど、コックピット内も相当暑いので、（周りのマシンの）エンジンの熱を感じる事はあまりない。前のマシンの真後ろに付くと、グリップ力の違い、排気ガスの様子とかはっきりわかるけど、我慢できないほど悪い状況ではないね」。

■ウェットレースでのコックピットの状況はいかがですか？
「スピードが高いので、ほとんど水がかかることはない。ただし、低速コーナーでは、もちろん濡れてしまう。長いウェットレースの後、上半身は濡れているものの、コックピットの奥に収まっている両脚まだましな状態だよ」。

■完璧なラップに求められる三つの要素を教えて下さい。
「執念、喜び、そして未知の世界を少し」。

▲ワールド・チャンピオンの目：バトルに向けて集中するセバスチャン・ベッテル

◀究極のドライビング体験：シーズン前の実走テストで車を走らせるセバスチャン・ベッテル

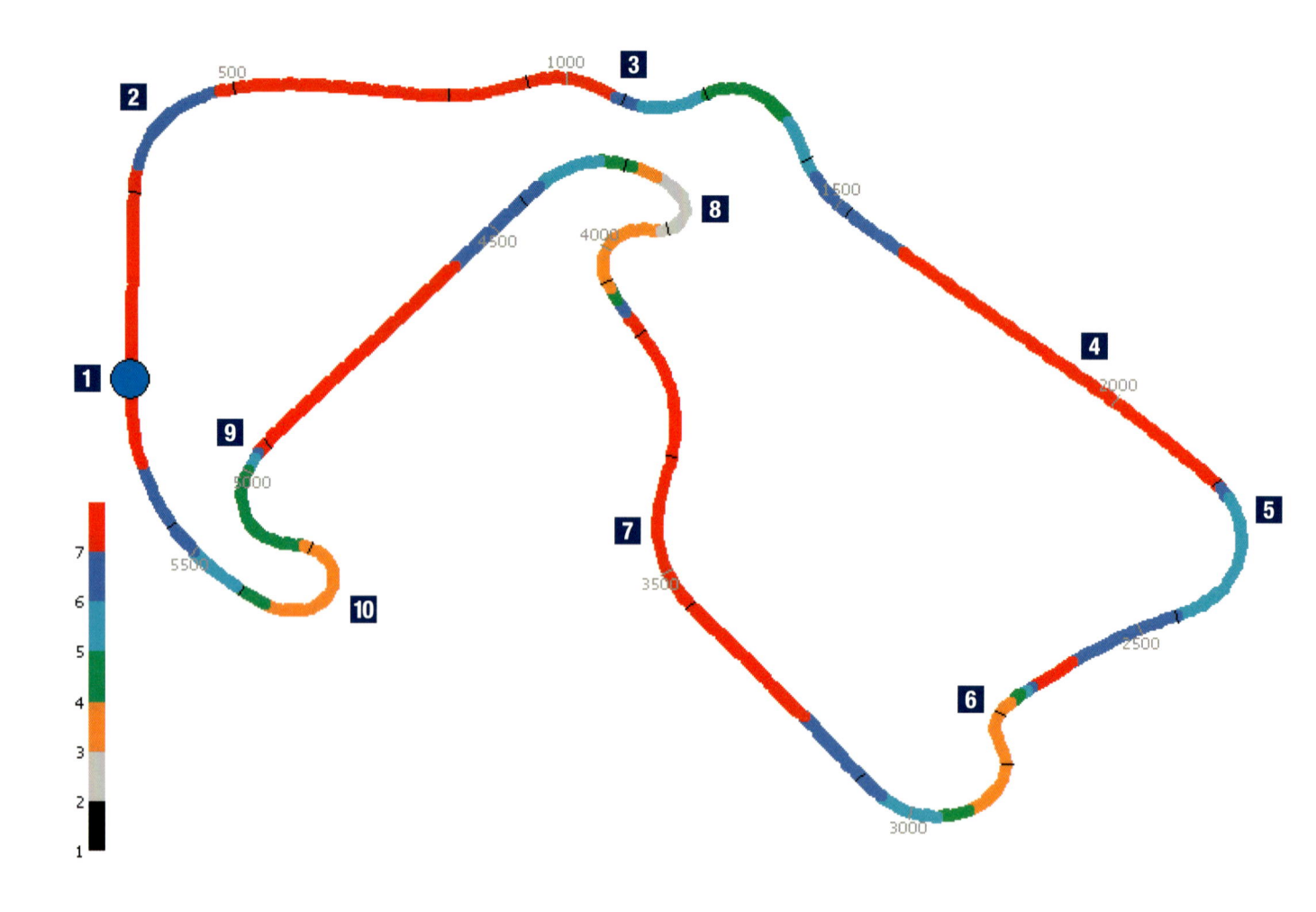

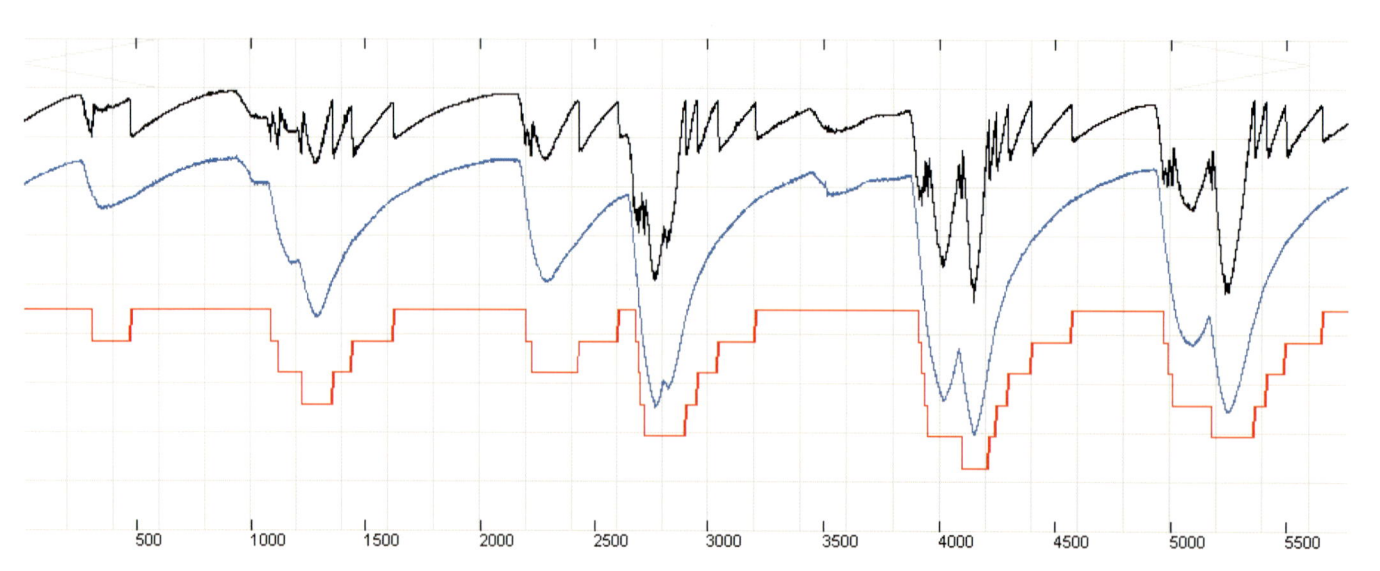

▲2010年、マーク・ウェバーによるシルバーストーン1周分のデータ記録。
2010年のアタックラップ中の記録であるため、スタート／フィニッシュラインを通
過する時点で7速に入っている。マップ上の色は、ギアポジションを現している

黒線：スロットル
青線：車速
赤線：ギアポジション

シルバーストーンの一周

マーク・ウェバーに、シーズンの自身3勝目を飾った、2010年イギリスGP当時のシルバーストーンサーキットのコース紹介していただこう。

1⃣「2011年に改修工事を受け、コース形状もピットも少し変わったが、2010年の旧グリッドから始めるとしよう」。

2⃣「最初のコーナーとなる「コプス」は、6速全開で駆け抜ける超高速コーナーだ。ここでの最大のポイントは、車高。低過ぎてはならないんだ。タイヤの内圧が若干不足気味だったり、車高が若干低過ぎたりすると、マシンの底に付いているプランクが地面に当たってしまう。車速が上がれば、マシンは空力の影響で地面に押し付けられる。車速が高ければ高いほどマシンを地面に押し付ける力は増す。だからストレートエンドでは、車高は前後とも、最も低い状態にある。コプスのようなコーナーに進入する時は、マシンの底が地面を軽くなめる程度に抑えたいんだ。マシンの底が地面に強く押し付けられると、タイヤへの荷重が失われて、グリップ力も低下する。進入には正確なドライバー入力が求められる。そのためには、車を信頼する必要がある。でもそこは心配ない。私のマシンを担当しているエンジニアたちは素晴らしく、やるべきこともわかっていて、全員一体になってセットアップにかかっているからだ。縁石に少し乗り上げて、6速のままで高いGフォースを受けながら駆け抜けて行く」。

3⃣「通過はあっという間で、マゴッツとベケッツに向かう。とても速い連続コーナーで大きな方向転換を行う場所なため、F1マシンの性能の凄さが分かるセクションとなる。これ程シビアなコーナーの連続で、左、右、左へとマシンを振りながら駆け抜けられるのは、ドライバーにとって感動的であると同時に、マシンの性能の凄さを垣間見る瞬間でもある。ここでも、ダウンシフトを含め、正確なドライバー入力が求められる。縁石に乗り上げながらコーナーの旋回半径を広げて行き、できるだけ直線的なコース取りをして車速を保つようにする。そして出口でフル加速してハンガーストレートに向かう」。

4⃣「ここでもボトミングがきつく、1周の内の最も厳しい場所になるかもしれない。ストレートエンドはとてもバンピー（凸凹で荒れた路面）で、プランクが地面に擦られているのが匂いでわかる（プランクが新品の時、あるいはレース序盤、マシンが燃料で重くなっている時に、木材が擦られていく匂いがする）」。

5⃣「4速でストウに入り、ハードなコーナリングをする。ここも高速コーナーで最初から最後まで荒れた路面だ。出口で縁石を利用して突っ切る形で旋回半径を広げていく。ある程度マシンを乱暴に扱うことができる。シャシーに当たらないかぎり、縁石などに強く当てながら乗り越える走りをしても問題ない。タイヤで縁石を使いながらコース幅いっぱいを走るようにする」。

6⃣「そしてコーナーを抜けて、ベールとクラブに向かう。ここは1周のうちで最初の大きなブレーキングポイントであり、しかもその路面は上下にうねった部分の頂上にある。ここでは、ブレーキング中、リアをロックしないように注意をする。このような、うねった路面の頂上から侵入するコーナーではリアをロックさせる傾向が強いので、ブレーキをかけ始める時のリア・タイヤの感触に要注意だ。そして内側の縁石を少し乗り越えて2速にシフトダウンする。ここは低速コーナーだ。そして、長い右回りのクラブコーナーをフル加速しながら駆け抜けていく」。

7⃣「（2011年から新しくなった）ピットに向かって進むととてもトリッキーな右コーナーが待ち受けている。ここは2010年、我々を初め多くのチームを悩ませた。それでも我々のチームの車は凸凹の荒れた路面を上手く処理できた方だった。とても高い通過速度なうえ、バンピーなため適正な車高を求める、6速コーナーだ」。

8⃣「次はきつい右コーナーの進入に向けた急減速で始まるヴィレジセクション。ここで大事なのは、次のコーナーに向けて車の向きを変えること。リズム感をもって連続するタイトなコーナーを抜けて行くのが最大のポイントとなる。フル加速をしながら右コーナーに続く左コーナーを処理する」。

9⃣「そして、ラップの終わりに向けてまずBRDCスイートの前を通り、スピードを乗せたまま進入し、急減速してタイトな左コーナーを旋回する。内側の平らな縁石を突っ切り、短い加速をしたらギアを1段落として、ルフィードコーナーへ」。

🔟「最終コーナーのルフィードは、永遠と続く、F1で最も体にきついコーナーのひとつだ。マシンもなかなか曲がってくれず、強いアンダーステアを示す。それをできるだけ打ち消すために、ディファレンシャルのセットアップを慎重に行う。そしてスタート・フィニッシュラインを通過する。ここでの1周では、ブレーキバランスは1〜2回調整するが、ディファレンシャルの調整はほんとんど行わない」。

エピローグ

EPILOGUE

2011年日本GP：マーク・ウェバーを従えて3位で入賞するセバスチャン・ベッテル。タイトルを防衛し、2年連続ドライバーズ・ワールド・チャンピオンシップタイトルに輝く

「スポーツマンとして、目はいつも前を向く。2010年が終わり、誇れる成績を残すことができた。先に待っているのは、2011年。新たな目標、新たなチャレンジに向けてスタート。目指すは、今年同様の結果のみ。」
セバスチャン・ベッテル
2010年・2011年F1ドライバーズ・ワールド・チャンピオン

FIA衝突テスト
FIA CRASH TESTS

　新型車用のシャシーは、FIAによるいくつもの衝突テストに全て合格して、初めてレースで使えるように認定される。衝突テストはFIA職員の監視の元で、ベッドフォード市付近のクランフィールド・インパクト・センターで行われることが多い。その他のテストは同じくFIA職員の監視の元で、レッドブル・レーシングの工場で行われる。

　行われるテストの種類は、向いのページのとおり、衝突テスト、ロール構造体テストと押し込みテストに分類される。

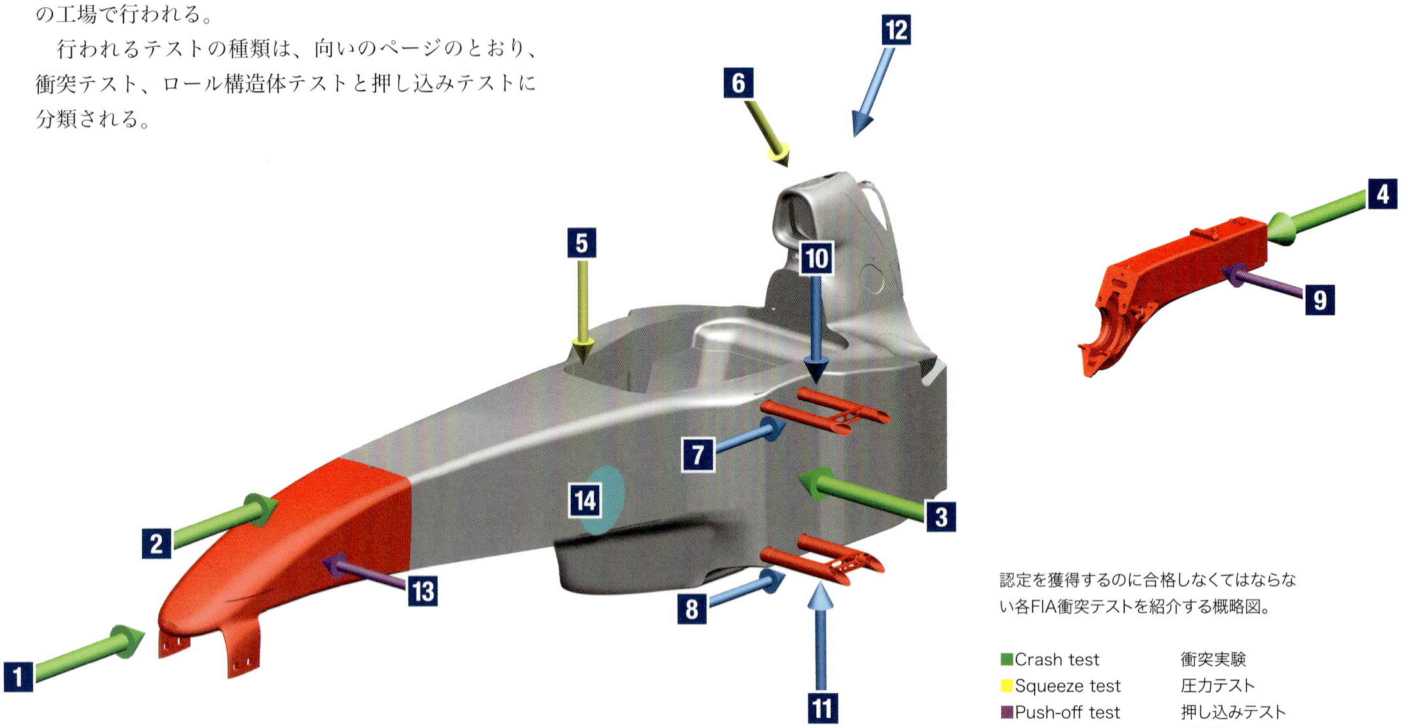

認定を獲得するのに合格しなくてはならない各FIA衝突テストを紹介する概略図。

- Crash test　　　衝突実験
- Squeeze test　　圧力テスト
- Push-off test　　押し込みテスト
- Calculated result　計算値

前面衝突試験1（表を参照）

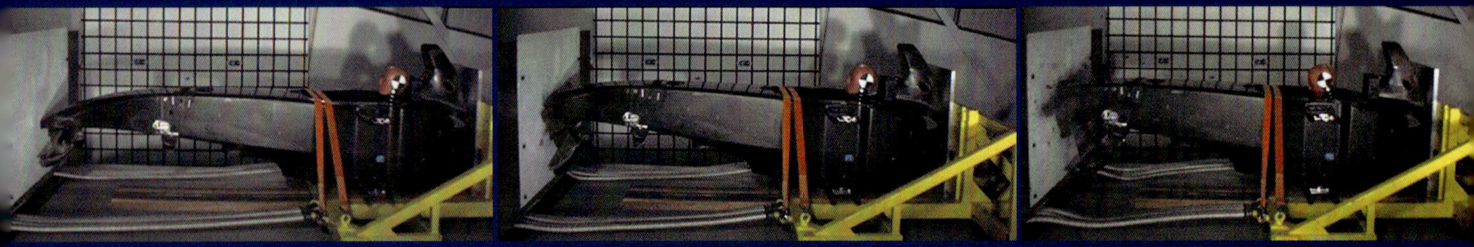

174

ナンバー	テスト名	テスト内容	コメント	合格用件
1	前面衝突1	780 kgの重りを積んだ台車を15m/sの速度で衝突	燃料タンクは空で、ノーズボックス付きの状態	最大／平均減速とエネルギー吸収の各基準のクリアが必須。モノコック自体は無傷でないと不合格
2	前面衝突2	900 kgの重りを積んだ台車を15m/sの速度で衝突	ノーズボックスなしで衝突面に衝突チューブを装着した状態	モノコック自体は無傷でないと不合格
3	側面衝突	780 kgの重りを積んだ台車を10m/sの速度で衝突	丈夫な壁に横向きに固定	最大／平均減速と4つの吸収エリアでのエネルギー分散の各基準のクリアが必須。モノコック自体は無傷でないと不合格
4	後面衝突	780 kgの重りを積んだ台車を11m/sの速度で衝突	丈夫な壁にギアボックスを含むリア衝突吸収構造体を固定	減速とエネルギー吸収の各基準のクリアが必須。ギアボックス本体は無傷でないと不合格
5	フロント側ロール構造体	75kNの縦荷重	FIA圧力フレーム内に設置	圧力ポイントの100mm下のモノコックは無傷でないと不合格
6	リア側ロール構造体	120kN（x軸：60kN、y軸：50kN、z軸：90kN）	FIA圧力フレーム内に設置	圧力ポイントの100mm下のモノコックは無傷でないと不合格
7/8	側面衝撃吸収構造の水平押し込みテスト	20kNの水平荷重	計算値のみ、実テストなし	構造破損の場合は不合格
9	リア衝突吸収構造体用押し込みテスト	40kNの横荷重	30秒	構造体とサバイバル・セルを繋ぐ接続部破損の場合は不合格
10/11	側面衝撃吸収構造の垂直押し込みテスト	10kNの垂直荷重（上下両方向）	計算値のみ、実テストなし	構造破損の場合は不合格
12	リア側ロール構造体2	120kN（x軸：60kN、y軸：50kN、z軸：90kN）	計算値のみ、実テストなし	構造破損の場合は不合格
13	ノーズ押し込みテスト	40kNの横荷重	30秒	構造体とサバイバル・セルを繋ぐ接続部破損の場合は不合格
14	側面貫通テスト	先の切り取った円錐形を用いて2mm/sの力でテストパネルの貫通性を確認	150mmまで	幾つかの荷重／変位エネルギーの各基準のクリアが必須

スペック
SPECIFICATIONS

シャシー
カーボンファイバー製モノコック構造。
ルノー製V型8気筒エンジンはフルストレスメンバー

エンジン
ルノー製 RS27-2010
気筒数： 8
排気量： 2,400cc
最高回転数： 18,000回転／分
バルブ数： 32（気筒当たり4バルブ）
シリンダーブロックのバンク角： 90度
出力： 約700馬力〜750馬力
エンジン構造： 鋳造アルミニウム合金
エンジンマネジメントシステム： FIA指定ECU-TAG310
（マクラーレン・エレクトロニック・システムズ社製）
オイル： トタル社製
重量： FIA規定最低重量 95kg

トランスミッション
■APレーシング社製、油圧式、カーボン製多板クラッチ
7速ギアボックス、カーボンファイバー製ギアボックス・ケーシング、縦置き、油圧式ギアセレクター機構
■油圧式ディファレンシャル、可変ロック機構

サスペンション
■フロント
アルミ合金製アップライト、カーボンファイバー製ウィッシュボーン／プッシュロッド。トーションバー式スプリング、アンチロールバー、マルチマチックダンパー
■リア
アルミ合金製アップライト、カーボンファイバー製ウィッシュボーン、メタル製プルロッド。スプリング、アンチロールバー、マルチマチックダンパー

ブレーキ
ブレンボ社製キャリパー、ディスク、パッド。油圧式、前後バランス調整機構付き、前後独立2系統

電装
12ボルト電気系統。FIA指定ECU制御

燃料
トタル社製

ホイール
OZレーシング社製。フロント：12.7x13インチ、リア：13.4x13インチ

タイヤ
ブリヂストン社製

性能
最高速度（モンツァサーキット） 214mph (345km/h)
0-100mph (0-160km/h) 加速 3.8秒
（全サーキット／全タイヤコンパウンドの代表値）
100-0mph (160-0km/h) 減速 4.0秒
（代表的ピットレーン路面のグリップ・レベルでの値。停止までの急減速はピットレーンに限るため）
最大縦G 1.5G
（最大トラクション性能）
最大減速G 5.0G
（最大ブレーキ性能）
最大横G 4.0G
（シーズン中の代表的な値）
燃料消費量 4〜6mpg (47〜70リットル/100km)
（サーキットによる）

寸法／重量／容量
全幅 1,800mm
全高 950mm
ホイールベース 3,200mm
フロントトレッド 1,800mm
リアトレッド 1,800mm
FIA規定最低車両重量 620kg
（ドライバー／車載カメラを含む）
燃料タンク容量 約165kg
エンジンオイル容量 4リットル
エンジン冷却液容量 8リットル

【訳者紹介】
アルノー・ド・ポルチュ
　1960年　フランス国籍。1982年に二度目の来日をし、日本に在住。1987年に慶應義塾大学経営管理研究科卒業。以来、自動車産業に長年携わっている。

【監修者紹介】
小倉茂徳
　1962年　東京都出身。1986年に早稲田大学第二文学部英文学専修を卒業。1987、1988年にホンダF1チームの現地広報を担当。以後F1やモータースポーツに携わる。

レッドブル・レーシング F1マシン 2010年（RB6）
オーナーズ・ワークショップ・マニュアル

発行日	2015年4月26日　初版第1刷
著　者	スティーブ・レンドル
訳　者	アルノー・ド・ポルチュ／株式会社　ル・モ・ジュスト
監修者	小倉茂徳
発行人	小川光二
発行所	株式会社 大日本絵画 〒101-0054東京都千代田区神田錦町1丁目7番地 Tel. 03-3294-7861（代表）　Fax.03-3294-7865 URL. http://www.kaiga.co.jp
企画・編集	株式会社 アートボックス 〒101-0054東京都千代田区神田錦町1丁目7番地 錦町1丁目ビル4F Tel. 03-6820-7000（代表）　Fax. 03-5281-8467 URL. http://www.modelkasten.com
装　丁	九六式艦上デザイン事務所
DTP処理	小野寺 徹
印刷／製本	大日本印刷株式会社

Originally published in English by Haynes Publishing under the title:
The Red Bull F1 Racing Car Manual, written by Steve Rendle

© Haynes Publishing 2011

Steve Rendle has asserted his right to be identified as the author of this work.

Japanese edition copyright © 2015 Dainippon Kaiga Co., Ltd.

All rights reserved. No part of this publication may be reproduced or stored in a retrieval system or transmitted, in any form or by any means, electronic, mechanical, photocopying, recording or otherwise, without prior permission in writing from Haynes Publishing.
Design and layout: Lee Parsons,
Richard Parsons, Dominic Stickland

Printed in Japan
ISBN978-4-499-23154-1

©2015　株式会社 大日本絵画
本書掲載の写真および記事等の無断転載を禁じます。

内容に関するお問い合わせ先：03(6820)7000　㈱アートボックス
販売に関するお問い合わせ先：03(3294)7861　㈱大日本絵画

Photograph Credits

All images copyright of Red Bull Racing/Getty Images with the exception of the following:

John Colley: 20, 21 left, 26 top, 32, 34, 35 top, 36 top, 37, 38 bottom, 39, 40, 42, 44, 46 bottom, 48 bottom, 49, 50 top, 52 upper and bottom right, 54, 55, 60 bottom, 61 top, 64 middle right, 66 top, 67 bottom pair, 77 top, 82 top, 83 top, 85, 86 bottom, 87–89, 90 top, 91, 92 top and bottom left, 98 left trio, 100, 102 top pair, middle right and bottom left, 103, 109 top left, 110 left and bottom right, 111 bottom, 114, 115, 117 bottom, 125, 132 bottom, 133 bottom, 141 left and middle, 143, 144 middle and bottom right, 151 upper pair, 154, 156 bottom

DPPI: 70–73, 74, 75 top, 76

Haynes Publishing: 33 top, 35 bottom, 38 top, 41 bottom, 43, 46 top, 47, 50 middle, 75 bottom, 104 bottom, 127

Moog: 106

Realise Creative: Front cover, 1 and 22–23 upper